国家级实验教学示范中心教材

物理化学实验

第二版

李 楠 宋建华 主编

化学工业出版社

·北京·

《物理化学实验》(第二版)是国家级实验教学示范中心教材,全书共分为五部分,包括物理化学实验基础知识、基础性实验、综合性和设计性实验、测量技术及仪器、附录。其中基础性实验部分涉及化学热力学实验、电化学实验、化学动力学实验、胶体化学和表面化学实验、结构化学实验,每个实验含实验原理、实验方法、仪器使用、实验数据的测量和处理等内容,旨在培养学生的动手能力、逻辑思维能力、理论联系实践的创新能力。

　　本书可作为化学类专业及化学近源专业的本科生教材,也可供相关专业人员参考。

图书在版编目(CIP)数据

　　物理化学实验/李楠,宋建华主编. —2 版 . —北京:化学工业出版社,2016.10(2024.8重印)
　　国家级实验教学示范中心教材
　　ISBN 978-7-122-27978-1

　　Ⅰ.①物… Ⅱ.①李…②宋… Ⅲ.①物理化学-化学实验-高等学校-教材 Ⅳ.①O64-33

　　中国版本图书馆 CIP 数据核字(2016)第 208556 号

责任编辑:宋林青　褚红喜	装帧设计:史利平
责任校对:王　静	

出版发行:化学工业出版社(北京市东城区青年湖南街 13 号　邮政编码 100011)
印　　装:北京科印技术咨询服务有限公司数码印刷分部
787mm×1092mm　1/16　印张 15½　字数 382 千字　2024 年 8 月北京第 2 版第 2 次印刷

购书咨询:010-64518888　　　　　　　　售后服务:010-64518899
网　　址:http://www.cip.com.cn
凡购买本书,如有缺损质量问题,本社销售中心负责调换。

定　　价:29.80 元

《物理化学实验》（第二版）编写组

主　编：李　楠　宋建华

编　者（以姓氏笔画为序）：

刘兆清　李　楠　宋建华　张建华

陈旖勃　袁达源　徐常威　郭云萍

郭仕恒

前　言

　　物理化学实验是化学学科的主要实践课程之一，在化学、化工、环境、生物、材料、制药等相关专业人才培养中有着非常重要的作用。近年来，随着物理化学研究方法的迅猛发展，物理化学实验教学从内容、形式到方法都得到了更新和充实，逐渐向综合性、设计性和研究创新性实验项目发展。根据国家培养创新人才的战略需要，物理化学实验教学应该突出培养学生的实践能力和创新意识。为此，广州大学化学化工学院物理化学教学团队的教师们根据长期从事物理化学实验教学的实际经验，结合广州大学国家级化学化工实验教学示范中心的建设过程，吸收国内兄弟院校物理化学实验教学的改革成果，根据地方院校物理化学实验室建立的一般情况，编写了本教材。

　　本教材共分为物理化学实验基础知识、基础性实验、综合性和设计性实验、测量技术及仪器和附录五个部分。其中物理化学实验基础知识和测量技术及仪器这两个部分主要介绍物理化学实验的基本技术、测量仪器和使用方法；基础性实验部分系统涵盖化学热力学、电化学、化学动力学、胶体化学和表面化学、结构化学五个方面，共编写了20个实验项目，使学生了解和掌握物理化学实验的实验原理和方法；综合性和设计性实验部分主要来源于化工生产和教师科研领域的新成就，共编写了11个实验项目，力求体现物理化学实验教学内容、方法和手段的最新发展，全面培养学生的实践能力、创新思维能力以及初步进行科学研究的能力。

　　本教材在具体实验内容的编写上具有以下特点。

　　（1）采用国内地方院校物理化学实验室普遍配置的实验仪器设备，摒弃了一些旧的实验仪器。例如用精密数字压力计代替了U形管压力计，用精密数字温度计代替手动贝克曼温度计等。

　　（2）实验内容融合了我们多年的物理化学实验教学经验和教学改革成果。例如对于"燃烧热的测定"实验中样品的准备，采用了先压片后用金属丝捆绑药片的新方法，提高了该实验的成功率。

　　（3）在大多基础性实验项目的教学内容中设立了"实例分析"部分，介绍了实验数据的计算机处理方法和步骤，包括线性和非线性拟合、数字微分和实验结果计算等，以解决物理化学实验数据处理的难点问题，使学生学会使用现代科学手段进行数据处理。

　　本教材的主要编写分工如下：李楠（编写工作的组织和统稿，前言、实验十二、实验十八、实验二十一、实验二十九），宋建华（统稿，实验三、实验四、实验五、实验六、实验十一、实验十三、实验十四、实验十六、实验十七、实验二十二、实验二十三、实验二十五、实验三十一、热化学测量技术及仪器），张建华（实验一、实验二、实验十五、实验十九、实验二十、实验二十六、光学测量技术及仪器），刘兆清（实验七、实验八、实验九、实验十、实验二十四、电化学测量技术及仪器），徐常威（实验二十七、实验二十八），陈旖勃（实验三十），袁达源（物理化学实验基础知识），郭仕恒（附录），郭云萍（压力测量技术及仪器）。

　　在编写过程中，编写组成员多次讨论并几经修改，但限于编者水平，疏漏之处在所难免，恳请各位专家、同行和使用者不吝指正。

　　本教材的编写得到了广州大学教材出版基金的资助，在此特别表示感谢！

编　者

2016 年 7 月

目　录

第一部分　物理化学实验基础知识

第一章　物理化学实验的目的和要求 ……………………………………………………………… 1
第二章　误差分析 …………………………………………………………………………………… 3
第三章　实验数据处理 ……………………………………………………………………………… 11
　参考文献 …………………………………………………………………………………………… 18

第二部分　基础性实验

第一章　化学热力学实验 …………………………………………………………………………… 19
　实验一　燃烧热的测定 …………………………………………………………………………… 19
　实验二　纯液体饱和蒸气压的测量 ……………………………………………………………… 25
　实验三　凝固点降低法测定摩尔质量 …………………………………………………………… 28
　实验四　双液系的气-液平衡相图 ……………………………………………………………… 33
　实验五　二组分固-液相图 ……………………………………………………………………… 38
　实验六　甲基红的酸离解平衡常数的测定 ……………………………………………………… 45
第二章　电化学实验 ………………………………………………………………………………… 53
　实验七　电导率测定及其应用 …………………………………………………………………… 53
　实验八　离子迁移数的测定 ……………………………………………………………………… 59
　希托夫法测定离子迁移数（Ⅰ）………………………………………………………………… 60
　界面移动法测定离子迁移数（Ⅱ）……………………………………………………………… 63
　实验九　原电池电动势的测定及其应用 ………………………………………………………… 66
　实验十　恒电势法测定极化曲线 ………………………………………………………………… 75
第三章　化学动力学实验 …………………………………………………………………………… 81
　实验十一　旋光法测定蔗糖转化反应的速率常数 ……………………………………………… 81
　实验十二　电导法测定乙酸乙酯皂化反应的速率常数 ………………………………………… 87
　实验十三　丙酮碘化反应的速率方程 …………………………………………………………… 93
　实验十四　甲酸盐氧化反应动力学 ……………………………………………………………… 101
第四章　胶体化学和表面化学实验 ………………………………………………………………… 109
　实验十五　最大气泡压力法测定溶液的表面张力 ……………………………………………… 109
　实验十六　电泳 …………………………………………………………………………………… 117
　实验十七　黏度法测定高聚物的相对分子质量 ………………………………………………… 121
　实验十八　电导法测定表面活性剂临界胶束浓度 ……………………………………………… 127
第五章　结构化学实验 ……………………………………………………………………………… 133
　实验十九　配合物磁化率的测定 ………………………………………………………………… 133
　实验二十　偶极矩的测定 ………………………………………………………………………… 142

第三部分　综合性和设计性实验

第一章　综合性实验 ……………………………………………………………………… 149

　实验二十一　$FeCl_3/FeCl_2$ 和 $K_3Fe(CN)_6/K_4Fe(CN)_6$ 体系的电极过程比较研究 …… 149

　实验二十二　黏度法测定聚乙烯醇的相对分子质量及其分子构型的确定 …………… 153

　实验二十三　二茂铁对柴油的助燃消烟作用及尾气成分测定 ………………………… 158

第二章　设计性实验 ……………………………………………………………………… 163

　实验二十四　导电聚苯胺的合成及其性能测试 ………………………………………… 163

　实验二十五　溶胶-凝胶法制备甲基丙烯酸甲酯/正硅酸乙酯杂化材料及性能研究 … 165

　实验二十六　可见吸收光谱线型参数分析法测定十二烷基硫酸钠临界胶束浓度 …… 168

　实验二十七　染料废水的脱色实验研究 ………………………………………………… 171

　实验二十八　十二烷基硫酸钠表面活性剂的制备及性能研究 ………………………… 171

　实验二十九　电催化氧化法处理有机染料废水 ………………………………………… 172

　实验三十　红绿蓝三基色荧光粉的制备 ………………………………………………… 173

　实验三十一　液体接界电势的测定 ……………………………………………………… 175

第四部分　测量技术及仪器

第一章　热化学测量技术及仪器 ………………………………………………………… 178

　第一节　温度的测量与控制 ……………………………………………………………… 178

　第二节　温度的控制 ……………………………………………………………………… 182

　第三节　热分析测量技术与仪器 ………………………………………………………… 185

　参考文献 …………………………………………………………………………………… 192

第二章　压力测量技术及仪器 …………………………………………………………… 193

　参考文献 …………………………………………………………………………………… 200

第三章　电化学测量技术及仪器 ………………………………………………………… 201

　第一节　电导测量及仪器 ………………………………………………………………… 201

　第二节　原电池电动势测量及仪器 ……………………………………………………… 204

　第三节　电极过程动力学测量及仪器 …………………………………………………… 211

　第四节　溶液 pH 测量及仪器 …………………………………………………………… 214

　参考文献 …………………………………………………………………………………… 216

第四章　光学测量技术及仪器 …………………………………………………………… 217

　参考文献 …………………………………………………………………………………… 224

第五部分　附　录

附录 1　国际单位制的基本量和单位 …………………………………………………… 225

附录 2　国际单位制中具有专门名称的导出单位 ……………………………………… 225

附录 3　力单位换算 ……………………………………………………………………… 226

附录 4　压力单位换算 …………………………………………………………………… 226

附录 5　能量单位换算 …………………………………………………………………… 226

附录 6　基本常数 ………………………………………………………………………… 226

附录 7　水的饱和蒸气压 ･･･ 227

附录 8　一些物质的饱和蒸气压与温度的关系 ･･･････････････････････････････ 227

附录 9　水的折射率（钠光） ･･ 228

附录 10　几种常用有机试剂的折射率 ･････････････････････････････････････ 228

附录 11　某些有机化合物的燃烧热 ･･･････････････････････････････････････ 228

附录 12　不同温度下 KCl 的溶解热 ･･･････････････････････････････････････ 229

附录 13　摩尔凝固点降低常数 ･･･ 229

附录 14　不同温度下水的密度 ･･･ 230

附录 15　25℃时在水溶液中一些电极的标准电极电势 ･･････････････････････ 231

附录 16　几种阳离子的迁移数 ･･･ 232

附录 17　一些强电解质的离子平均活度系数 $\gamma_{\pm}$（25℃） ････････････････ 232

附录 18　KCl 溶液的电导率 ･･･ 233

附录 19　一些电解质水溶液的摩尔电导率 Λ_{m} ････････････････････････････ 233

附录 20　水溶液中离子的极限摩尔电导率 Λ_{m}^{∞} ･･････････････････････････ 233

附录 21　水的黏度 ･･･ 234

附录 22　一些液体的黏度 ･･･ 235

附录 23　水和空气界面上的表面张力 ･････････････････････････････････････ 235

附录 24　乙醇在水中的表面张力 ･･･ 236

附录 25　某些有机物在水中的表面张力 ･･･････････････････････････････････ 236

附录 26　气相中分子的偶极矩 ･･･ 236

附录 27　常用酸溶液的相对密度与百分浓度的关系 ･････････････････････････ 237

第一部分　物理化学实验基础知识

第一章　物理化学实验的目的和要求

物理化学实验课程是化学专业中一门重要的课程。它与无机化学实验、有机化学实验和分析化学实验相互衔接，构成化学专业完整的实验教学体系。物理化学实验课程在理解和检验化学学科的基本理论、掌握和运用化学中基本的物理方法和技能、训练和设计科学的实验方法、培养科学思维和分析解决问题的能力、引导学生自觉地学习科学世界观和方法论等各方面有着重要的作用。

一、实验目的

1. 掌握物理化学实验中关于热学、电学、磁学和光学等方面的基本实验方法和技术，了解现代大中型测试仪器在物理化学测量中的应用。

2. 学会物理化学实验中常用仪器的操作，培养学生的动手能力和科研能力。

3. 通过实验原理的分析，加深对物理化学基本理论的理解和认识，提高学生逻辑思维能力，以及理论联系实践的创新能力。

4. 通过对实验方法的选择、仪器的操作、实验数据的测量和处理，培养学生的科研兴趣、探究精神、分析问题和解决问题的能力。

5. 培养学生尊重事实、实事求是的工作态度，以及严肃谨慎、团结协作的工作作风。

二、实验要求

1. 实验前的预习

（1）了解实验的目的和要求。

（2）参考有关的文献资料，掌握实验依据的原理。弄懂实验涉及的理论要点或弄清涉及的反应系统；明确实验要测量什么物理量，要得出什么结果，要作什么曲线，曲线的函数关系式是如何推导的？计算要依据什么公式？

（3）了解本实验的实验技术和有关仪器的使用方法；了解本实验的操作步骤。

（4）考虑实验记录什么项目，画出实验数据记录表；提出预习中碰到的疑难问题。

（5）根据以上内容，用自己的语言简要写出预习提纲。

2. 实验操作

（1）检查测量仪器和试剂是否符合实验要求，做好实验的各项准备工作。记录实验条件，如室温，大气压，主要仪器的名称、型号、编号，主要试剂的级别、浓度等。

（2）操作时，要严格控制实验条件，仔细观察实验现象，真实、准确、完整地记录原始数据；动作快捷，做到清洁整齐、有条不紊、一丝不苟；积极思维，善于发现和解决实验中的各种问题。

（3）实验结束时，原始记录数据要交指导教师检查，看实验数据是否齐全、合理。

（4）清洗仪器，按原来位置摆好；关闭水断电。

3. 实验报告内容

(1) 写出实验的目的和要求；简要写出基本原理。

(2) 记录主要仪器的名称、型号、编号，及主要试剂的级别、浓度。

(3) 画出仪器装置图；简要写出操作步骤。

(4) 记录实验的原始数据，列成表格，注明实验发生的现象。

(5) 处理实验数据，作图。指出计算所依据的公式，并写出计算的主要过程。

(6) 进行误差分析和结果讨论。①通过对比文献值算出相对误差，对实验中发生的现象进行分析，讨论实验结果的可靠程度。②误差分析：指出本实验引起误差的因素，说明误差来源及如何克服。③指出做好实验的关键，并提出改进意见。

(7) 解答思考题。

三、综合和设计性实验的要求

综合和设计性实验旨在培养学生的科研能力和创新精神。它是在学习过验证性实验的基础上，在教师的指导下，学生按照自己的能力和兴趣，在一定的范围内选择实验课题，应用已经学过的物理化学实验原理、方法和技术，经过查阅文献资料，与老师和同学进行讨论，自己独立设计实验方案，确定可行的实验方法，选择现有的合理的仪器设备，独立组装实验装置和进行实验操作，真实、准确记录数据，以科学的方法处理实验数据，得到预期的实验结果，并以小论文的形式写出实验报告。对学生进行比较全面的、综合性的实验技能训练，培养学生独立进行科学研究的能力，并为今后毕业论文的工作打下坚实的基础。

1. 综合和设计性实验的程序

(1) 学生选题。在指导老师提供的综合和设计性实验题目中，选择自己感兴趣的项目。

(2) 查阅资料。学生根据所选课题广泛查阅有关的国内外文献资料，摘录与课题有关的研究内容、研究进展，写出基本原理、实验方法及需要的仪器设备等，对不同的实验方法和仪器设备进行对比和筛选。

(3) 制定方案。根据课题的目的、要求和查阅的资料，制定设计方案，写出开题报告。其中包括实验装置示意图、详细的实验步骤、所需的仪器和药品的清单等。初步定出方案后，须进行可行性论证，征求老师的意见，与同学进行讨论，以优化实验方案。经老师批准后，将仪器和药品的清单报实验室准备。

(4) 实验准备。提前三天到实验室检查仪器设备、试剂的准备情况。

(5) 进行实验。熟悉仪器的使用方法，按照设计的方案进行实验，注意观察实验现象，准确记录测量数据，考虑可能存在的误差因素。遇到异常情况，要客观进行分析，寻找解决问题的方法，或及时报告指导老师。

(6) 数据处理。以科学的方法处理实验数据，根据实验现象进行误差分析，并按论文的形式写出有见解的实验报告并进行交流讨论。

2. 设计性实验报告的内容和要求

(1) 报告封面。

(2) 分工介绍。

(3) 实验报告：按中国自然科学类期刊投稿格式要求组织内容。

(4) 设计方案：按基础性实验格式组织内容。

(5) 原始数据：整个实验过程中获得的数据。

(6) 参考文献：提供不少于8篇的参考文献，其中至少有2篇英文文献。

并按以上顺序装订。

第二章 误差分析

在实验工作中，由于仪器的精密度、实验方法的可靠程度和实验者的工作态度及感官限度等各方面的主客观原因，使任何一种测量结果总是不可避免地存在一定的误差（或者偏差）。因此，必须分析和研究误差产生的原因及规律，科学地处理实验数据，判断测量结果的可靠程度，找出误差产生的原因，从而对该实验提出合理的改进。

一、误差分析的基本概念

1. 物理量的测量

从测量方式上来说，测定各种物理量的方法一般可分为以下两类。

（1）直接测量

一般来说，使用仪器直接测定数据的方法，称为直接测量。用仪器进行测量时，一种情况是由仪器的刻度读取数据，例如用水银温度计测量某系统的温度、用尺子测量长度等。另一种情况是仪器通过一系列的内部程序运行或一定结构的设计而显示的数据，例如用分光光度计测定某溶液的透光率、用自动旋光仪测定蔗糖的旋光度等。

（2）间接测量

有些物理量不能直接用仪器测定，而要根据其他仪器直接测定的数据，通过一些函数公式计算而得到，这种测量方法称为间接测量。例如燃烧热的测定，是通过仪器直接测定的质量、温度及查阅的热容数据，利用有关公式计算出来的。

2. 真值、平均值和可靠值

（1）真值

真值是指在一定条件下，体系某个性质客观存在的真实数值。虽然真值是客观存在，但由于种种主客观条件的限制，是不可能直接测定出来的。

（2）平均值

在实际测量中，往往在所测定的数据中，用统计的方法去获得一个最佳数据。最常用的是平均值。常用的平均值有以下几种。

设在一定条件下对某一个物理量进行 n 次测量，所得的结果为 x_1、x_2、x_3、$\cdots$、x_n。

① 算术平均值 $\bar{x}$

$$\bar{x} = \frac{1}{n} \sum_{i=1}^{n} x_i \tag{I-2-1}$$

② 均方根平均值 $\bar{x}_{均方}$

$$\bar{x}_{均方} = \sqrt{\frac{\sum_{i=1}^{n} x_i^2}{n}} \tag{I-2-2}$$

③ 几何平均值 $\bar{x}_{几何}$

$$\bar{x}_{几何} = \sqrt[n]{\prod_{i=1}^{n} x_i} \tag{I-2-3}$$

④ 加权平均值 在所测量的物体中，若各种成分对平均值的权重是不相同时，采用加权平均值。

$$\bar{x}_{加权} = \frac{\sum(w_i x_i)}{\sum w_i} \qquad (I\text{-}2\text{-}4)$$

式中，w_i 是加权因子。

以上几种平均值中，算术平均值最常使用。

(3) 可靠值

如果在测量过程中存在各种误差因素，平均值是不可靠的。只有尽量消除了各种误差因素，才能得到准确值。一般情况下，我们将经过权威部门检测或专家认可的文献值、核心刊物发表的论文值作为可靠值。如果不存在系统误差，而且在重复测定某数据次数足够多的情况下，通常可将平均值看作可靠值，当作真值处理。

3. 误差与偏差

(1) 误差

误差是测定值与真值的符合程度，它表明了测量数据的可靠性。即

$$误差 = 测定值 - 真值 \qquad (I\text{-}2\text{-}5)$$

如上所述，一般将可靠值当作真值处理。

(2) 偏差

偏差是测定值与平均值的符合程度，它不一定能说明测定的可靠性。即

$$偏差 = 测定值 - 平均值 \qquad (I\text{-}2\text{-}6)$$

在实际工作中，如果误差不大而测定要求不太高，有时将偏差当作误差处理，不再严格区分误差与偏差的概念。

4. 误差的分类

根据误差的来源和性质，可以将测量误差分为系统误差、随机误差、过失误差三大类。

(1) 系统误差

系统误差指在相同条件下，多次测量某一物理量时，误差的绝对值和符号保持相对恒定，在改变条件时，会按某一确定规律变化的误差。因此，系统误差是直接关系到测量结果的准确度。

系统误差产生的原因有以下几个方面。

① 测量仪器因素：由仪器本身的缺陷所引起，例如制造技术不过关、刻度不准、仪表未进行校正、安装不正确等。这类误差可以通过检定的方法来校正。

② 测量方法因素：例如使用了近似的测量方法或近似的计算公式。

③ 试剂因素：试剂的纯度不符合要求，或掺杂了其他试剂。

④ 测量环境因素：如温度、湿度、压力等引起的误差。

⑤ 操作者因素：因操作者的不良习惯引起，如观察视线偏高或偏低。

改变实验条件可以发现系统误差的存在，针对产生的原因可采取措施将其消除。

(2) 随机误差

随机误差又称偶然误差。随机误差是指某次测量结果与相同实验条件下无限多次测量同一物理量所得结果的平均值之差。它是实验者不能预料的变量因素对测量的影响所引起的，它在实验中总是存在，无法完全避免。它产生的原因是不确定的，一般是由于人的感官分辨能力的限制，例如对仪器最小分度以内的估计值，每次读数可能不一样；也可能在实验过程

中，虽然仪器、试剂等条件没变，但外部环境条件发生变化，例如大气压、温度的波动。随机误差直接影响到测量的精密度。

随机误差服从概率分布。在相同条件下，对同一物理量多次测量时，会发现测量数据误差符合正态分布，如图Ⅰ-2-1。

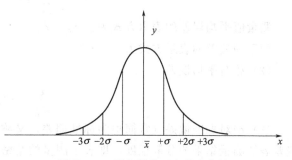

图Ⅰ-2-1　随机误差正态分布曲线

由图Ⅰ-2-1可以看出，以 $\bar{x}$ 为中心的正态分布曲线具有以下特性。

① 对称性：绝对值相等的正偏差和负偏差出现的概率几乎相等，正态分布曲线以 y 轴对称。

② 单峰性：绝对值小的偏差出现的机会多，而绝对值大的偏差出现的机会则比较少。

③ 有界性：在一定测量条件下的有限次测量值中，偏差的绝对值不会超过某一界限。用统计方法分析可以得出，偏差在 $\pm 1\sigma$（σ 为标准偏差）内出现的概率是 68.3%，在 $\pm 2\sigma$ 内出现的概率是 95.5%，在 $\pm 3\sigma$ 内出现的概率是 99.7%，可见偏差超过 $\pm 3\sigma$ 所出现的概率仅为 0.3%。因此如果多次重复测量中个别数据的误差绝对值大于 3σ，则这个极端值可以舍弃。在一定测量条件下，随机误差的算术平均值将随着测量次数的无限增加而趋向于零。因此，为了减小随机误差的影响，在实际测量中常常对一个量进行多次重复测量，以提高测量的精密度和重现性。

（3）过失误差

过失误差主要是由于实验者粗心大意、操作不当造成的。例如操作失误、读错、记错数据，计算错误等。过失误差值可能很大，且无一定的规律可循。过失误差在实验中是不允许发生的，且有可能完全避免。如发现过失误差，所得数据应予删除。

由于随机误差的存在，实验测定的数据总是有一定的离散性，这是正常的。但是，有时出现个别的偏离较大的可疑数据，又找不到明显的过失误差，对这个可疑数据，要用数理统计的方法判别其真伪，并决定取舍。

判断可疑数据的方法之一是"3σ"准则，当某一可疑数据（x_i）与测定的算术平均值（$\bar{x}$）之差大于 3 倍标准偏差时，则该可疑数据应舍弃，可用公式表示为：

$$|x_i - \bar{x}| > 3\sigma \qquad （Ⅰ-2-7）$$

5. 绝对误差与相对误差

绝对误差（δ）是测定值与真值之差，相对误差（d）是绝对误差相对于真值所占的百分数，对于单次测定的数据，它们可以分别以下式表示：

$$\delta = x - x_{真} \qquad （Ⅰ-2-8）$$

$$d = \frac{\delta}{x_{真}} \times 100\% \qquad （Ⅰ-2-9）$$

绝对误差的单位与测定值相同，而相对误差的量纲为 1。不同物理量测量的准确度（精密度）可用相对误差（相对偏差）进行比较。绝对误差并不能完全说明测量的准确度。例如：一个 500mL 量筒的绝对误差为 0.5mL，而一个 50mL 量筒的绝对误差也为 0.3mL，显然前者的准确度高于后者，若采用相对误差进行比较，则差异明显。

对于多次测定的数据，绝对误差与相对误差可以分别表示如下。

（1）绝对平均误差（常简称为平均误差）

$$\delta = \frac{1}{n}\sum_{i=1}^{n}|x_i - x_{真}| \qquad (\text{I}\,\text{-2-10})$$

测量值平均误差的表示方式为：$x_{真} \pm \delta$。

而平均偏差的表示方式为：$\bar{x} \pm \delta$。

（2）相对平均误差

$$d = \frac{\delta}{x_{真}} \times 100\% \qquad (\text{I}\,\text{-2-11})$$

（3）绝对标准偏差（常简称为标准偏差，又称均方根偏差） 在误差分析中，常用标准偏差表征测量结果的分散程度，即表示测量的精密度：

$$\sigma_{n-1} = \sqrt{\frac{\sum_{i=1}^{n}(x_i - \bar{x})^2}{n-1}} \qquad (\text{I}\,\text{-2-12})$$

式（I-2-12）中的（$n-1$），在数理统计中称为自由度，它说明在 n 次测量中，由于存在一个外加函数关系式（$\bar{x}$ 关系式），所以只有（$n-1$）个独立可变的偏差。

测量值标准偏差的表示方式为：$\bar{x} \pm \sigma$。

（4）相对标准误差

$$d_{标准} = \frac{\sigma}{x_{真}} \times 100\% \qquad (\text{I}\,\text{-2-13})$$

6. 准确度与精密度

（1）准确度

准确度是指测定值与真值之间的一致程度。测量过程中所有误差因素，都会影响准确度。原则上准确度可用误差值的大小表示，正如上面的分析指出，准确度用相对误差来表示更合理，一般采用相对平均误差表示。

（2）精密度

精密度表示测量结果的分散程度，它主要是由随机误差引起的。精密度用偏差值的大小表示，常采用标准偏差表示。

（3）精密度与准确度的区别

精密度与准确度的区别，可用图 I-2-2 形象地表示。

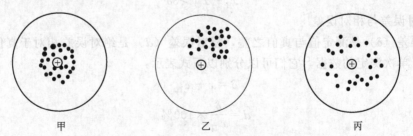

⊕—真值 $X_{真}$；●—测量值 X_i
图 I-2-2 甲、乙、丙三人测量结果示意图

图中：甲表示系统误差和随机误差都很小，精密度和准确度较高；

乙表示系统误差大，随机误差小，精密度高，但准确度较低；

丙表示系统误差小，随机误差大，精密度、准确度都较低。

二、间接测量中的误差传递

在物理化学实验中，最后要得到的结果，大多是间接测量的数据。也就是说，在数据处理阶段，往往是将实验中直接测量的数据代入某种函数关系式进行计算，或通过作图等处理，才能得到最后的结果。在数据处理中，每个直接测量值的准确度都会影响最后结果（间接测量值）的准确性，这种影响称为误差传递。通过对每一步误差传递过程的分析，可以查明各个直接测量值的误差对结果的影响程度，从中可以找出误差的主要来源，可判断所选择的实验方法是否适当，以便于合理配置仪器，寻求测量的有利条件。

1. 平均误差和相对平均误差的传递

设某物理量 y 是从 x_1、x_2、$\cdots$、x_n 各直接测量值求得的。即 y 为 x_1、x_2、$\cdots$、x_n 的函数：

$$y = f(x_1, x_2, \cdots, x_n) \tag{I-2-14}$$

已知测定的 x_1、x_2、$\cdots$、x_n 的平均误差为 Δx_1、Δx_2、$\cdots$、Δx_n，若要求出 y 的平均误差 Δy，将式（I-2-14）全微分得：

$$\mathrm{d}y = \left(\frac{\partial y}{\partial x_1}\right)_{x_2,\cdots,x_n} \mathrm{d}x_1 + \left(\frac{\partial y}{\partial x_2}\right)_{x_1,x_3,\cdots,x_n} \mathrm{d}x_2 + \cdots + \left(\frac{\partial y}{\partial x_n}\right)_{x_1,x_2,\cdots,x_{n-1}} \mathrm{d}x_n \tag{I-2-15}$$

设各自变量的平均误差 Δx_1、Δx_2、$\cdots$、Δx_n 等足够小时，可代替它们的微分 $\mathrm{d}x_1$、$\mathrm{d}x_2$、$\cdots$、$\mathrm{d}x_n$，并考虑到在最不利的情况下，直接测量的正、负误差不能对消而引起误差积累，故取其绝对值，则式（I-2-15）可改写为：

$$\Delta y = \left|\frac{\partial y}{\partial x_1}\right| |\Delta x_1| + \left|\frac{\partial y}{\partial x_2}\right| |\Delta x_2| + \cdots + \left|\frac{\partial y}{\partial x_n}\right| |\Delta x_n| \tag{I-2-16}$$

这就是间接测量中计算最终结果的平均误差的普遍公式。

如将式（I-2-16）两边取对数，再求微分，然后将 $\mathrm{d}x_1$、$\mathrm{d}x_2$、$\cdots$、$\mathrm{d}x_n$ 分别换成 Δx_1、Δx_2、$\cdots$、Δx_n，且 $\mathrm{d}y$ 换成 Δy，则得：

$$\frac{\Delta y}{y} = \frac{1}{f(x_1 x_2, \cdots, x_n)}\left[\left|\frac{\partial y}{\partial x_1}\right| |\Delta x_1| + \left|\frac{\partial y}{\partial x_2}\right| |\Delta x_2| + \cdots + \left|\frac{\partial y}{\partial x_n}\right| |\Delta x_n|\right] \tag{I-2-17}$$

上式是间接测量中，计算最终结果的相对平均误差的普遍公式。

例1 以苯为溶剂，用凝固点降低法测定苯的摩尔质量，按下列公式计算：

$$M = K_f \times \frac{m}{\Delta t} = K_f \times \frac{m_1}{m_0(t_0 - t)}$$

式中，K_f 是凝固点降低常数，其值为 $5.12℃ \cdot kg \cdot mol^{-1}$。直接测量 m_1、m_0、t、t_0 的值，求算苯的摩尔质量。其中溶质的质量是用分析天平称得，$m_1 = (0.2352 \pm 0.0002)g$，溶剂的质量 m_0 为 $(25.0 \pm 0.1) \times 0.879g$，即用 25mL 移液管移苯液，其密度为 $0.879g \cdot cm^{-3}$。

若用贝克曼温度计测量凝固点，其精密度为 $0.002℃$，3 次测得纯苯的凝固点 t_0 读数分别为：$3.569℃$、$3.570℃$、$3.571℃$。溶液的凝固点 t 读数分别为：$3.130℃$、$3.128℃$、$3.121℃$。试计算实验测定的苯的摩尔质量 M 及其相对误差，并说明实验是否存在系统误差。

首先对测得的纯苯凝固点 t_0 数值求平均值：

$$\bar{t}_0 = \frac{3.569 + 3.570 + 3.571}{3} = 3.570 \text{ (℃)}$$

7

其绝对平均误差为： $$\Delta t_0 = \pm\frac{0.001+0.000+0.001}{3} = \pm 0.001\ (\text{℃})$$

同理求得： $$\bar{t} = 3.126\text{℃}，\Delta\bar{t} = \pm 0.004\text{℃}$$

对于 Δm_0 和 Δm_1 的确定，可由仪器的精密度计算：

$$\Delta m_0 = \pm 0.1 \times 0.879 = \pm 0.09\text{g}$$

$$\Delta m_1 = \pm 0.0002\text{g}$$

将计算公式取对数，再微分，然后将 dm_1、dm_0、dt、dt_0 分别换成 Δm_1、Δm_0、Δt、Δt_0，可得摩尔质量 M 的相对误差：

$$\frac{\Delta M}{M} = \frac{\Delta m_1}{m_1} + \frac{\Delta m_0}{m_0} + \frac{\Delta\bar{t}_0 + \Delta\bar{t}}{\bar{t}_0 - \bar{t}} = \pm\left(\frac{0.0002}{0.2352} + \frac{0.09}{25.0\times0.879} + \frac{0.001+0.004}{3.570-3.126}\right) = \pm1.6\%$$

$$M = \frac{1000\times0.2352\times5.12}{25.0\times0.879\times(3.570-3.126)} = 123\text{g}\cdot\text{mol}^{-1}$$

$$\Delta M = \pm123\times1.6\% = \pm2$$

最终结果为：

$M = (123\pm2)\text{g}\cdot\text{mol}^{-1}$，与文献值 $128.11\text{g}\cdot\text{mol}^{-1}$ 比较，可认为该实验存在系统误差。

2. 标准误差的传递

设函数 $y = f(x_1, x_2, \cdots, x_n)$，而 x_1、x_2、$\cdots$、x_n 的标准误差分别为 σ_{x_1}、σ_{x_2}、$\cdots$、σ_{x_n}，则 y 的标准误差为：

$$\sigma_y = \left[\left(\frac{\partial y}{\partial x_1}\right)^2\sigma_{x_1}^2 + \left(\frac{\partial y}{\partial x_2}\right)^2\sigma_{x_2}^2 + \cdots + \left(\frac{\partial y}{\partial x_n}\right)^2\sigma_{x_n}^2\right]^{1/2} \qquad (\text{I}\text{-}2\text{-}18)$$

此式是计算最终结果的标准误差的普遍公式。

例2 测量某一电热器功率时，得到电流 $I = (8.40\pm0.04)$ A，电压 $U = (9.5\pm0.1)$ V，求该电热器功率 P 及其标准误差。

$$P = IU = 8.40\text{A}\times9.5\text{V} = 79.8\text{W}$$

其标准误差为：

$$\sigma_P = P\left(\frac{\sigma_I^2}{I^2} + \frac{\sigma_U^2}{U^2}\right)^{1/2} = 79.8\text{W}\times\left(\frac{0.04^2}{8.40^2} + \frac{0.1^2}{9.5^2}\right)^{1/2} = \pm0.9\text{W}$$

最终结果为：

$$P = (79.8\pm0.9)\text{W}$$

部分常见函数的误差传递公式，见表 I-2-1。

表 I-2-1　部分常见函数的误差传递公式

函数关系	平均误差	相对平均误差	绝对标准误差	相对标准误差
$z = x\pm y$	$\pm(\mid dx\mid + \mid dy\mid)$	$\pm\left(\dfrac{\mid dx\mid + \mid dy\mid}{x\pm y}\right)$	$\pm\sqrt{\sigma_x^2 + \sigma_y^2}$	$\pm\dfrac{1}{\mid x\pm y\mid}\sqrt{\sigma_x^2 + \sigma_y^2}$
$z = xy$	$\pm(y\mid dx\mid + x\mid dy\mid)$	$\pm\left(\dfrac{\mid dx\mid}{x} + \dfrac{\mid dy\mid}{y}\right)$	$\pm\sqrt{y^2\sigma_x^2 + x^2\sigma_y^2}$	$\pm\sqrt{\dfrac{\sigma_x^2}{x^2} + \dfrac{\sigma_y^2}{y^2}}$
$z = x/y$	$\pm\left(\dfrac{y\mid dx\mid + x\mid dy\mid}{y^2}\right)$	$\pm\left(\dfrac{\mid dx\mid}{x} + \dfrac{\mid dy\mid}{y}\right)$	$\pm\dfrac{1}{y}\sqrt{\sigma_x^2 + \dfrac{x^2}{y^2}\sigma_y^2}$	$\pm\sqrt{\dfrac{\sigma_x^2}{x^2} + \dfrac{\sigma_y^2}{y^2}}$
$z = x^n$	$\pm(nx^{n-1}dx)$	$\pm\left(\dfrac{n}{x}dx\right)$	$\pm(nx^{n-1}\sigma_x)$	$\pm\left(\dfrac{n}{x}\sigma_x\right)$
$z = \ln x$	$\pm\left(\dfrac{1}{x}dx\right)$	$\pm\left(\dfrac{1}{x\ln x}dx\right)$	$\pm\left(\dfrac{1}{x}\sigma_x\right)$	$\pm\left(\dfrac{1}{x\ln x}\sigma_x\right)$

三、有效数字

在测量一个量时，所记录数据的位数应与仪器的精密度相符合，即数据的最后一位数字是仪器最小刻度之内的估计值，其他数字为准确值，这样的数据所包含的数字称为有效数字。即有效数字是测量数据的准确度所达到的数字，它包括测量数据中前面几位可靠的数字和最后一位估计的数字。

例如，普通 50mL 滴定管，最小刻度为 0.1mL，则记录 26.55mL 是合理的；记录 26.5mL 和 26.556mL 都是错误的，因为它们分别缩小和夸大了仪器的精密度。为了方便地表达有效数字位数，一般用科学记数法记录数字，即用一个带小数的个位数乘以 10 的相当幂次表示。例如 0.000567 可写为 5.67×10^{-4}，表示有效数字为三位；10680 可写为 1.0680×10^4，表示有效数字是五位。用以表达小数点位置的零不计入有效数字位数。

在间接测量中，需通过一定的公式将直接测量值进行运算，运算中对有效数字位数的取舍应遵循如下规则。

(1) 误差（绝对误差或相对误差）一般只取一位有效数字，最多两位。

(2) 有效数字的位数越多，数值的准确度也越大，相对误差越小。例如：(1.35 ± 0.01)m，三位有效数字，相对误差 0.7%；(1.3500 ± 0.0001)m，五位有效数字，相对误差 0.007%。

(3) 任何一次直接测量值，都应读至仪器刻度的最小估读位数。例如：移液管的最小估读位数为 0.01mL，则读数的最后一位也要读至 0.01mL。

(4) 任何一物理量的数据，其有效数字的最后一位，在位数上应与误差的最后一位相一致。例如：用 $\frac{1}{10}$℃的温度计测量水温为 28.65℃，其测量结果的正确表示应是 (28.65 ± 0.01)℃；若写作 (28.651 ± 0.01)℃，就是夸大了测量结果的准确度；若写作 (28.6 ± 0.01)℃，就是缩小了测量结果的准确度。

(5) 若第一位的数值等于或大于 8，则有效数字的总位数可多算一位。如 8.56 虽然只有三位，但在运算时，可以看作四位。

(6) 确定有效数字的位数时，应注意"0"这个符号，紧接在小数点后面的"0"不算有效数字；而在数值中的"0"应包括在有效数字中，如 0.003065，这个数值有四位有效数字。至于 30650000，后面的四个"0"就很难说是不是有效数字。这种情况要用指数表示法来表示有效数字。若是四位有效数字，可写为 3.065×10^7；若为五位有效数字，则可写为 3.0650×10^7。

(7) 运算中舍弃过多不确定数字时，应用"4 舍 6 入，逢 5 留双"的法则。例如有下列两个数值：8.675、6.365，要整化为三位有效数字，根据上述法则，整化后的数值为 8.68 与 6.36。

(8) 在加减运算中，各数值小数点后所取的位数，以其中小数点后位数最少者为准。
例如：56.38＋17.889＋21.6＝56.4＋17.9＋21.6＝95.9

(9) 在乘除运算中，各数保留的有效数字，应以其中有效数字最少者为准。
例如：$1.436 \times 0.020568 \div 85$

其中 85 的有效数字最少，由于首位是 8，因此可以看成三位有效数字，其余两个数值也应保留三位，最后结果也只保留三位有效数字。即

$$\frac{1.44\times 0.0206}{85}=3.49\times 10^{-4}$$

（10）在乘方或开方运算中，结果可多保留一位。

（11）对数运算时，对数中的首数不是有效数字，对数中尾数的位数，应与真数的有效数字相同。例如：

$$[H^+]=7.6\times 10^{-4}，则\ pH=-\lg[H^+]=3.12$$
$$K=3.4\times 10^{-9}，则\ \lg K=9.53$$

同理，对数的尾数有几位有效数字，其反对数的真数也应取相同的有效数字。例如：

$$0.652=\lg 4.49；2.5013=\lg 317.2$$

（12）算式中，常数 π、e 及因子 $\sqrt{2}$ 和某些取自手册的常数，如阿伏加德罗常数、普朗克常数等，不受上述规则限制，其位数按实际需要取舍。

第三章　实验数据处理

数据是表达实验结果的重要方式之一。因此，要求实验者将测量得到的数据正确地记录下来，加以整理、归纳和处理，并正确表达实验结果所获得的规律。实验数据的表达方法主要有三种：列表法、图解法和数学方程式法。现分别介绍如下。

一、列表法

在物理化学实验中，多数测量至少包括两个变量，在实验数据中，选出自变量和因变量，将两者的对应值列成表格。

数据表简单易作，不需特殊工具，而且由于在表中所列的数据已经过科学整理，有利于分析和阐明某些实验结果的规律性，对实验结果可以进行比较。

使用列表法时应注意以下几点。

① 每一个表开头都应写出表的序号及表的名称。

② 在表的每一行或每一列应正确写出表头，在表中列出的通常是一些纯数，这些纯数是量的符号 A 除以其单位的符号 $[A]$，即 $A/[A]$。如 V/mL；或者是这些纯数的数学函数，如 $\ln(p/\text{MPa})$。

③ 表中的数值应用最简单的形式表示，公共的乘方因子应放在表头注明。

④ 在每一行中的数字要排列整齐，小数点应对齐。

⑤ 直接测量得到的数值可与处理的结果并列在一张表中，必要时应在表的下面注明数据的处理方法或数据的来源。

⑥ 表中所有数值的填写都必须遵守有效数字规则。

表 I-3-1 是 CO_2 的 p、V、T 测量数据表，其形式可作为一般性参考。

表 I-3-1　CO_2 的 p、V、T 测量数据表

$t/℃$	T/K	$10^3 T^{-1}/\text{K}^{-1}$	p/MPa	$\ln(p/\text{MPa})$	$V_m^g/\text{cm}^3\cdot\text{mol}^{-1}$	pV_m^g/RT
-56.60	216.50	4.6179	0.5180	-0.6578	3177.60	0.9142
0.00	273.15	3.6610	3.4853	1.2485	456.97	0.7013
31.04	304.19	3.2874	7.3820	1.9990	94.06	0.2745

二、图解法

1. 图解法在物理化学实验中的应用

用图解法表示实验数据，能直观地显示出所研究的变量的变化规律，如极大值、极小值、转折点、周期性和变化速率等重要特性，并可以从图上简便地找出各变量中间值，还便于数据的分析比较，确定经验方程式中的常数等，其用途极为广泛。

（1）表达变量间的定量依赖关系

以自变量为横坐标，因变量为纵坐标，在坐标纸上标绘出数据点 (x_i, y_i)，然后按作图规则（见后文）画出曲线，此曲线便可表示出两变量间的定量关系。在曲线所示的范围内，可求对应于任意自变量数值的因变量数值。

（2）求极值或转折点

11

函数的极大值、极小值或转折点，在图形上表现得很直观。例如，利用环己烷-乙醇双液系相图，确定最低恒沸点（极小值）；凝固点下降法测摩尔质量实验，从步冷曲线上确定凝固点（转折点）。

（3）求外推值

当需要的数据不能或不易直接测定时，在适当的条件下，常用作图外推法求得。所谓外推法，就是根据变量间的函数关系，将实验数据描述的图像延伸至测量范围以外，求得该函数的极限值。例如用黏度法测定高聚物的相对分子质量实验中，只能用外推法求得溶液浓度趋于零时的黏度（即特性黏度）值，才能算出相对分子质量。

必须指出，使用外推法必须满足以下条件：

① 外推的那个区间离实际测量的那个区间不能太远；

② 在外推的那段范围及其邻近的测量数据间的函数关系是线性关系或可以认为是线性关系；

③ 外推所得结果与已有的正确经验不能有抵触。

（4）求函数的微商（图解微分法）

作图法不仅能表示出测量数据间的定量函数关系，而且可以从图上求出各点函数的微商，而不必先求出函数关系的解析表示式，称图解微分法。具体做法是在所得曲线上选定若干个点，然后采用几何作图法，作出各切线，计算出切线的斜率，即得该点函数的微商值。

（5）求导数函数的积分值（图解积分法）

设图形中的因变量是自变量的导数函数，则在不知道该导数函数解析表示式的情况下，亦能利用图形求出定积分值，称图解积分。常用此法求曲线下所包含的面积。

（6）求测量数据间函数关系的解析表示式（经验方程式）

如果能找出测量数据间函数关系的解析表示式，则无论是对客观事物的认识深度或是对应用的方便而言，都将远远跨前了一步。通常找寻这种解析表示式的途径也是从作图入手，即对测量结果作图，从图形形式变换成函数，使图形线性化，即得新函数 y 和新自变量 x 的线性关系：

$$y = ax + b \tag{I-3-1}$$

算出此直线的斜率 a 和截距 b 后，再换回原来函数和自变量，即得原函数的解析表示式。例如反应速率常数 k 与活化能 E 的关系式为指数函数关系：

$$k = Ae^{-E/RT} \tag{I-3-2}$$

可对两边取对数使其直线化，以 $\lg k$ 对 $1/T$ 作图，由直线斜率和截距可分别求出活化能 E 和碰撞频率因子 A 的数值。

2. 作图技术

图解法获得优良结果的关键之一是作图技术，以下介绍作图技术要点。

（1）工具

在处理物理化学实验数据时作图所需工具主要有铅笔、直尺、曲线板、曲线尺和圆规等。

（2）坐标纸

用得最多的是直角坐标纸。半对数坐标纸和对数-对数坐标纸也常用到，前者两轴中有一轴是对数标尺，后者两轴均系对数标尺。将一组测量数据绘图时，究竟使用什么形式的坐标纸，要尝试后才能确定（以能获得线性图形为佳）。

12

在表达三组分体系相图时，则常用三角坐标纸。

（3）坐标轴

用直角坐标纸作图时，以自变量为横轴，因变量（函数）为纵轴，坐标轴比例尺的选择一般遵循下列原则。

① 能表示出全部有效数字，使图上读出的各物理量的精密度与测量时的精密度一致。

② 方便易读。例如用坐标轴 1cm 表示数量 1、2 或 5 都是适宜的，表示 3 或 4 就不太适宜，而表示 6、7、8、9 在一般场合下是不妥的。

③ 在前两个条件满足的前提下，还应考虑充分利用图纸。若无必要，不必把坐标的原点作为变量的零点。曲线若系直线，或近乎直线的曲线，则应被安置在图纸的对角线附近。

比例尺选定后，要画上坐标轴，在轴旁注明该轴变量的名称及单位。在纵轴的左面和横轴的下面每隔一定距离（例如 2cm 间距）写下该处变量应有的值，以便作图及读数，但不要将实验值写在轴旁。

（4）代表点

代表点是指在坐标中与测得的各数据相对应的点。代表点反映了测得数据的准确度和精密度。若纵轴与横轴上两测量值的精密度相近，可用点圆符号（⊙）表示代表点，圆心小点表示测得数据的正确值，圆的半径表示精密度值。若同一图纸上有数组不同的测量值，则各组测量值可各用一种变形的点圆符号（如⊕，×等）来表示代表点。

（5）曲线

在图纸上作好代表点后，按代表点的分布情况，作一曲线，表示代表点的平均变化情况。因此，曲线不需全部通过各点，只要使各代表点均匀地分布在曲线两侧邻近即可，或者更确切地说，是要使所有代表点离开曲线距离的平方和为最小，这就是"最小二乘法"原理。所以，绘制曲线时，若考虑离曲线很远的个别代表点，一般所得曲线都不会是正确的，即使此时其他所有代表点都正好落在曲线上。遇到这种情况，最好将此个别代表点的数据复测，如原测量确属无误，则应严格遵循上述正确原则绘线。

（6）图题及图坐标的标注

每个图应有序号和简明的标题（即图题），有时还应对测试条件等方面作简要说明，这些一般安置在图的下方（如写实验报告也可在图纸的空白地方写上实验名称、图题、姓名及日期等）。

与上述的原理相同，曲线图坐标的标注也应该是一个纯数学关系式。图Ⅰ-3-1 是 CO_2 的平衡性质 $\ln(p/\text{MPa})$ 与 $1/T$ 的关系，其标注可作为参考。

应注意栏头或图坐标标注的正确书写。例如，将栏头或标注 "T/K" 错误地写成 "T，K" 或

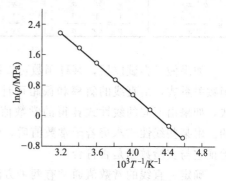

图Ⅰ-3-1　CO_2 的平衡性质
$\ln(p/\text{MPa})$ 与 $1/T$ 的关系图

"T（K）"；将 "$\ln(p/\text{MPa})$" 错误地写成 "$\ln p$，MPa" 或 "$\ln p$（MPa）"。写成 "T，K" 或 "T（K）" 在概念上是含糊的。而写成 "$\ln p$，MPa" 或 "$\ln p$（MPa）" 在概念上是错误的，因为对数的真数是一个纯数，不能是一个物理量。但为了简便，一般的教科书中在公式中往往将 $\ln(A/[A])$ 简写为 $\ln A$，本书以后也作这样处理，请读者注意。

三、实验数据方程的拟合

人们常会需要寻求一个最佳方程以拟合实验获得的数据。这里存在着两个方面的问题，其一是要选择一适当的函数关系；其二，要确定函数关系中各参数的最佳值。在许多场合，其函数关系事先就已知道。例如，在研究液体的蒸气压与温度的关系时，就有已知的克劳修斯-克拉贝龙（Clausius-Clapeyron）方程可予以应用。

如果一时还不了解数据内在的函数关系，第一步通常是根据数据作图，其方法如前所述，此时须注意讨论对象所附带的条件。例如热力学温度没有负值等。只要画出了平滑的曲线，根据实验者的经验和判断，常常就能大体猜出某一合适的函数关系式。有些特殊的偏差究竟是由于函数关系不当，还是由于数据呈无规则分布而造成的，通常还必须运用常识来判断。如果数据非常分散，试图拟合一个方程是毫无意义的。一般来说，平滑曲线上的极大值、极小值和拐点的数目越多，所需要的参数变量也就越多，曲线拟合的工作就越复杂。

把数据拟合成直线方程要比拟合成其他函数关系来得简单和容易。因此根据数据作图时，都希望能找到一个线性函数式。通常只要看看数据的曲线图形，往往就可提出适当的函数式来做尝试。某些比较重要的函数方程关系式及其线性式列于表 I -3-2。表中后两栏为直线的斜率和截距，内含非线性方程中的常数。但是，并非所有的函数都可化成线性形式。例如

$$y = a(1 - e^{bx})$$

这一重要关系式就没有线性式。对于这种情况，就需要采用其他一些专门的方法。

表 I -3-2　常见函数方程关系式及其线性式

方　程	线性式	线性坐标轴		斜　率	截　距
$y = a e^{bx}$	$\ln y = \ln a + bx$	$\ln y$	对 x	b	$\ln a$
$y = a b^x$	$\lg y = \lg a + x\lg b$	$\lg y$	对 x	$\lg b$	$\lg a$
$y = a x^b$	$\lg y = \lg a + b\lg x$	$\lg y$	对 $\lg x$	b	$\lg a$
$y = a + bx^2$	—	y	对 x^2	b	a
$y = a\lg x + b$	—	y	对 $\lg x$	a	b
$y = \dfrac{a}{b+x}$	$\dfrac{1}{y} = \dfrac{b}{a} + \dfrac{x}{a}$	$\dfrac{1}{y}$	对 x	$\dfrac{1}{a}$	$\dfrac{b}{a}$
$y = \dfrac{ax}{1+x}$	$\dfrac{1}{y} = \dfrac{1}{ax} + \dfrac{1}{a}$	$\dfrac{1}{y}$	对 $\dfrac{1}{x}$	$\dfrac{1}{a}$	$\dfrac{1}{a}$

如果做了尝试以后，某种函数可以把有关数据转化为线性关系，则可认为这就是合适的函数关系式，由直线的斜率和截距可计算出方程中的常数。一个方程可能会有多种线性形式，如果由不同的线性式算得的常数值相差悬殊，我们必须判断哪一个数值可能是最合适的。由某些线性式求得若干常数值后，就可根据所求的常数值写出原先的非线性方程式，并验证它与实验数据是否符合。

确定一直线的常数值通常有两种方法：平均法及最小二乘法。

1. 平均法

用有关数据确定两个平均点，经过这两点得一直线。为了得到这两个平均点，先把数据按 x（或 y）的大小顺序排列，把它们分成相等的两组。一组包括前一半数据点，另一组为余下的后一半数据点。如果数据点为奇数，中间的一点可以任意归入一组，或者分别归入两个组。这之后，再对每一组数据点的 x 轴坐标和 y 轴坐标分别求平均值。这样便确定了两个平均点，即 (x_1, y_1) 和 (x_2, y_2)。

可以直接通过这两点画出直线，也可以用代数方法解两个联立方程 $y_1 = ax_1 + b$ 和 $y_2 = ax_2 + b$（第二个方法就是把数据组合成两个联立方程，其公式为 $\sum y = a\sum x + nb$）。更好的代数方法是计算线性方程的斜率，即

$$a = \frac{y_2 - y_1}{x_2 - x_1}$$

把这个斜率及一个平均点的数值代入方程

$$y = ax + b$$

便可解出 b。

2. 最小二乘法

最小二乘法的基本假设是残差的平方和为最小，即所有数据点与计算得到的直线之间偏差的平方和为最小。通常，为了数学上处理方便，假定误差只出现在因变量 y，且假定所有数据点都同样可靠。

对于第 i 个点，残差为：

$$\delta_i = y_i - ax_i - b \tag{I-3-3}$$

式中，x_i、y_i 代表测量值。残差的平方和为：

$$\sum \delta_i^2 = \sum (y_i - ax_i - b)^2 \tag{I-3-4}$$

此和是每个测量数据点与两个参数 a、b 的函数。不同的 a、b 值可定出一系列的直线，而 a、b 的数值则由数据点决定。残差的平方和随不同的直线，即不同的 a、b 值而变化。为了选择适当的 a、b 值，使其残差的平方和为最小值。可将方程（I-3-4）对 a 和 b 求导，令导数为零并解出这两个方程。若有 n 个数据点，则斜率和截距的表达式为：

$$a = \frac{n\sum x_i y_i - \sum x_i \sum y_i}{n\sum x_i^2 - (\sum x_i)^2} \tag{I-3-5}$$

$$b = \frac{\sum y_i \sum x_i^2 - \sum x_i \sum x_i y_i}{n\sum x_i^2 - (\sum x_i)^2} \tag{I-3-6}$$

四、Origin 软件及其在实验数据处理中的应用

Origin 是美国 Microcal 公司推出的数据分析和绘图软件。Origin 功能强大，在各国科技工作者中普遍应用。

Origin 的主要功能是数据分析和绘图。Origin 的数据分析功能都是通过相应菜单命令实现的，包括数据的排序、调整、计算、统计、曲线拟合等。Origin 的绘图是基于模板的，选择好所需要绘图的数据后，点击工具栏上相应按钮就可以实现快速绘图。目前 Origin 软件能提供几十种二维和三维绘图模板供使用。

Origin 有不同于其他软件和语言的特点，最突出的特点是使用简单，它采用直观的、图形化的、面向对象的窗口菜单和工具栏操作，全面支持鼠标右键操作、支持拖放式绘图等，且其典型应用不需要编写任何一行程序代码。Origin 提供了直观、简单的数学分析和绘图环境。

物理化学实验涉及较多的物理检测仪器，实验结果涉及较复杂的数学模型和数值换算，而且一般需要使用各种科学图形来解释和分析实验结果。物理化学实验中常见的数据处理有：①公式计算；②用实验数据作图或对实验数据计算后作图；③线性拟合，求截距或斜率；④非线性曲线拟合；⑤作切线，求截距或斜率。

以前学生多用坐标纸手工作图，手工拟合直线，求斜率或截距；手工作曲线和切线，求

斜率或截距。这种手工作图的方法不仅费时费力，而且误差较大。本来实验数据就有一定的误差，加上数据处理带来的较大误差，所得结果的误差就更大。

利用 Origin 软件可方便地进行作图、线性拟合、非线性曲线拟合等数据处理，能够满足物化实验数据处理的要求。下面简单介绍用 Origin 软件对物理化学实验数据处理的方法。

1. Origin 软件的一般用法

(1) 数据作图

Origin 可绘制散点图、点线图、柱形图、条形图或饼图以及双 Y 轴图形等，在物理化学实验中通常使用散点图或点线图。

其基本步骤如下。

① 启动 Origin 程序，菜单栏 View/Toolbars 菜单中至少选中 2D graphs 和 Tools，显示必需的按钮，在数据窗口输入需作图数据，左边为 X 轴，右边为 Y 轴。

② 拖动鼠标选定需作图数据，点击按钮 ⬚，弹出图表窗口，得到连线图。

③ 点击按钮 ⬚，在图表上可划出横线、竖线和斜线，可用鼠标选中再移动线的位置。

④ 点击按钮 ⬚，再将鼠标点击图表指定位置，将显示该点的坐标。

⑤ 点击按钮 ⬚，再将鼠标点击图表指定位置，可在该处添加文本，并可选择字体、字号等。

⑥ 数据处理完毕，点击 ⬚（save project），将处理结果命名保存。

⑦ 点击菜单栏 Edit 中 copy page 命令，可将图表复制到 Word 文档，并可放大或缩小。

⑧ 千万注意：关闭 Origin 程序时应关主程序，此时数据和图表不丢失；如点击数据或图表子窗口的按钮 ⬚，则会将该子窗口删除。

(2) 线性拟合

当绘出散点图或点线图后，选择 Analysis 菜单中的 Fit Linear 或 Tools 菜单中的 Linear Fit，即可对图形进行线性拟合。结果记录（view/results log）中显示拟合直线的公式、斜率和截距的值及其误差、相关系数和标准偏差等数据。在线性拟合时，可屏蔽某些偏差较大的数据点，以降低拟合直线的偏差。

(3) 非线性曲线拟合

① Origin 提供了多种非线性曲线拟合方式。

a. 在 Analysis 菜单中提供了如下拟合函数：多项式拟合、指数衰减拟合、指数增长拟合、S 形拟合、Gaussian 拟合、Lorentzian 拟合和多峰拟合，在 Tools 菜单中提供了多项式拟合和 S 形拟合。

b. 在 Analysis 菜单中的 Non-linear Curve Fit 选项提供了许多拟合函数的公式和图形。

c. Analysis 菜单中的 Non-linear Curve Fit 选项可让用户自定义函数。

② 在处理实验数据时，可根据数据图形的形状和趋势选择合适的函数和参数，以达到最佳拟合效果。多项式拟合适用于多种曲线，且方便易行，操作如下。

a. 对数据作散点图或点线图。

b. 选择 Analysis 菜单中的 Fit Polynomial 或 Tools 菜单中的 Polynomial Fit，打开多项式拟合对话框，设定多项式的级数、拟合曲线的点数、拟合曲线中 X 的范围。

c. 点击 OK 或 Fit 即可完成多项式拟合。结果记录（view/results log）中显示：拟合的多项式公式、参数的值及其误差，R^2（相关系数的平方）、SD（标准偏差）、N（曲线数据的点数）、P 值（$R^2=0$ 的概率）等。

2. Origin 软件在物理化学实验数据处理中的应用

现以液体的饱和蒸气压的数据处理为例。

液体的饱和蒸气压与温度的关系可用克拉贝龙（Clapeyron）方程式来表示，设蒸气为理想气体，在实验温度范围内摩尔汽化热 $\Delta_{vap}H_m$ 为常数，并略去液体的体积。将其积分得克劳修斯-克拉贝龙（Clausius-Clapeyron）方程，图 I-3-2 为实验测得各温度下的饱和蒸气压后，以 $\ln(p/kPa)$ 对 $1/T$ 所作的图，$\ln(p/kPa)$ 对 $1/T$ 作图得一条直线。根据直线得斜率 m，进一步可求得实验温度范围内液体的平均摩尔汽化热 $\Delta_{vap}H_m$。

利用 Origin 软件强大的数据处理功能以及便捷的图表生成功能，对纯液体饱和蒸气压的数据进行处理，将表格中枯燥的数据迅

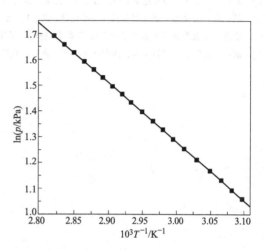

图I-3-2　饱和蒸气压的 $\ln(p/kPa)$ 与 $1/T$ 关系图

速便捷地生成各种直观生动的图表。同时生成 $p\text{-}T$ 和 $\ln p\text{-}1/T$ 的对应关系方程，并对所测数据进行分散程度的综合评估，以此来说明实验数据的可靠性。

实际操作过程：将实验数据（T，p）输入 Origin 的工作表；在工作表中选定数据，点击散点图，改写 X 轴、Y 轴的名称，得到以 T 为横坐标、p 为纵坐标的散点图；点击 Tools 菜单 Polynomial Fit 项，点击 Fit 键即进行多项式拟合，拟合结果包括拟合曲线（图）和拟合参数（保存于结果窗口中），本实验为二项式拟合，因此得到 $Y=A+B_1X+B_2X^2$ 模型，相应会得到 A、B_1、B_2 的值和拟合曲线与数据点的 R（相关系数）和 SD（标准偏差）。

由 $p\text{-}T$ 曲线上任意读取 10 个点，填入 Origin 的工作表 A、B 列，然后新增加 C 列，选定 C 列，将该列数值设为 $\mathrm{col}(C)=1/\mathrm{col}(A)$，新增 D 列，将该列值设为 $\mathrm{col}(D)=\ln(\mathrm{col}(B))$，执行相应的数据换算。

选定 C、D 列，作点击散点图，改写 X 轴和 Y 轴的名称，然后点击 Tools 菜单 Linear Fit 项，点 Fit 键后进行线性拟合，拟合函数为 $Y=A+B_1X$，从直线斜率算出液体的平均摩尔汽化热。求得液体的正常沸点并与文献值比较。可计算相对误差。

最后的工作是把相关实验参数与结果标记在图形上，复制图形粘贴到 Word 文档中或进行打印，进一步完成实验报告。

如果使用手工作图，同一组数据由不同的操作者处理时，得到的结果很可能是不同的；即使同一个操作者在不同时间处理，结果也不会完全一致。而 Origin 软件能够准确、快速、方便地处理物理化学实验的数据，能够满足物理化学实验对数据处理的精度要求，用 Origin 软件处理物理化学实验数据，只要方法选择适当，得到的结果较为准确。

参 考 文 献

[1] Salzberg H W, Morrow J I, Cohen S R, Green M E. Physical Chemistry Laboratory: Principles and Experiments. New York: McMillan, 1978.

[2] Shoemaker D P, Garland C W, Nibler J W. Experiments in Physical Chemistry. New York: McGraw-Hill Book Company, 1989.

[3] 宋清. 定量分析中的误差和数据评价. 北京: 高等教育出版社, 1984.

[4] 复旦大学等编. 物理化学实验. 第3版. 北京: 高等教育出版社, 2004.

[5] 傅献彩, 沈文霞, 姚天扬等编. 物理化学. 第5版. 北京: 高等教育出版社, 2005.

[6] 华南师范大学化学实验教学中心组织编写. 物理化学实验. 北京: 化学工业出版社, 2008.

[7] 唐林, 孟阿兰, 刘红天编. 物理化学实验. 北京: 化学工业出版社, 2008.

第二部分　基础性实验

第一章　化学热力学实验

实验一　燃烧热的测定

一、目的要求

1. 掌握燃烧热的定义，了解恒压燃烧热与恒容燃烧热的差别及相互关系。
2. 熟悉量热计中主要部件的原理和作用，掌握氧弹量热计测定燃烧热的实验技术。
3. 用氧弹量热计测定萘的燃烧热。
4. 学会雷诺图解法校正温度的变化值。

二、基本原理

1. 燃烧热与量热

根据热化学的定义，在指定温度和一定压力下，1mol 物质完全氧化时的反应热称为物质在该温度下的燃烧热。所谓完全氧化，对燃烧产物有明确的规定。如有机化合物中的碳氧化成一氧化碳不能认为是完全氧化，只有氧化成二氧化碳才是完全氧化。

燃烧热的测定，具有实际应用价值，可用于求算化合物的生成热、键能等。

量热法是热力学的一种基本实验方法。在恒容或恒压条件下可以分别测得恒容燃烧热 Q_V 和恒压燃烧热 Q_p。由热力学第一定律可知，Q_V 等于系统的热力学能变化 ΔU；Q_p 等于系统的焓变 ΔH。若把参加反应的气体和反应生成的气体都作为理想气体处理，则它们之间存在以下关系：

$$\Delta H = \Delta U + \Delta(pV) \tag{II-1-1}$$

$$Q_p = Q_V + \Delta n(g)RT \tag{II-1-2}$$

$$Q_{p,m} = Q_{V,m} + \Delta\nu_B(g)RT \tag{II-1-3}$$

式中，$\Delta n(g)$ 为生成物和反应物中气体的物质的量之差；R 为摩尔气体常数；T 为反应时的热力学温度；$Q_{p,m}$ 是摩尔恒压燃烧热；$Q_{V,m}$ 是摩尔恒容燃烧热；$\Delta\nu_B(g)$ 为生成物和反应物中气体物质的计量系数之差。

2. 氧弹量热计

量热计的种类很多，本实验所用的氧弹量热计是一种环境恒温式的量热计。氧弹量热计测量装置如图 II-1-1 所示，图 II-1-2 是氧弹的剖面图。

氧弹量热计的基本原理是能量守恒定律。样品完全燃烧后所释放的能量使得氧弹本身及其周围的介质和量热计有关附件的温度升高，根据测量介质在燃烧前后体系温度的变化值，就可求算该样品的恒容燃烧热。其关系式如下：

$$m_1 Q_V + m_2 Q = (V\rho C_{水} + C_{计})\Delta T \tag{II-1-4}$$

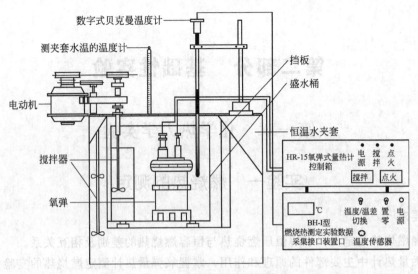

图Ⅱ-1-1　氧弹量热计测量装置

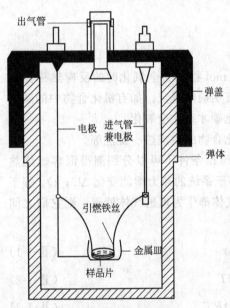

图Ⅱ-1-2　氧弹的剖面图

式中，m_1 为样品的质量，kg；m_2 为已燃铁丝的质量，kg；V 为量热计内筒中水的体积，m^3；ρ 为某温度下水的密度，$kg \cdot m^{-3}$；$C_{水}$ 为水的比热容，$4.184 kJ \cdot kg^{-1} \cdot K^{-1}$；$C_{计}$ 为量热计的热容（不含水），$kJ \cdot K^{-1}$；ΔT 为样品燃烧前后内筒水温的变化值，K；Q 为引燃金属丝的恒容燃烧热 $kJ \cdot kg^{-1}$；Q_V 为样品的恒容燃烧热，$kJ \cdot kg^{-1}$。

铁丝的恒容燃烧热 $Q_V = -6694.4 kJ \cdot kg^{-1}$；镍丝的恒容燃烧热 $Q_V = -3158.9 kJ \cdot kg^{-1}$；

苯甲酸的 $Q_V = -26460 kJ \cdot kg^{-1} = -3231.295 kJ \cdot mol^{-1}$，摩尔质量为 $122.12 g \cdot mol^{-1}$。萘（$C_{10}H_8$）的摩尔质量为 $128.17 g \cdot mol^{-1}$。

为了保证样品完全燃烧，氧弹中须充以高压氧气或其他氧化剂。因此氧弹应有很好的密封性能，耐高压且耐腐蚀。氧弹应放在一个与室温一致的恒温套壳中。盛水桶与套壳之间有一个高度抛光的挡板，以减少热辐射和空气的对流。

3. 雷诺温度校正图

实际上，量热计与周围环境的热交换无法完全避免，它对温度测量值的影响可用雷诺（Renolds）温度校正图校正。具体方法为：称取适量待测物质，估计其燃烧后可使水温上升 $1.5 \sim 2.0℃$。预先调节水温使其低于室温 $1.0℃$ 左右。按操作步骤进行测定，将燃烧前后观察所得的一系列水温和时间关系作图。可得如图Ⅱ-1-3 所示的曲线。图中 H 点意味着燃烧开始，热传入介质；D 点为观察到的最高温度值，从相当于室温的 J 点作水平线交曲线于 I，过 I 点作垂线 ab，再将 FH 线和 GD 线分别延长并交 ab 线于 A、C 两点，其间的温度差值即为经过校正的 ΔT。图中 AA' 为开始燃烧到体系温度上升至室温这一段时间 Δt_1 内，由环境辐射和搅拌引进的能量所造成的升温，故应予以扣除。CC'是由室温升高到最高点 D 这一段时间 Δt_2 内，热量计向环境的热漏造成的温度降低，计算时必须考虑在内。故可认为，AC 两点的差值较客观地表示了样品燃烧引起的升温数值。

在某些情况下，量热计的绝热性能良好，热漏很小，而搅拌器功率较大，不断引进的能量使得曲线不出现极大温度点，如图Ⅱ-1-4所示。其校正方法与前述相似。

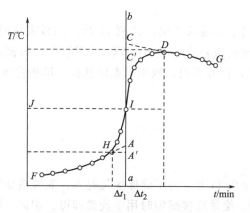

图Ⅱ-1-3 绝热稍差情况下的
雷诺温度校正图

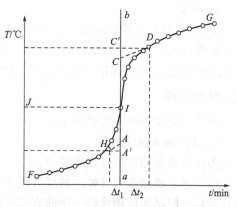

图Ⅱ-1-4 绝热良好情况下的
雷诺温度校正图

三、仪器与试剂

1. 仪器

氧弹量热计1套，万用表1只，数字式精密温差测量仪1台，电子秤1台，高压氧气钢瓶1个，氧气减压阀1只，秒表1只，压片机1套，容量瓶(1000mL)1只，电子天平1台，直尺1把，剪刀1把，引燃专用铁丝（或镍丝），研钵2个。

2. 试剂

苯甲酸(A.R.)，萘(A.R.)。

四、实验步骤

1. 压片

粗称苯甲酸1g（或萘0.7g），压成药片状。取引燃金属丝约15cm两条，分别准确称重。用小刀在药片中间腰围处打一小凹槽，用引燃金属丝将药片捆扎好，如图Ⅱ-1-5所示。抓住金属丝轻轻敲打除去药品碎屑，然后准确称重，该质量减去金属丝质量为样品质量。

2. 装氧弹

拧开氧弹头，置于弹头架上，擦净氧弹。将药片的引燃金属丝两端固定在两电极上（引燃金属丝不能触及坩埚和弹壁，必要时多余金属丝可剪下，与实验结束后未燃尽金属丝合并准确称重），如图Ⅱ-1-2所示。用万用电表检查两电极，确保导通状态。合上弹头，拧紧弹盖。再检查两电极是否接通。

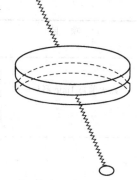

图Ⅱ-1-5 样品示意图

3. 充氧气

接上氧气瓶导管，拧紧，开总阀门，旋紧减压阀门至约1.2MPa，充气2min。放松减压阀门，关闭总阀门，取下氧弹。用少量水在氧弹充气口检查，确保不漏气，并再次用万用电表检查两电极确保导通。

4. 调节量热计

用容量瓶准确量取自来水 3000mL，小心倒入内筒。内筒水温最好比室温低 1.0℃ 左右。将氧弹放入内筒中间。将内筒固定在绝热支柱上。开动搅拌器，插上点火电极导线。将温度计探头插入内筒水中，盖好盖子。

5. 测量

温度稳定后（约需 2min），测内筒水温，每 1min 测温 1 次，共测 10 次。用秒表计时，10min 后点火，点火后每 15s 测温 1 次，直到两次读数差值小于 0.005℃。继续每 1min 测温 1 次，测 10 次，停止测量。取出氧弹，放掉余气，打开弹盖，取出未燃的铁丝，准确称重。

五、注意事项

本实验成功的两个关键如下。

1. 样品必须完全燃烧

为保证样品完全燃烧，须注意：

（1）必须确保充入氧弹中的氧气压力在 1.2MPa 以上，为了确保氧气充入，氧气瓶导气管与氧弹之间必须使用橡胶（中间有孔）密封圈，旋紧连接螺帽时用手旋紧即可。切记，用扳手时不能过于用力，以免橡胶密封圈变形，堵塞气孔，导致氧气不能充入；

（2）确保氧弹不漏气，使用前应清洗干净，保证氧弹各结合件之间没有油烟、灰尘等异物。

2. 点火必须成功

为保证点火成功，须注意：

（1）两个点火电极插入氧弹之前须打开搅拌器，如果插入点火电极后再开搅拌器，经常会因为开启搅拌器所产生的电脉冲使样品提前点燃，导致实验失败；

（2）确保两个电极插入并处于导通状态，有时由于学生操作不当，使电极接触不良而导致实验失败。

六、数据记录与处理

燃烧热实验数据见表 Ⅱ-1-1。

室温：_____℃；　　　苯甲酸（或萘）质量：_____kg；　　　仪器编号：_____；

外筒水温：_____℃；　　铁丝质量：_____kg；　　样品号：_____；

内筒水温：____℃；　　　未燃铁丝质量：_____kg；　　测定日期：_____。

表 Ⅱ-1-1　燃烧热实验数据记录表

项 目	苯甲酸			萘		
	编号	时间/min	相对温度/℃	编号	时间/min	相对温度/℃
点火前每 1min 测量一次	1			1		
	2			2		
	3			3		
	…			…		
	10			10		
点火后每 15s 测量一次	1					
	2					
	3					
	4					
	…					

续表

项 目	苯甲酸		萘	
每1min测量一次	1			
	2			
	…			
	10			

七、思考题

1. 实验测量得到的温度值为何要经过雷诺作图法的校正？还有哪些误差来源会影响测量结果？

2. 在公式 $Q_p = Q_V + \Delta n(g)RT$ 中，T 以哪个测定值计算？

3. 加入内筒中水的温度为什么要选择比外筒水温低？低多少合适？为什么？

4. 欲测定液体样品的燃烧热，你能想出测定方法吗？

八、参考文献

[1] Shoemaker D P. Experiments in Physical Phemistry. New York：McGraw-Hill Book Company，1989.

[2] 洪惠婵，黄钟奇. 物理化学实验. 广州：中山大学出版社，1993：96-107.

[3] 刘冠昆，车冠全，陈六平等编著. 物理化学. 广州：中山大学出版社，2000.

[4] 复旦大学等编. 物理化学实验. 第3版. 北京：高等教育出版社，2004：34-39.

[5] 朱立山. 燃烧热测定实验装置中的改进几点. 化学通报，1984，6：47-49.

[6] 钟爱国. 测定燃烧热实验条件的改进. 大学实验，2000，15：6.

[7] 李森兰，杜巧云，王保玉. 燃烧热测定研究，大学化学，2001，16：1.

[8] 张建策，毛力新. 燃烧热测定实验的进一步改进. 化工技术与开发，2005，34（6）.

[9] 吴法伦，赵妍，王明亮等. 对"燃烧热的测定"的改进. 中国轻工教育，2006，F12：41-43.

[10] 马莉，冉鸣. 燃烧热的测定网络课程的教学设计. 化工高等教育，2007，1：12-13.

[11] 董金龙，李好样，杨春梅等. 四种含氧化合物燃烧热的测定. 实验室科学，2014，17（6）：4-6.

[12] 张太平. 氧弹热量计准确度要求及检验方法. 煤质技术，2011，5：1-6.

[13] 曹桂萍，孙杰，潘亮等. 雷诺实验的创新性教学. 高师理科学刊，2011，31（2）：110-112.

九、实例分析

1. 作温度校正曲线图——通常称为雷诺(Renolds)图，求出 ΔT。

以萘为例，作雷诺温度校正图求 ΔT。

（1）打开 Origin 6.0 软件，在出现的 Data1 中输入以时间 t/min 为 X 轴、以相对温度 $T/℃$ 为 Y 轴的萘燃烧的实验数据。数据格式见表Ⅱ-1-2。

表Ⅱ-1-2 实验数据格式

项 目	$A(x)$	$B(y)$	项 目	$A(x)$	$B(y)$
1	1.00	−0.734	9	9.00	−0.734
2	2.00	−0.747	10	10.00	−0.732
3	3.00	−0.745	11	10.25	−0.754
4	4.00	−0.743	12	10.50	−0.634
5	5.00	−0.740	13	10.75	−0.530
6	6.00	−0.739	14	11.00	−0.364
7	7.00	−0.736	…	…	…
8	8.00	−0.734			

（2）选定全部数据，在主菜单 Plot 命令中选择 Line＋Symbol，即出现图Ⅱ-1-6，分别双击"X Axis Title"和"Y Axis Title"，分别输入 t/min 和 T/℃。

（3）点击 Text Tool 即"T"功能键，在曲线上分别命名 F、H、D、G（H 点意味着燃烧开始，D 点意味着燃烧温度达到最高）。

（4）点击 Data Selector，按住光标依次从 F 移至 G，从 F 移至 D，在 Analysis 中选择线性拟合 Fit Linear，即作出 GD 线，同理按住光标从 $G \rightarrow F$，$D \rightarrow H$，Fit Linear，即作出 FH 线。

（5）点击 Line Tool 即"/"功能键，从 H 作水平线，从 D 作水平线；以 D、H 两点的纵坐标之间的中点 I 作垂线，分别交水平线于 A' 和 C'，同时也分别交 FH、DG 延长线于 A 和 C。

（6）过 D 点作垂线，即知道：$\Delta t_1 = HA'$，$\Delta t_2 = DC'$。

（7）双击边框，点击 Title&Format，在"Selcetio"中选择"Top"和"Right"，选取"Show Axis & Tic"，在 major 都选择 none，点击确定。即得到图Ⅱ-1-7。

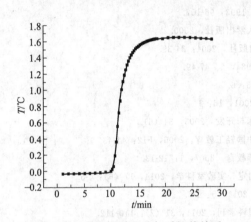

图Ⅱ-1-6 萘燃烧时温差与时间的关系 　　　图Ⅱ-1-7 萘燃烧的雷诺校正图

（8）点击功能快捷键 Data Reader，把光标放在 A 点处，显示 A 点的横坐标（时间 t）和纵坐标（温度 T），记下 $Y_A \approx 0.019$；同理记下 C 点的纵坐标 $Y_C \approx 1.673$，故可知：$\Delta T = Y_C - Y_A = 1.654K$。

（9）同理，可求出苯甲酸燃烧的 ΔT。

2. 根据式（Ⅱ-1-4），利用苯甲酸燃烧的数据，计算量热计的热容 $C_{计}$：

$$m_1 Q_V + m_2 Q = (V \rho C_水 + C_计) \Delta T$$

3. 再用式（Ⅱ-1-4），利用萘数据及燃烧的 ΔT，求萘的摩尔恒容燃烧热 Q_V（与量热计的热容测定完全相同的条件下）。先用上式求出 Q_V（单位为 kJ·kg^{-1}）再转换为 $Q_{V,m}$（单位为 kJ·mol^{-1}）。

4. 由萘的 $Q_{V,m}$ 求 $Q_{p,m}$（kJ·mol^{-1}）：若将体系内的气体近似看作理想气体，则

$$Q_{p,m} = Q_{V,m} + \Delta \nu_B(g) RT$$

注意，公式中的 $Q_{V,m}$ 应为负值。

5. 文献值：25℃时，萘的 $Q_{p,m} = -5153.85$kJ·mol^{-1}。

计算所测量的 $Q_{p,m}$（萘）的相对误差。

实验二　纯液体饱和蒸气压的测量

一、目的要求

1. 明确液体饱和蒸气压的定义及气液两相平衡的概念，了解纯液体饱和蒸气压与温度的关系——克劳修斯-克拉贝龙方程式。

2. 用静态法测量乙醇在不同温度下的饱和蒸气压，并学会用图解法求被测液体在实验温度范围内的摩尔汽化热与正常沸点。

3. 掌握真空泵及精密数字气压计的使用和操作技能。

二、基本原理

在一定温度下，纯液体与其蒸气达到平衡状态时的蒸气压力，称为该温度下液体的饱和蒸气压，下面简称为蒸气压。平衡是动态的，在某一温度下被测液体处于密封容器中，液体分子从表面逃逸成蒸气，同时蒸气分子因碰撞而凝结成液体，当两者的速率相同时，达到动态平衡。蒸发1mol液体所吸收的热量称为该温度下液体的摩尔汽化热。液体的蒸气压随温度而变化，温度升高时，蒸气压增大；温度降低时，蒸气压降低。当蒸气压等于外界压力时，液体便沸腾，此时的温度称为沸点，外压不同时，液体沸点将相应改变，当外压为1atm(101.325kPa)时，液体的沸点称为该液体的正常沸点。

液体的饱和蒸气压 p 与温度 T 的关系用克劳修斯-克拉贝龙方程式表示：

$$\frac{\mathrm{d}\ln p}{\mathrm{d}T} = \frac{\Delta_{\mathrm{vap}}H_{\mathrm{m}}}{RT^2} \qquad (\text{II-2-1})$$

式中，R 为摩尔气体常数；T 为热力学温度；$\Delta_{\mathrm{vap}}H_{\mathrm{m}}$ 为在温度 T 时纯液体的摩尔汽化热。假定 $\Delta_{\mathrm{vap}}H_{\mathrm{m}}$ 与温度无关，或因温度范围较小，$\Delta_{\mathrm{vap}}H_{\mathrm{m}}$ 可以近似作为常数，积分上式，得：

$$\ln p = -\frac{\Delta_{\mathrm{vap}}H_{\mathrm{m}}}{R} \times \frac{1}{T} + C$$

或者

$$\lg p = -\frac{\Delta_{\mathrm{vap}}H_{\mathrm{m}}}{2.303R} \times \frac{1}{T} + C \qquad (\text{II-2-2})$$

式中，C 为积分常数；p 为温度 T 时液体的饱和蒸气压。由此式可以看出，以 $\ln p$（或 $\lg p$）对 $1/T$ 作图，应为一直线，直线的斜率为 $-\frac{\Delta_{\mathrm{vap}}H_{\mathrm{m}}}{R}$（或 $-\frac{\Delta_{\mathrm{vap}}H_{\mathrm{m}}}{2.303R}$），由斜率可求算液体的 $\Delta_{\mathrm{vap}}H_{\mathrm{m}}$。并可用外推的方法求得当 p 为标准大气压时的 $1/T$，从而求得正常沸点。

测量饱和蒸气压的方法主要有三种：①饱和气流法，此法一般适用于蒸气压较小的液体；②静态法，此法一般适用于蒸气压较大的液体；③动态法，在不同外界压力下，测定液体的沸点。本实验采用静态法。

静态法测定液体饱和蒸气压，是指在某一温度下，直接测量饱和蒸气压。本实验测定不同温度下纯液体的饱和蒸气压，所用仪器是纯液体饱和蒸气压测定装置。实验装置如图Ⅱ-2-1所示。

平衡管由 A 球和 U 形管 B、C 组成。A 内装待测液体，当 A 球的液面上纯粹是待测液体的蒸气，而 B 管与 C 管的液面处于同一水平时，则表示 B 管液面上的（即 A 球液面上的蒸气压）与加在 C 管液面上的外压相等。此时，体系气液两相平衡的温度称为液体在此外

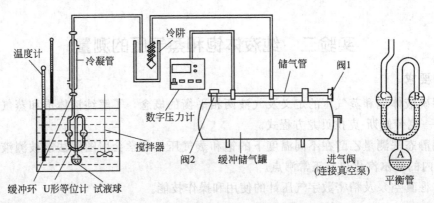

图Ⅱ-2-1 液体饱和蒸气压测定装置图

压下的沸点。用当时的大气压加上数字压力计的读数（读数为负值或大气压减去压力计读数的绝对值），即为该温度下的液体的饱和蒸气压，公式为：$p = p_0 + \Delta p$。阀1控制灌入大气，阀2控制储气管与储气罐是否导通。

三、仪器与试剂

1. 仪器

饱和蒸气压实验装置1套，循环水式真空泵1台，（真空）精密数字压力计1台，控温玻璃恒温水浴1台。

2. 试剂

无水乙醇(A. R.)。

四、实验步骤

1. 仪器调试

将待测液体装入平衡管，A球约2/3体积，U形管中液面以平衡后接近B和C球底部为佳，然后按装置图Ⅱ-2-1安装实验仪器各部件，冷阱（也可不用冷阱）中加入适量冰水，所有接口处要严密，确保不漏气。

将精密数字压力计的电源接通并打开开关，单位选择"kPa"一挡，并在大气压条件下（阀1打开，使系统与大气相通）按"采零"键置零（注意：实验过程中的采零也要在大气压条件下进行）。

2. 系统气密性检查

先进行整体气密性检查。方法是打开进气阀和阀2，关闭阀1（三阀均为顺时针关闭，逆时针开启）。接通冷凝水，开动真空泵，此时AB弯管内的空气不断随蒸气经C管逸出，待空气被排除干净后，抽气减压至压力计显示压差接近－95kPa时，关闭进气阀后停止系统抽气。此时关闭阀2，观察精密数字压力计读数，其变化值在标准范围内（小于$0.01\text{kPa} \cdot \text{s}^{-1}$），说明气密性良好。否则应逐段检查，消除漏气原因。

3. 不同温度下无水乙醇饱和蒸气压的测量

检查不漏气后，接通冷凝水，开启搅拌装置，将恒温槽温度调至30℃左右，微调阀2使系统与数字压力计压力相等。

当体系温度恒定后，打开阀1缓缓放入空气，直至B、C管中液面平齐，关闭阀1，记录温度与压力。然后，用同样的方法，将恒温槽温度每升高5℃测一次，记录各个温度和对应的压力。从低温到高温依次测定，共测 6～8 组。

五、注意事项

1. 本实验采用数字压力计，但在使用前必须在定压下（一般用大气压）采零。

2. 抽气速度要合适，以防止平衡管内液体沸腾过剧。

3. 实验过程中，必须充分排净 AB 液面间的空气，使 AB 液面间只含待测液体的蒸气分子。AB 管必须放置于恒温水浴中的水面以下，否则其温度与水浴温度不同。

4. 测定中，进气不可太快，以免空气倒灌入 AB 弯管的空间中。如果发生倒灌，则必须重新排除空气。

5. 抽气泵结束后不能立刻关闭，应先关闭进气阀，拔除水循环泵与进气阀的连接管后再关闭抽气泵，以免抽气泵的水倒吸入系统。

六、数据记录与处理

将实验数据填入表 Ⅱ-2-1。

表 Ⅱ-2-1　测量实验数据记录表　　　　被测液体_____　室温____℃

温度		大气压 p_0/kPa	数字压力计读数 Δp/kPa	蒸气压 p/kPa	lg(p/kPa)	T^{-1}/K^{-1}
t/℃	T/K					

七、思考题

1. 克劳修斯-克拉贝龙方程在什么条件下才能应用？

2. 摩尔汽化热与温度有何关系？

3. 本实验中饱和蒸气压应如何计算？

4. 测量蒸气压是否可以从高温到低温进行？

八、参考文献

[1]　Wagner W, Saul A, Pruss A. International Equations for the Pressure along the Melting and along the Sublimation Curve of Ordinary Water Substance. J Phys Chem Ref Data, 1994, 23（3）：515-527.

[2]　汪永涛，义祥辉，李殷青等. 计算机在纯液体饱和蒸气压测定中的应用. 广西师范大学学报，2000，18（3）：59-62.

[3]　赵素英，王良恩，黄诗煌. 单一含盐溶液饱和蒸气压的测定关联及应用. 四川大学学报，2002，34（5）：115-118.

[4]　祝远姣，陈小鹏，王琳琳. 蒎烷饱和蒸气压的测定与关联. 高校化学工程学报，2003，17（5）：564-568.

[5]　张柳，郭航. 饱和蒸气压测量及汽化潜热推算系统的开发. 实验技术与管理，2007，24（9）：57-59.

[6]　伍川，董红，杨雄发等. 甲基苯基二乙氧基硅烷饱和蒸气压的测定与关联. 化学工程，2008，36（8）：47-49.

[7]　王琳琳，陈小鹏，祝远姣等. 天然产物液体组分饱和蒸气压间接测定实验方法. 化学研究与应用，2008，20（9）：1121-1124.

[8]　应柳枝，薛茗月. 液体饱和蒸气压测定实验装置的优化设计. 实验科学与技术，2009，3：156-157.

[9]　林敬东，闫石，韩国彬. 液体饱和蒸气压的测定实验改进. 实验室研究与探索，2012，31（3）：19-20.

[10]　周云，牛丽红，张连清. 用现代演绎经典——基础物理化学教学实验的改进与实践. 实验技术与管理，2011，28（1）：36-38.

[11]　岳岩，董红，伍川. 1,3,5,7-四甲基环四硅氧烷饱和蒸气压的测定与关联. 南京工业大学学报（自然科学版），2012，34（2）：111-113.

［12］　樊玲，尚贞锋，武丽艳．Origin 软件在物理化学实验中的应用．大学化学，2011，26（2）：41-44.

［13］　陈燕芹，刘红，黎璞．升温法与降温法测定纯液体饱和蒸气压的对比．山东化工，2013，42（9）：135-138.

九、实例分析

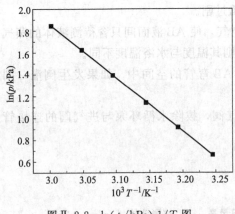

图Ⅱ-2-2　$\ln(p/\text{kPa})$-$1/T$ 图

1. 数据准备

打开 Origin 软件，其默认打开一个 worksheet 窗口，该窗口缺省为 A、B 两列。选择在出现的 Data 1 中输入以 $10^3 T^{-1}/\text{K}^{-1}$ 为 X 轴、以 $\ln(p/\text{kPa})$ 为 Y 轴的全部实验数据。

2. 根据实验数据作 $\ln(p/\text{kPa})$-$1/T$ 图

选定全部数据，在 Plot 中选择 Line ＋ Symbol，然后在 Analysis 中选择 Fitting→Fitting Linear，即得线性拟合图Ⅱ-2-2。

打开 Origin 的结果窗口，可以看到下列拟合结果：

Linear Regression for Book1 _ B：

$$Y＝A＋B * X$$

Parameter	Value	Error
A	13.93161	0.16264
B	−4892.32896	52.09558

R	SD	N	P
−0.99977	0.01059	6	<0.0001

从中可以得出斜率和截距：13.9 和−4892.3。

3. 双击边框，点击 Title&Format，在 "Selcetio" 中选择 "Top" 和 "Right"，选取 "Show Axis ＆Tic"，在 major 都选择 none，选择 "Bottom" 和 "left"，选取 "Show Axis ＆Tic"，在 major 都选择 in，点击确定。

4. 分别双击 "X Axis Title" 和 "Y Axis Title"，分别输入 $10^3 T^{-1}/\text{K}^{-1}$ 和 $\ln(p/\text{kPa})$。在 Edit 中选择 Copy Page，即得图Ⅱ-2-2。

5. 利用所得斜率可以算出相应的溶液的摩尔汽化热 $\Delta_{\text{vap}}H_{\text{m}}$；从图上外推至 101.325kPa 处的 $\ln(p/\text{kPa})$，求出正常沸点。

实验三　凝固点降低法测定摩尔质量

一、目的要求

1. 测定溶液的凝固点降低值，计算溶质的摩尔质量。

2. 掌握溶液凝固点的测定技术，并加深对稀溶液依数性的理解。

3. 掌握数字温差测量仪的使用方法。

二、基本原理

在溶剂中加入非挥发性溶质形成稀溶液，如果溶质与溶剂不生成固溶体，则溶液的凝固点低于纯溶剂的凝固点，这种现象称为溶液的凝固点降低，它是稀溶液的依数性质之一。溶液的凝固点降低值仅取决于溶质的量，而与溶质的本性无关。

对于理想溶液，根据相平衡条件，稀溶液的凝固点降低值与溶液浓度的关系，有范特霍夫(van't Hoff)的凝固点降低公式为

$$\Delta T_f = \frac{R(T_f^*)^2}{\Delta_f H_{m,A}} \times \frac{n_B}{n_A + n_B} \qquad (\text{II-3-1})$$

式中，ΔT_f 为凝固点降低值；T_f^* 为纯溶剂的凝固点；$\Delta_f H_{m,A}$ 为溶剂 A 的摩尔凝固热；n_A 和 n_B 分别为溶剂和溶质的物质的量。当溶液浓度很稀时，$n_A \gg n_B$，则：

$$\Delta T_f = \frac{R(T_f^*)^2}{\Delta_f H_{m,A}} \times \frac{n_B}{n_A} = \frac{R(T_f^*)^2}{\Delta_f H_{m,A}} \times M_A b_B = K_f b_B \qquad (\text{II-3-2})$$

式中，M_A 为溶剂 A 的摩尔质量；b_B 为溶质 B 的质量摩尔浓度；K_f 称为质量摩尔凝固点降低常数。

如果已知溶剂的凝固点降低常数 K_f，并测得此溶液的凝固点降低值 ΔT_f，以及溶剂和溶质的质量 m_A、m_B，则溶质的摩尔质量由下式求得

$$M_B = K_f \frac{m_B}{\Delta T_f m_A} \qquad (\text{II-3-3})$$

式中，m_A 为溶剂 A 的质量；m_B 为溶质 B 的质量。

如果溶质在溶液中有解离、缔合、溶剂化和络合物形成等情况时，不能简单地运用公式(II-3-3)计算溶质的摩尔质量。溶液凝固点降低法可用于溶液热力学性质的研究，例如电解质的电离度、溶质的缔合度、溶剂的渗透系数和活度系数等。

纯溶剂的凝固点是它的液相和固相共存时的平衡温度。纯溶剂冷却时，若无过冷现象发生，理论上其冷却曲线（又称步冷曲线）如图II-3-1中曲线 a 所示，水平段所对应的温度即为纯溶剂的凝固点 T_f^*。然而，实际冷却过程中往往发生过冷现象，即在温度低于正常凝固点而开始析出固体时，放出的凝固热才使体系的温度回升到平衡温度。待液体全部凝固后，温度再逐渐下降，其冷却曲线呈图II-3-1中曲线 b 形状。与纯溶剂不同，溶液冷却到凝固点时，析出固态纯溶剂，使溶液的浓度相应增大，其凝固点随之不断下降，所以冷却曲线上得不到温度不变的水平线段，如图II-3-1中曲线 c 所示，转折点所对应的温度即为溶液的凝固点 T_f。

若溶液有轻微过冷现象发生，其冷却曲线如图II-3-1中曲线 d 形状，此时可将温度回升的最高值近似为溶液的凝固点。如果过冷现象严重，凝固的溶剂过多，溶液浓度变化过大，则其冷却曲线温度回升的最高值较凝固点低，如图II-3-1中曲线 e 形状。因此，测定过程中，应该设法控制适当的过冷程度，可通过控制寒剂的温度、在开始结晶时加入少量晶种或加速搅拌等方法来实现。如无法避免严重过冷，其凝固点 T_f 应从冷却曲线外推而得，见图II-3-1中曲线 e 所示。

三、仪器与试剂

1. 仪器

凝固点测定装置 1 套，分析天平 1 台，数字温差测量仪(0.001℃)1 台，压片机 1 台，水银温度计(0~50℃)1 支，洗耳球 1 个，移液管(25mL)1 支。

2. 试剂

尿素(A.R.)，蔗糖(A.R.)，食盐，冰，重蒸水。

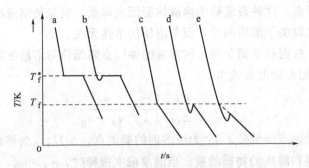

图Ⅱ-3-1 溶剂及溶液步冷曲线示意图

四、实验步骤

1. 调节数字温差测量仪

打开仪器的电源开关，设"温度/温差"按钮于"温度"位置，预热 10min 以上。

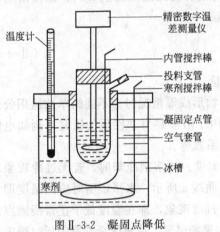

图Ⅱ-3-2 凝固点降低
实验装置

2. 调节冰水浴的温度

取适量食盐与冰水混合，使冰水浴温度为 -3～-2℃，在实验过程中不断搅拌和补充碎冰，使冰水浴保持此温度。

3. 溶剂凝固点的测定

仪器装置如图Ⅱ-3-2 所示。

（1）用移液管量取 25mL 蒸馏水放入凝固点管的内套管中（确保内套管干净），并记下水的温度。把温度传感器和搅拌器插入内管，检查并确保温度传感器和搅拌器没有摩擦。再检查并确保外套管干燥后，放入冰水浴中。

（2）把内套管直接插入冰水浴中，缓慢上下移动搅拌棒（不要拉出液面，约每秒一次）。使蒸馏水的温度逐渐降低，当温度下降到水凝固点以下时，因为蒸馏水凝固放热而使溶剂温度上升，此时把内套管迅速取出，用滤纸擦干放进外套管内。待温度稳定后，停止搅拌，得到水的近似凝固点。取出内套管用手捂热管壁，同时不断搅拌，使管中结晶的固体全部熔化，为精确测定做准备。

（3）把内套管直接放入冰水浴中，缓慢搅拌，当温度下降至近似凝固点以上 0.5℃ 左右时，擦干外壁，放入空气套管里，停止搅拌。温度继续下降直到近似凝固点以下 0.2℃ 左右时开始搅拌，为了控制过冷程度，在过冷到近似凝固点以下 0.4℃ 还未出现晶体时，自支管迅速投入少量晶种。此时温度会由于晶体的产生而迅速上升，当晶体和溶液达到两相平衡时，温度会稳定下来，记录温度。用手捂热内套管使晶体溶解，为下次实验做准备。重复测定三次，每次温度之差不超过 ±0.003℃，取平均值。

4. 测定溶液的凝固点

（1）取出内套管，待冰全部融化。用压片机将蔗糖（约 0.3g）或尿素（约 0.2g）压成片，用分析天平准确称重。自内套管的支管加入蔗糖或尿素，搅拌使之溶解。将内套管直接插入冰水中，充分搅拌，观察数字温差测量仪读数下降停顿时取出内套管，擦干外壁后，放入外套管内继续搅拌，直到呈现最后稳定的温度值，即是溶液的近似凝固点。取出内套管用手微微捂热，同时搅拌使结晶完全熔化。

（2）内套管溶液先直接插在冰浴里冷却，当温度下降至近似凝固点以上 0.5℃左右时，停止搅拌，迅速擦干外壁，放入空气套管里，等待溶液温度慢慢下降，当温度至近似凝固点以下 0.2℃时迅速搅拌，温度先下降，后迅速回升，温度回升稳定后，记录温度。重复测定三次，每次温度之差不超过±0.003℃，取平均值。

五、注意事项

1. 内套管不能接触外套管（夹层不可有水）。

2. 搅拌速度的控制是做好本实验的关键，测溶剂与溶液凝固点时搅拌条件要尽量一致。

3. 冰水浴温度对实验结果也有很大影响，约为−3～−2℃，温度过高会导致冷却太慢，过低则测不出正确的凝固点。

4. 为了避免过冷现象，可加入少量晶种，但每次加入的晶种大小应尽量一致。

5. 蔗糖或尿素应压片投入纯水中，不要让蔗糖或尿素粉末粘在内管壁上，若少量蔗糖或尿素粘到内管壁上，可倾斜转动内管使之溶于水。

六、数据记录与处理

1. 将实验数据记录于表Ⅱ-3-1 中。

表Ⅱ-3-1 纯水-蔗糖（尿素）溶液的测定数据

室温：＿＿＿ K；大气压：＿＿＿ Pa

物 质		质量/g	凝固点/K		凝固点降低值 ΔT_f/K	摩尔质量/g·mol^{-1}
			测量值	平均值		
纯水		m_A				
蔗糖（尿素）	第一次	$m_{B,1}$				平均值
	第二次	$m_{B,2}$				

2. 根据附录 14 查出对应温度下水的密度，由纯水的体积，计算溶剂纯水的质量 m_A。

3. 将测定的 m_A、m_B 和 ΔT_f 代入式（Ⅱ-3-3）中，计算蔗糖（尿素）的摩尔质量 M_B。

七、结果讨论

1. 严格而论，由于受测量仪器的精密度限制，被测溶液的浓度并非符合假定的要求，此时所测得的溶质摩尔质量将随溶液浓度的不同而变化。为了获得比较准确的摩尔质量数据，常用外推法，即以所测的摩尔质量为纵坐标，以溶液浓度为横坐标，外推至溶液浓度为零时，从而得到比较准确的摩尔质量数值。

2. 本实验测量的成败关键是控制过冷程度和搅拌速度。理论上，在恒压条件下，纯溶剂体系只要两相平衡共存就可达到平衡温度。但实际上，只有固相充分分散到液相中，也就是固液两相的接触面相当大时，平衡才能达到。例如将凝固点管放到冰浴后温度不断降低，达到凝固点后，由于固相是逐渐析出的，当凝固热放出速度小于冷却速度时，温度还可能不断下降，因而使凝固点的确定比较困难。因此采用过冷法先使液体过冷，然后突然搅拌，促使晶核产生，很快固相会骤然析出形成大量的微小结晶，这就保证了两相的充分接触；与此同时液体的温度也因为凝固热的放出开始回升，达到凝固点并保持一定的温度不变，然后又开始下降。

3. 液体在逐渐冷却过程中，当温度达到或稍低于其凝固点时，由于新相难以形成，故结晶必须在更低的温度下才能析出，这就是过冷现象。在冷却过程中，如稍有过冷现象是正常的，但过冷太厉害或寒剂温度过低，则凝固热抵偿不了散热，此时温度不能回升到凝固点。若在温度低于凝固点时完全凝固，就得不到正确的凝固点。因此，实验操作中必须注意掌握体系的过冷程度。

八、思考题

1. 在冷却过程中，凝固点管的管内液体有哪些热交换存在？它们对凝固点的测定有何影响？

2. 为什么要先测定近似凝固点？

3. 测凝固点时，纯溶剂温度回升后有一恒定阶段，而溶液则没有，为什么？

4. 加入溶剂中溶质的量应如何确定？加入量过多或过少将会有何影响？

5. 为什么会产生过冷现象？如何控制过冷程度？

6. 当溶质在溶液中有解离、缔合、溶剂化和形成络合物时，对测定的结果有何影响？

7. 估算实验测量结果的误差，分析影响测量结果的主要因素有哪些？

九、参考文献

［1］ 复旦大学等编. 物理化学实验. 第3版. 北京：高等教育出版社，2004.

［2］ 山东大学、山东师范大学等高校合编. 物理化学实验. 第2版. 北京：化学工业出版社，2007.

［3］ 华南师范大学化学实验教学中心组织编写. 物理化学实验. 北京：化学工业出版社，2008.

［4］ 唐林，孟阿兰，刘红天编. 物理化学实验. 北京：化学工业出版社，2008.

［5］ 刘勇健，白同春主编. 物理化学实验. 南京：南京大学出版社，2009.

［6］ Daniels F, Alberty R A, Williams J W, et al. Experimental Physical Chemistry. 7th ed. New York：McGraw Hill Inc, 1975：87.

［7］ 苏碧桃. 凝固点降低法测分子量. 西北师范大学学报，1995，31（4）：113-115.

［8］ 王蕴华，屈尔宁，初一鸣等. 微机在"凝固点降低测定摩尔质量"实验中的应用. 首都师范大学学报，1999，20（1）：56-60.

［9］ 陆兆仁，张铮扬，沈亚平. 凝固点下降法测分子量实验改造与计算机采样. 实验室研究与探索，2003，22（2）：65-66.

［10］ 王学文，陈启元，张平民等. 改进的凝固点降低法测摩尔质量实验装置. 实验室研究与探索，2007，26（4）：40-41.

［11］ 牟维君. 凝固点降低法测摩尔质量实验的改进. 中国西部科技，2009，8（25）：22-23.

［12］ 高桂枝，黄玲，陈少刚. 凝固点降低法测萘摩尔质量实验条件的探讨. 实验技术与管理，2009，26（4）：23-25.

［13］ 李明芳，王晓岗，吴梅芬. "凝固点降低法测定分子摩尔质量"的实验改革. 实验室科学，2012，15（6）：78-80.

［14］ 李红霞. 计算机在物理化学实验数据处理中的应用. 实验室科学，2010，13（1）：111-112.

［15］ 白云山，李世荣，安洁. 凝固点降低测定物质摩尔质量实验装置的改进. 大学化学，2010，25（4）：60-62.

［16］ 裴渊超，张虎成，赵扬等. 凝固点降低法测定摩尔质量实验装置的改进. 实验室科学，2011，14（4）：174-176.

［17］ 周云，牛丽红，张连庆. 用现代演绎经典——基础物理化学教学实验的改进与实践. 实验技术与管理，2011，28（1）：36-38.

实验四　双液系的气-液平衡相图

一、目的要求

1. 绘制双液系的气-液平衡相图，确定其恒沸组成及恒沸温度，了解相图和相律的基本概念。
2. 掌握用折射率确定二组分液体组成的方法。
3. 了解阿贝折光仪的构造，熟练掌握阿贝折光仪的使用方法。

二、基本原理

1. 双液系的气-液平衡相图

两种液态纯物质混合而成的二组分体系称为双液系。两个组分若能按任意比例互相混溶，称为完全互溶双液系。液体的沸点是指液体的蒸气压与外界压力相等时的温度。在标准大气压力下的沸点，通常称为正常沸点。在一定的外压下，纯液体的沸点有其确定值。但双液系的沸点不仅与外压有关，而且还与两种液体的相对含量有关。根据相律：

$$f=C-\Phi+2$$

式中，f 为自由度；C 为独立组分数；Φ 为相数。

确定双液系的气-液平衡相图的因素有三个：浓度、温度和压力。为了研究的方便，在描绘双液系相图时，往往固定一个变量，用二维图形来描述。因此，二元组分相图有三种：T-x、p-x、T-p 关系图。通常，我们是研究在一定大气压下的温度 T 和浓度 x 的关系图。

在定压下，完全互溶双液系的沸点-组成图可分为三类：①对于理想溶液，或各组分对拉乌尔(Raoult)定律偏差不大的溶液其沸点介于两纯液体的沸点之间，例如：苯和甲苯、正己烷和正庚烷、乙醇与正丙醇系统，其 T-x_B 图如图Ⅱ-4-1(a)所示；②各组分对拉乌尔定律有较大负偏差，则溶液有最高沸点，如丙酮和氯仿、苯酚和苯胺系统，其T-x_B图如图Ⅱ-4-1(b)所示；③各组分对拉乌尔定律有较大正偏差，则溶液有最低沸点，如异丙醇和环己烷、乙醇和环己烷、乙醇和苯系统，其 T-x_B 图如图Ⅱ-4-1(c)所示。

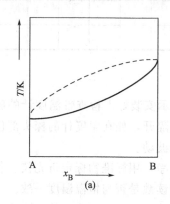 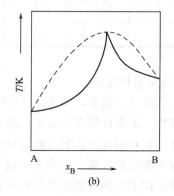 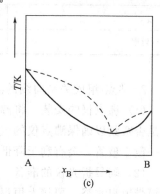

图Ⅱ-4-1　完全互溶双液系的相图

本实验测定异丙醇-环己烷二元组分的相图，在相图上有一最低恒沸温度，称为最低恒沸点，其对应的浓度，称为最低恒沸物的组成。

2. 沸点测定仪

本实验所用沸点仪如图Ⅱ-4-2所示。

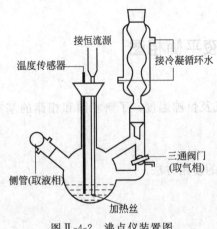

接恒流源

温度传感器

接冷凝循环水

三通阀门（取气相）

侧管(取液相)

加热丝

图Ⅱ-4-2 沸点仪装置图

3. 组成分析

本实验选用环己烷和异丙醇，两者折射率相差较大，而折射率测定只需少量样品，所以可用折射率-组成工作曲线来测得平衡体系的两相组成。

三、仪器与试剂

1. 仪器

双液系沸点测定仪1套，阿贝折光仪1台，超级恒温水浴1台，1mL、5mL、10mL、25mL移液管各2支，长滴管10支，洗耳球1个，带胶塞小试管(5mL)10支，电吹风1个，小烧杯2个，镜头纸。

2. 试剂

环己烷(A.R.)，异丙醇(A.R.)，丙酮(A.R.)。

四、实验步骤

1. 工作曲线（即折射率-组成关系曲线）的溶液配制和测定

标准溶液的配制有质量法和体积法。由于本实验测定体系的挥发性大，为了方便，一般采用体积法。按表Ⅱ-4-1的参考体积（使作图点的分布尽量均匀），用体积法准确配制10个样品（每个样品5mL），计算每个溶液的组成。并用阿贝折光仪分别准确测定纯环己烷、纯异丙醇及以下10个样品的折射率，记入表Ⅱ-4-1中（组成用环己烷的物质的量分数 $x_烷$ 表示）。

表Ⅱ-4-1 折射率-组成关系的数据表　　　　　折光仪恒温：_____ K

样品编号	1	2	3	4	5	6	7	8	9	10	11	12
环己烷体积/mL	0	0.40	1.00	1.60	2.10	2.60	3.20	3.60	4.00	4.50	4.80	5.00
异丙醇体积/mL	5.00	4.60	4.00	3.40	2.90	2.40	1.80	1.40	1.00	0.50	0.20	0
$x_烷$												
折射率												

2. 沸点-组成关系曲线的溶液配制和测定

（1）沸点仪的安装　将沸点仪洗净、烘干，如图Ⅱ-4-2所示安装好。检查带温度计的胶塞是否塞紧以确保沸点仪的气密性。温度计探头与电热丝应相隔开，如在温度计的探头部位套一截小玻管，会有利于降低电热丝对温度计读数可能造成的波动。

（2）阿贝折光仪的准备　用丙酮润洗棱镜，用镜头纸擦干净，用标准物标定折光仪。若棱镜带恒温水浴，要接上恒温槽，注意观察棱镜部位的温度计读数是否与恒温温度一致。

（3）沸点的测定　由沸点仪的侧管加入约25mL异丙醇，注意温度计探头应处于溶液的中部。开启冷却水，打开电源，调节电压（约16V），将液体缓慢加热至沸腾，沸腾后再调电压，并使沸腾保持平稳状态。最初在冷凝管底部的液体不能代表平衡气相的组成，调节冷凝管的三通阀门，使冷凝液体流回圆底烧瓶直至温度计上的读数稳定3～5min，记录温度计的读数，即是对应浓度溶液的沸点。调节三通阀门，收集气相冷凝液，停止加热。

（4）取样 取一事先编号的带胶塞小试管，调节冷凝管三通阀门，在出口处接气相的冷凝液，马上用胶塞塞紧，以免冷凝液蒸发使浓度改变。另用一支干燥胶头滴管，从支管伸入吸取烧瓶中的溶液约 0.5mL，放入另一编号的小试管，也立即塞紧。两支小试管置于盛有冷水的小烧杯中存放待测。在操作过程中，动作要迅速，以便尽快测定样品的折射率。

（5）测定折射率 将阿贝折光仪连接恒温槽，调节超级恒温槽温度为实验温度，分别测定上面所取的气相和液相样品的折射率。测定时，加样品后（所加样品要适量，以充分润湿棱镜为宜），先调节色散旋钮，使目镜观察到的明暗分界面的分界线由模糊的彩色转为清晰的黑白分明。再调节读数旋钮，使明暗分界线移到交叉线的中间，记下读数，准确至小数点后四位，此即是该样本的折射率。测定后，要用镜头纸轻轻擦干净镜面。注意此时测定的纯物质的气、液相的折射率是否一致，如不一致，要查找原因。

（6）溶液的配比 依次加入 1.0mL、2.0mL、3.0mL、4.0mL、5.0mL、10.0mL 的环己烷，同上法分别准确测定这 6 个样品的沸点及气、液相的折射率，记入表Ⅱ-4-2 中。测量完毕，溶液应回收，用电吹风将圆底烧瓶吹干。

同理，取 25mL 环己烷加入干净的沸点仪中，测定其沸点。再依次加入 0.2mL、0.3mL、0.5mL、1.0mL、4.0mL、5.0mL 的异丙醇，分别准确测定这 6 个样品的沸点及气、液相的折射率，记入表Ⅱ-4-2 中。

表Ⅱ-4-2 沸点-组成关系的数据表　　　　　折光仪恒温：＿＿K

样品编号		1	2	3	4	5	6	7	8	9	10	11	12	13	14
气相	折射率														
	$x_{烷}$														
液相	折射率														
	$x_{烷}$														
沸点 T/K															

五、注意事项

1. 实验中可通过调节加热电压控制回流速度，一般控制回流高度在 2～3cm。

2. 在每一份样品的蒸馏过程中，由于整个体系的成分不可能保持恒定，因此平衡温度会略有变化。待沸点温度稳定 3～5min，即可取样测定。

3. 每次取样量不宜过多，取样时吸管一定要干燥，不能留有上次的残液。

4. 要停止加热后才取样，确保样本的浓度与测定的沸点相对应。

六、数据记录与处理

1. 据表Ⅱ-4-1 测定的数据，以折射率数据为纵坐标，组成为横坐标，绘制折射率-组成关系的工作曲线。

2. 从工作曲线上，根据表Ⅱ-4-2 测定的折射率，查出对应的气、液相的组成，绘制沸点(T)-组成(x)关系的气-液平衡相图。

3. 从相图上找出最低恒沸点和恒沸混合物的组成。

七、结果讨论

1. 被测双液系统的选择

本实验所测的是有最低恒沸点的双液系统，即该系统与拉乌尔定律比较存在较大的正偏差。在教科书中，通常采用的双液系还有无水乙醇和环己烷、无水乙醇和乙酸乙酯、无水乙醇和苯等。选用的原则，是测出的气-液平衡的 T-x 相图特征明显，若相图的液相线较平坦，则不能将整个相图精确绘出，也不能准确找出最低恒沸点和恒沸混合物的组成。同时，还要考虑安全因素，试剂应不太易燃和低毒性。例如，仅从相图特征的角度考虑，无水乙醇和苯是一个相当好的选择，早期的教科书大多采用这个双液系统，但由于苯的毒性大，现在已经不再选用。

2. 沸点测定仪的设计

本实验主要的误差来源是过热现象和分馏作用。

过热现象使测定的沸点高于真实沸点，使 T-x 相图的图形上移。因此电加热丝与温度计的探头要适当隔开，可在探头部位套一截小玻管，减少电热丝对温度计的影响，确保温度计反映的温度是溶液的真实温度。

分馏作用指溶液沸腾产生的气相在到达三通阀门前已经发生部分冷凝，这时在凹槽中所得的冷凝液与真实气-液平衡时的气相组成不同。对于左叶相图，气相分馏后，气、液相的组成对应正常的沸点增大了，图形右移；对于右叶相图，气相分馏后，气、液相的组成对应正常的沸点减少了，图形左移。因此沸点仪蒸气冷凝部分的设计是关键之一。若收集冷凝液的凹槽容积过大，在客观上会造成溶液的分馏；过小则取样太少，由于一定量的挥发不可避免影响结果的准确性，也给测定带来一定困难。连接冷凝管和圆底烧瓶之间的连管过短或位置过低，沸腾的液体就有可能溅入凹槽内；反之，则易导致沸点较高的组分先被冷凝下来，结果使气相样品组成发生偏差。

3. 组成测定

可以用相对密度或其他方法进行测定，但折射率的测定方法快速、简单、所需样品较少，这对于本实验特别合适。不过，如操作不当，误差比较大。通常需重复测定三次。应该指出，在环己烷含量较高的部分，折射率随组成的变化率极小，实验误差将略大。

4. 气-液相图的实际应用

气-液相图的实用意义在于只有掌握了气-液相图，才有可能利用蒸馏方法来使液体混合物有效分离。在石油工业和溶剂、试剂的生产过程中，常利用气-液相图来指导并控制分馏、精馏的操作条件。在一定压力下，恒沸物的组成恒定。利用恒沸点，可以配制定量分析用的标准酸溶液。

八、思考题

1. 在测定时，有过热和分馏作用，将使所测的相图图形发生什么变化？

2. 按所得相图，讨论该溶液在小于或大于恒沸物组成的两种浓度时，溶液精馏的分离情况。

3. 如何测定准确的沸点，如何判断气、液两相处于平衡状态？

4. 如何确保测定的浓度与沸点准确对应？

九、参考文献

[1] 孙尔康，张剑荣. 物理化学实验. 南京：南京大学出版社，2009.

[2] 复旦大学等编. 物理化学实验. 第 3 版. 北京：高等教育出版社，2004.

[3] 山东大学、山东师范大学等高校合编. 物理化学实验. 第 2 版. 北京：化学工业出版社，2007.

[4] 华南师范大学化学实验教学中心组织编写. 物理化学实验. 北京：化学工业出版社，2008.

[5] 唐林，孟阿兰，刘红天编. 物理化学实验. 北京：化学工业出版社，2008.

[6] 张启源. 双液系气液平衡相图实验的研究. 大学化学，1987，2（4）：40-42.

[7] 刘生昆，史振民，张祝莲. 双液系气-液平衡相图绘制中有关问题的探讨. 大学化学，1995，10（5）：41-43.

[8] 刘一品，唐晖. 双液系的气液平衡相图实验装置的改进. 大学化学，2003，18（6）：46.

[9] 童丹丽，唐小祥. 双液系的气-液平衡相图实验装置的改进. 高校理科研究，2006，11：81.

[10] 王秀艳. 双液系气-液平衡相图实验改进和数据微机处理. 高校理科研究，2006，12：338-339.

[11] 闫宗兰，石军，尹立辉等. Origin 软件在"双液系气-液平衡相图"实验数据处理中的应用. 天津农学院学报，2007，14（2）：30-32.

[12] 仝艳，李晓飞，万焱等. 双液系气液平衡相图绘制实验的改进效果评价. 广州化工，2011，39（5）：169-171.

[13] 刘峭，葛勐. 双液系气液平衡相图绘制实验的改进与探讨. 高等教育，2011，10：43-44.

[14] 李俊新，孙宝，郭子成. 二元液系气-液平衡相图实验体系的绿色选择. 实验室科学，2011，14（3）：70-78.

[15] 刘峭，石燕. Origin 在处理"双液系气液平衡相图"实验数据中的应用. 赤峰学院学报（自然科学版），2010，26（12）：15-16.

十、实例分析

1. 工作曲线

（1）打开 Origin 6.0，其默认打开一个 worksheet 窗口，该窗口缺省为 A、B 两列。选择在出现的 Data 1 中输入以异丙醇和环己烷的配比浓度 $x_{环己烷}$ 为 X 轴，以折射率 n 为 Y 轴的全部实验数据。

（2）选定全部数据，在 Plot 中选择 Line＋Symbol，双击边框，点击 Title&Format，在 "Selcetio" 中选择 "Top" 和 "Right"，选取 "ShowAxis&Tic"，在 major 都选择 none，点击确定。

（3）分别双击 "X Axis Title" 和 "Y Axis Title"，分别输入 $x_{环己烷}$ 和折射率 n。在 Edit 中选择 Copy Page，即得如图Ⅱ-4-3。

2. 双液系曲线

打开 Origin 6.0，其默认打开一个 worksheet 窗口，该窗口缺省为 A、B 两列。从 Column 中 Add New Column 添加新列：C 和 D。

选中 C 列，选定全部数据，选 Column/Set as X，在 $A(X_1)$ 和 $C(X_2)$ 列中，分别输入液相和气相组成，在 $B(Y_1)$ 和 $D(Y_2)$ 两列中输入沸点数据，在 Plot 中选择 Line＋Symbol，分别双击 "X Axis Title" 和 "Y Axis Title"，分别输入 $x_{环己烷}$ 和 T/K。

双击边框，点击 Title&Format，在 "Selcetio" 中选择 "top" 和 "right"，选取 "Show Axis &Tic"，在 major 都选择 none，点击确定。点击 Scale，横坐标选择 from 0 to 1，在 Edit 中选择 Copy Page，即得到如图Ⅱ-4-4。

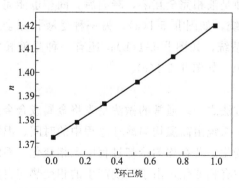

图Ⅱ-4-3　异丙醇-环己烷工作曲线

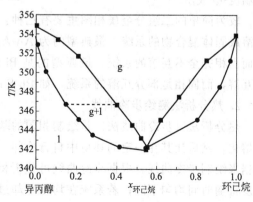

图Ⅱ-4-4　异丙醇-环己烷相图

从图中可知，体系的最佳恒沸点为 342.5K 左右，此时混合物组成 $x_{环己烷}=0.55$，$x_{异丙醇}=0.45$。

实验五 二组分固-液相图

一、目的要求

1. 掌握热分析法绘制二组分固液相图的原理及方法。
2. 了解纯物质与混合物步冷曲线的区别并掌握相变点温度的确定方法。
3. 学会数字控温仪及可控升降温电炉的使用方法。

二、基本原理

1. 相图

相图是多相（两相或两相以上）体系处于相平衡状态时体系的某些物理性质（如温度或压力）对体系的某一变量（如组成）作图所得的图形，因图中能反映出体系的平衡状态（相的数目及性质等），故称为相图。由于相图能反映出多相平衡体系在不同自变量条件下的相平衡情况，因此，研究多相体系相平衡状态的演变（例如钢铁及其他合金的冶炼过程，石油工业分离产品的过程），都要用到相图。由于压力对仅由液相和固相构成的凝聚体系的相平衡影响很小，所以二元凝聚体系的相图通常不考虑压力的影响，因此通常讨论定压下的相平衡图。根据相律，$f=C-\Phi+2$，其中，f 为确定平衡体系的状态所必需的独立强度性质的数目，称为自由度，这些强度性质通常是压力、温度和浓度等。C 为在平衡体系所处的条件下，能够确保各相状态稳定所需的最少独立物种数，因此称为独立组分数：

$$C=S-R-R'$$

式中，S 为体系中所有物种数；R 为独立的化学反应式数目；R' 为物种间的浓度限制条件。体系内部物理和化学性质完全均匀的部分称为相，体系中相的总数称为相数，用 Φ 表示。公式中"2"代表温度和压力，如果已指定某个强度性质，除该性质以外的其他强度性质数目称为条件自由度，用 f^* 表示，若指定了压力，$f^*=f-1$；若指定了压力和温度，$f^{**}=f-2$。

定压下二组分系统最大条件自由度 $f^*_{max}=2$，最多有温度和组成两个独立变量，其相图为温度-组成图。

较为简单的二组分金属相图主要有三种：一种是液相完全互溶，凝固后，固相也能完全互溶成固体混合物的系统，最典型的为 Au-Ag 系统，如图Ⅱ-5-1(a)；另一种是液相完全互溶而固相完全不互溶的系统，最典型的是 Bi-Cd 系统，如图Ⅱ-5-1(b)；还有一种是液相完全互溶，而固相是部分互溶的系统，如 Pb-Sn 系统，如图Ⅱ-5-1(c)。

2. 热分析法测绘步冷曲线

热分析法（步冷曲线法）是绘制相图的基本方法之一。通常的做法是先将金属或合金全部熔化，然后让其在一定的环境中自行冷却，测定系统由高温均匀冷却过程中的时间、温度数据来绘制步冷曲线。根据步冷曲线可分析相态变化。若在均匀冷却过程中无相变化，系统温度将随时间均匀下降；若系统在均匀冷却过程中有相变化，由于系统产生的相变热与自然冷却时体系放出的热量相抵消，步冷曲线就会出现转折或水平线段，转折点或水平线段所对

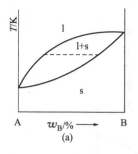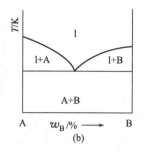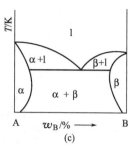

图Ⅱ-5-1 典型的三种二组分金属相图

应的温度，即为该组成体系的相变温度。

简单二组分凝聚系统，其步冷曲线有三种类型。

图Ⅱ-5-2(a)为纯物质的步冷曲线。冷却过程中无相变发生时，系统温度随时间均匀降低；当有固体析出时，由于放出的凝固热足以抵消体系的散热，所以体系温度基本不变，步冷曲线出现近似水平段，此时建立单组分两相平衡，$f^*=0$；直至液体全部凝固，温度又继续均匀下降。水平段所对应的温度为纯物质凝固点。

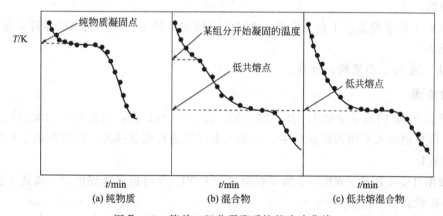

图Ⅱ-5-2 简单二组分凝聚系统的步冷曲线

图Ⅱ-5-2(b)为二组分混合物的步冷曲线。冷却过程中无相变发生时，系统温度随时间均匀降低；当有一种组分的固体析出时，放出的凝固热不足以全部抵消体系的散热，在步冷曲线上出现拐点，随着该固体析出，液相组成不断变化，凝固点逐渐降低，直到两种组分的固体同时析出时，放出的凝固热足以抵消体系的散热，则温度不随时间变化，步冷曲线出现水平段，这时固液相组成不变，系统建立三相平衡，此时 $f^*=0$；当液体全部凝固后，温度又继续均匀下降。水平段所对应的温度为二组分的低共熔点温度。

图Ⅱ-5-2(c)为二组分低共熔混合物的步冷曲线。冷却过程中无相变发生时，系统温度随时间均匀降低，至两种固体按液相组成同时析出，放出的凝固热基本抵消体系的散热，温度不随时间变化，步冷曲线出现水平段，系统建立三相平衡，$f^*=0$；当液体全部凝固完毕，温度又继续均匀下降。

由于冷却过程中常常发生过冷现象，轻微过冷有利于测量相变温度；严重过冷，会使相变温度难以确定。

以横轴表示混合物的组成，纵轴表示温度，利用步冷曲线所得到的一系列组成和所对应的相变温度数据，可绘出相图，如图Ⅱ-5-3。

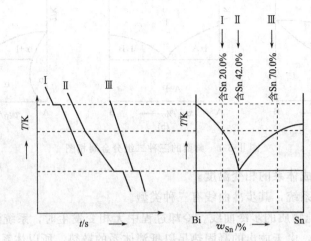

图 II-5-3 从步冷曲线绘制二组分金属相图

三、仪器与试剂

1. 仪器

SWKY-I 数字控温仪 1 台，KWL-09 可控升降温电炉 1 台，不锈钢样品管 6 支。

2. 试剂

纯 Pb，纯 Sn，石墨粉，硅油。

四、实验步骤

1. 配制含 Sn 的质量分数为 0%、20.0%、40.0%、61.9%、80.0%、100.0%的 Sn-Pb 合金各 1 份分别装入不锈钢样品管中，再加入少许石墨粉覆盖样品，以防加热过程中样品接触空气而氧化。

2. 按图 II-5-4 连接 SWKY-I 数字控温仪与 KWL-09 可控升降温电炉，接通电源，将电炉置于外控状态。

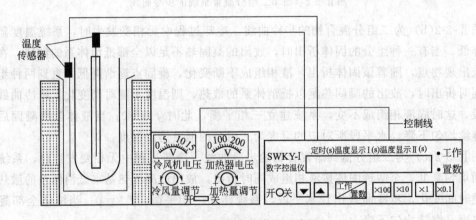

图 II-5-4 金属相图装置示意图

3. 将盛有样品的不锈钢样品管和传感器 I 插入炉膛内，传感器 II 插入样品管中。将电源开关置于"开"，仪器默认控温仪处于"置数"状态，参照表 II-5-1 的熔点，设置比熔点高 50℃的温度。

表Ⅱ-5-1　Sn-Pb混合物的熔点

w_{Sn}/%	0	10	20	30	40	50	60	70	80	90	100
熔点/℃	326	295	276	262	240	220	190	185	200	216	232

4. 将控温仪调节到"工作"状态，系统开始升温，当传感器Ⅱ达到设定温度后，纯Pb、纯Sn两样品温10min，其他样品保温5min，使样品熔化，然后将管口盖好再将传感器Ⅱ放入样品管中心。

5. 将控温仪置于"置数"状态，调节"冷风量"旋钮，使体系冷却速度保持在6~8℃·min⁻¹。

6. 设定控温仪的定时间隔，0.5min记录一次温度，纯Pb、纯Sn两样品冷却降温到200℃，其他各样品应降温到150℃左右。

五、注意事项

1. 相图为平衡状态图，因此用热分析法测绘相图要尽量使被测系统接近平衡态，故要求冷却不能过快。为保证测定结果准确，还要注意使用纯度高的样品且样品质量相同。传感器放入样品中的部位和深度要适当。

2. 实验中"设定温度"和"实验最高温度"不同，"最高温度"是在仪器达到"设定温度"停止工作后，仪器中的加热电炉继续上升的温度。

3. 熔融样品时要搅拌均匀，为确保样品彻底熔融，温度稍高一些为好，但不可过高，以防样品氧化。搅拌时注意样品管不能离开加热炉。

4. 金属熔化后，切勿将样品横置，以防金属熔液流出烫伤人体。

5. 由于过冷现象的存在，降温过程中会有升温，是正常现象。

6. 用热分析法（步冷曲线法）绘制相图时，被测系统必须时时处于或接近相平衡状态，因此冷却速率要足够慢才能得到较好的结果。

7. 测试时，如果发现温度超过400℃还在上升，应立即抽出温度传感器放到炉外冷却。随后抽出样品管冷却，排除故障后再通电。实验中所用温度传感器最高使用温度为500℃，样品管的最高使用温度为800℃。

8. 在测定当前样品步冷曲线的同时，可将下一个样品放入坩埚电炉里利用余温预热，以节省时间，但应注意样品加热时间不可太长，温度不能过高，否则样品容易被氧化。

六、数据记录与处理

1. 将实验数据记录在表Ⅱ-5-2中。

表Ⅱ-5-2　Sn-Pb二组分系统的温度-时间实验数据表

w_{Sn}/% \ t/min, T/℃	0.5	1.0	1.5	2.0	2.5	3.0	3.5	4.0	4.5	5.0	5.5	…
0												
20.0												
40.0												
61.9												
80.0												
100.0												

2. 根据表Ⅱ-5-2的数据，作出各个样品的温度-时间的关系曲线图（即步冷曲线）。

3. 再根据上面的步冷曲线，利用相变点温度（即步冷曲线的拐点或平台温度）与组成（w_{Sn}）的数据，作出二组分的固-液平衡相图。标出相图中各区的相态，根据相图求出低共熔温度及低共熔混合物的组成。

七、结果讨论

1. 某些时候，我们会发现步冷曲线的拐点处为一回沟形状，即温度下降到相变点以下，而后又回升上来，这种现象叫过冷现象。关于过冷现象产生的原因，请参阅物理化学教材中有关亚稳状态的内容。

2. 实际上，Pb-Sn 的相图较为复杂，液相完全互溶，而固相是部分互溶的系统，但用该实验装置是测不出完整相图的，其完整相图示意图见图Ⅱ-5-1(c)。

3. 在冷却时，速度不宜过快，否则步冷曲线中的拐点和平台不明显。

4. 文献值：最低共熔点的温度为 456K（183℃），共熔点的组成为 $w_{Sn}=61.9\%$。请计算你的测量值的相对误差。

八、思考题

1. 步冷曲线各段的斜率以及水平段的长短与哪些因素有关？
2. 根据实验结果讨论各步冷曲线的降温速率控制是否得当？
3. 如果用差热分析法或差示扫描量热法来测绘相图，是否可行？
4. 试从实验方法比较测绘气-液相图和固-液相图的异同点。

九、参考文献

[1] 蔡铎昌. Pb-Sn 及 Bi-Sn 金属相图不是简单低共熔物类型. 四川师范学院学报，1989，10（1）：90-92.
[2] 鄢红，郭广生，张常群. 部分互溶二组元金属系统相图实验的计算机模拟. 计算机与应用化学，2001，18（6）：515-518.
[3] 李将渊，王文彬，李元文等. 基于 LabVIEW™ 7EXPRESS 绘制二元金属相图的虚拟仪器. 计算机与应用化学，2005，22（8）：623-626.
[4] 王虹，黄晓敏. 二组分金属相图的计算机绘制. 计算机与应用化学，2008，6（6）：53-54.
[5] 陈守东，刘琳静，陈敬超. Au、Pd、Zr 合金的相图计算及实验验证. 稀有金属材料与工程，2013，3：541-544.
[6] 沈王庆，覃松，陈功. 二组分相图制作研究. 内江师范学院学报，2011，26（2）：88-90.

十、实例分析

1. Sn-Pb 二组分固-液相图的测量数据

Sn-Pb 二组分固-液相图的测定数据见表Ⅱ-5-3、表Ⅱ-5-4。

表Ⅱ-5-3　冷却温度随时间变化的数据表

t/min ＼ T/℃ ＼ w_{Sn}/%	0	20.0	40.0	61.9	80.0	100.0
0	353.7	315.8	284.3	233.9	248.5	261.2
0.5	349.2	292.2	268.8	229.3	231.2	253.0
1.0	337.8	276.4	249.3	223.3	215.8	239.8
1.5	327.6	272.9	240.1	216.7	202.1	231.9
2.0	326.5	266.4	235.3	211.2	200.9	231.4
2.5	326.3	258.4	232.2	206.9	199.4	231.2

$w_{Sn}/\%$ $T/℃$ t/min	0	20.0	40.0	61.9	80.0	100.0
3.0	326.0	247.9	227.9	203.0	198.4	231.1
3.5	325.9	236.9	222.4	199.7	196.3	231.0
4.0	325.8	225.8	217.9	195.4	194.0	230.9
…	…	…	…	…	…	…

表Ⅱ-5-4 Sn-Pb 二元合金相图制图数据

$w_{Sn}/\%$	温度/℃	$w_{Sn}/\%$	温度/℃
0	326.4(平台)	61.9	181.4(三相点)
20.0	276.4(拐点)	80.0	201.8(拐点)
40.0	240.1(拐点)	100.0	231.3(平台)

2. 用 Origin 6.0 绘制相图方法

(1) 打开 Origin 6.0 软件，在出现的 Data 1 中输入以时间 t/min 为 X 轴、以温度 $T/℃$ 为 Y 轴的全部实验数据。数据格式见表Ⅱ-5-5。

表Ⅱ-5-5 Sn-Pb 相图实验数据格式 (一)

项 目	A(x)	B(y)	C(y)	D(y)	E(y)	F(y)	G(y)
1	0	353.7					
2	0.5	349.2					
3	1	337.8					
4	1.5	327.6					
5	2	326.5					
6	…	…					
7	11.5	149.3					
8	12						
9	12.5		315.8				
10	13		292.2				
11	…		…				
12	24		161.9				
13	24.5						
14	25			284.3			
15	25.5			268.8			
…	…			…			

注：1. $B(y)$，$C(y)$，$D(y)$，$E(y)$，$F(y)$，$G(y)$ 为不同成分物质某时刻的温度。

2. $D(y)$，$E(y)$，$F(y)$，$G(y)$ 的格式如 $B(y)$，$C(y)$。

(2) 选定全部数据，在主菜单 Plot 命令中选择 Line＋Symbol，即出现图Ⅱ-5-5(a)，分别双击 "X Axis Title" 和 "Y Axis Title"，分别输入 t/min 和 $T/℃$。双击坐标轴，出现

43

layer 1 的属性框，在 Minor Tick Label 中点击 Show Major Label 的选项框，使底部数字消失，点击确定。

（3）点击 Text Tool 即"T"功能键，分别在 6 条曲线上命名 100.0%Pb、20.0%Sn、40.0%Sn、61.9%Sn、80.0%Sn，100.0%Sn。

（4）点击 Screen Reader，分别在 6 条曲线上依次读取平台、拐点、拐点、平台、拐点、平台的值。

（5）点击 New Worksheet，在出现的 Data 2 中输入以 $w_{Sn}/\%$ 为 X 轴、以读取的值温度 $T/℃$ 为 Y 轴的全部实验数据。数据格式见表Ⅱ-5-6。

表Ⅱ-5-6 Sn-Pb 相图实验数据格式（二）

项　目	$A(x)$	$B(y)$	项目	$A(x)$	$B(y)$
1	0	326.4	4	61.9	181.4
2	20.0	276.4	5	80.0	201.8
3	40.0	240.1	6	100.0	231.3

（6）选定全部数据，在主菜单 Plot 命令中选择 Line＋Symbol，即出现图Ⅱ-5-5(b)，分别双击"X Axis Title"和"Y Axis Title"，分别输入 $w_{Sn}/\%$ 和 $T/℃$。双击坐标轴，出现 layer 1 的属性框，在 Scale 中 Horizontal 中设置取值范围是 0 到 1，Vertical 中的取值范围与图Ⅱ-5-5（a）中的相同，再点击 Title＆Formate 中 Selection 中点击 Right，然后点击 Show Axis＆Tick，在 Minor Tick Label 中点击 Right，然后点击 Show Major Label 的选项框，使右侧数字出现，点击确定。

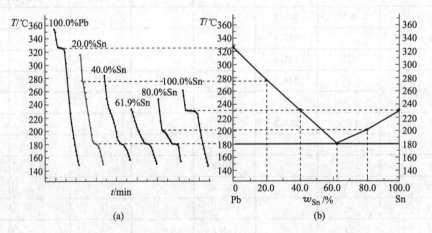

图Ⅱ-5-5 Sn-Pb 步冷曲线图（a）及 Sn-Pb 低共熔固-液相图（b）

（7）点击 Merge，在 Total Number of Layers 中，Number of Row 中填 1，Number of Column 中填 2，在 Page Dimension 中按确定。出现新图，点击空白处，单击右键，选择 properties（属性），出现属性框，在 Miscellaneous/dimensions/width 中设置为 22，height 为 10，点击确定。

（8）点击 linetool，作直线，连接左图的拐点（或平台）温度值到右图的对应点，点击该直线，双击，出现 Arrow Control 框，在 line type 中选择 Dash，使直线成虚线，按此步骤作出各点的对应虚线。在 Edit 中选择 Copy Page，即得如图Ⅱ-5-5。

实验六 甲基红的酸离解平衡常数的测定

一、目的要求

1. 掌握测定甲基红酸离解平衡常数的原理和方法。
2. 进一步掌握分光光度计和 pH 计的使用方法。

二、基本原理

1. 甲基红在溶液中的电离反应

甲基红（对二甲氨基邻羧基偶氮苯）的分子式为：

它是一种弱酸性的染料指示剂，具有酸（HMR）和碱（MR⁻）两种形式。它在溶液中部分电离，在碱性溶液中呈黄色，酸性溶液中呈红色，在酸性溶液中它以两种离子形式存在。

简单地写成：

$$HMR \rightleftharpoons H^+ + MR^-$$

甲基红的酸形式　　　甲基红的碱形式

其酸离解平衡常数为：

$$K = \frac{[H^+][MR^-]}{[HMR]}$$

（Ⅱ-6-1）

$$pK = pH - \lg\frac{[MR^-]}{[HMR]}$$

（Ⅱ-6-2）

由式（Ⅱ-6-2）可以看出，只要测定了 [MR⁻] 与 [HMR] 的浓度比以及 pH，就可求出甲基红的酸离解平衡常数 K。

2. 利用分光光度法测定 HMR 和 MR⁻ 的相对浓度

本实验是用分光光度法测定弱电解质（甲基红）的酸离解平衡常数，由于甲基红本身带有颜色，而且在有机溶剂中电离度很小，所以用一般的化学分析法或其他物理化学方法进行浓度测定都有困难，但用分光光度法可不必将其分离，就能同时测定两种组分的浓度。

由于 HMR 和 MR⁻ 两者在可见光谱范围内具有强的吸收峰，溶液离子强度的变化对它的酸离解平衡常数没有显著的影响，而且在简单 CH₃COOH-CH₃COONa 缓冲体系中就很容易使颜色在 pH＝4～6 范围内改变，因此比值 [MR⁻]/[HMR] 可用分光光度法测定而

45

求得。

（1）朗伯（Lambert）-比耳（Beer）定律

溶液对于单色光的吸收遵守朗伯-比耳定律：

$$A = \lg \frac{I_0}{I} = \varepsilon dc \qquad (\text{II-6-3})$$

因为

$$T = \frac{I}{I_0} \qquad (\text{II-6-4})$$

所以

$$A = \lg \frac{1}{T} \qquad (\text{II-6-5})$$

式中，I_0 是入射光强度；I 为透过光强度；A 为吸光度；T 为透光率；ε 为摩尔吸光系数。若测定物质的浓度 c 的单位采用 mol·L^{-1}，样品池中液层厚度 d 的单位采用 cm，则 ε 单位为 $\text{L·mol}^{-1}\text{·cm}^{-1}$。

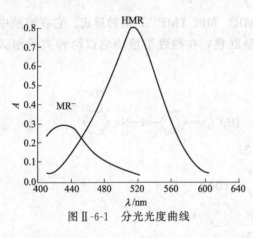

图Ⅱ-6-1　分光光度曲线

在分光光度分析中，将每一种单色光分别依次地通过某一溶液，测定溶液对每一种光波的吸光度，以吸光度 A 对波长 λ 作图，就可以得到该物质的吸光度-波长关系曲线，或称为吸收光谱曲线，如图Ⅱ-6-1所示。由图可知，对应于某一波长有一个最大的吸收峰，用这一波长的入射光通过该溶液测定吸光度会有最佳的灵敏度。

从式（Ⅱ-6-3）可以看出，对于固定长度的比色皿，在对应最大吸收峰的波长（λ）下测定不同浓度 c 的吸光度，就可作出线性的 A-c 关系图，这就是分光光度法定量分析的基础。

（2）甲基红在溶液中的吸光度

从图Ⅱ-6-1可以看出，甲基红溶液中酸式和碱式的分光光度曲线相重叠，则可在两波长 λ_A 和 λ_B（λ_A、λ_B 分别是酸式和碱式单独存在时吸收曲线中最大吸收峰的波长）时测定其总吸光度，即：

$$A_A = \varepsilon_{A,\text{HMR}}[\text{HMR}]d + \varepsilon_{A,\text{MR}^-}[\text{MR}^-]d \qquad (\text{II-6-6})$$

$$A_B = \varepsilon_{B,\text{HMR}}[\text{HMR}]d + \varepsilon_{B,\text{MR}^-}[\text{MR}^-]d \qquad (\text{II-6-7})$$

式中，A_A 是在 HMR 的最大吸收波长 λ_A 处所测得的总吸光度；A_B 是在 MR^- 的最大吸收波长 λ_B 处所测得的总吸光度；$\varepsilon_{A,\text{HMR}}$ 是在波长 λ_A 处 HMR 的摩尔吸光系数；$\varepsilon_{A,\text{MR}^-}$ 是在波长 λ_A 处 MR^- 的摩尔吸光系数；$\varepsilon_{B,\text{HMR}}$ 是在波长 λ_B 处 HMR 的摩尔吸光系数；$\varepsilon_{B,\text{MR}^-}$ 是在波长 λ_B 处 MR^- 的摩尔吸光系数。

由式（Ⅱ-6-6）及式（Ⅱ-6-7），可得：

$$\frac{[\text{MR}^-]}{[\text{HMR}]} = \frac{A_B \varepsilon_{A,\text{HMR}} - A_A \varepsilon_{B,\text{HMR}}}{A_A \varepsilon_{B,\text{MR}^-} - A_B \varepsilon_{A,\text{MR}^-}} \qquad (\text{II-6-8})$$

三、仪器与试剂

1. 仪器

UV-2000 型分光光度计 1 台，pH 计 1 台，容量瓶（100mL）6 个，容量瓶（25mL）5

个，移液管（10mL）3 支，0～100℃温度计 1 支。

2. 试剂

甲基红储备液：0.5g 晶体甲基红溶于 300mL 95％乙醇中，用蒸馏水稀释至 500mL。

标准甲基红溶液：取 8mL 储备液加 50mL 95％乙醇稀释至 100mL。

pH 为 6.84 的标准缓冲溶液，CH_3COONa（0.04mol·L^{-1}），CH_3COONa（0.01mol·L^{-1}），CH_3COOH（0.02mol·L^{-1}），HCl（0.1mol·L^{-1}），HCl（0.01mol·L^{-1}）。

四、实验步骤

1. UV-2000 型分光光度计操作步骤

（1）接通电源，使仪器预热 20min（不包括仪器自检时间）。

（2）用［MODE］键设置测试模式：透光率（T），吸光度（A），已知标准样品浓度值方式（c）和已知标准样品斜率（F）模式。

（3）用波长选择旋钮设置所需的吸收光的波长。

（4）将参比样品溶液和被测样品溶液分别倒入比色皿中，打开样品室盖，将校具（黑体）和盛有溶液的比色皿分别插入比色皿槽中，盖上样品室盖。一般情况下，黑体放在第一个槽位中，参比样品放在第二个槽位中。

（5）将校具（黑体）置入光路中，在透光率（T）模式下，按"0％"键，此时显示器显示"000.0"；再将装有参比样品溶液的比色皿推（拉）入光路中，同样在透光率（T）模式下，按"100％"键，此时显示器先显示"BLA"后显示"100.0"。

（6）在吸光度（A）模式下，将被测样品推（拉）入光路中，这时，便可从显示器上得到被测样品的吸光度值。

2. 酸度计的使用方法

参见第四部分第三章。

3. 测定 HMR 和 MR^- 的最大吸收波长

A 溶液：分别取 10mL 标准甲基红溶液和 10mL 0.1mol·L^{-1} HCl 溶液，置于 100mL 容量瓶中，加蒸馏水稀释至刻度。此溶液的 pH 值大约为 2，这时甲基红完全以 HMR 形式存在。

B 溶液：分别取 10mL 标准甲基红溶液和 25mL 0.04mol·L^{-1} CH_3COONa 溶液，置于 100mL 容量瓶中，加蒸馏水稀释至刻度。此溶液的 pH 值大约为 8，这时甲基红完全以 MR^- 形式存在。

取 A 液和 B 液分别放入 2 个 1cm 比色皿内，以蒸馏水为参比，在 350～600nm 波长之间每隔 10nm 测定它们的吸光度。由吸光度 A 对波长 λ 作图，找出最大吸收波长 λ_A 和 λ_B。

4. 分别在波长 λ_A 和 λ_B 处，测定 A 溶液和 B 溶液的摩尔吸光系数

A 组溶液：用移液管分别吸取 25mL、20mL、15mL、10mL、5mL A 液，分别加入到 25mL 容量瓶中，再加 0.01mol·L^{-1} HCl 溶液至刻度，以蒸馏水为参比，分别在波长 λ_A 和 λ_B 下测定这些溶液的吸光度。由吸光度 A 对浓度 c 作图，可求得摩尔吸光系数 $\varepsilon_{A,HMR}$ 和 $\varepsilon_{B,HMR}$。

B 组溶液：用移液管分别吸取 25mL、20mL、15mL、10mL、5mL B 液，分别加入到 25mL 容量瓶中，再加 0.01mol·L^{-1} CH_3COONa 溶液至刻度，以蒸馏水作参比，分别在波长 λ_A 和 λ_B 下测定这些溶液的吸光度。由吸光度 A 对浓度 c 作图，可求得摩尔吸光系数

ε_{A,MR^-} 和 ε_{B,MR^-}。

5. 测定混合溶液的总吸光度及其 pH 值

(1) 配制四个混合液

① 10mL 标准甲基红溶液＋25mL $0.04\text{mol}\cdot\text{L}^{-1}$ CH_3COONa ＋50mL $0.02\text{mol}\cdot\text{L}^{-1}$ CH_3COOH 加蒸馏水稀释至 100mL。

② 10mL 标准甲基红溶液＋25mL $0.04\text{mol}\cdot\text{L}^{-1}$ CH_3COONa ＋25mL $0.02\text{mol}\cdot\text{L}^{-1}$ CH_3COOH 加蒸馏水稀释至 100mL。

③ 10mL 标准甲基红溶液＋25mL $0.04\text{mol}\cdot\text{L}^{-1}$ CH_3COONa ＋10mL $0.02\text{mol}\cdot\text{L}^{-1}$ CH_3COOH 加蒸馏水稀释至 100mL。

④ 10mL 标准甲基红溶液＋25mL $0.04\text{mol}\cdot\text{L}^{-1}$ CH_3COONa ＋5mL $0.02\text{mol}\cdot\text{L}^{-1}$ CH_3COOH 加蒸馏水稀释至 100mL。

(2) 分别在 λ_A 和 λ_B 处测定这四个溶液的吸光度 A_A 和 A_B。

(3) 再用酸度计（即 pH 计）测定这四个溶液的 pH 值。

五、注意事项

1. UV-2000 型分光光度计的注意事项

(1) 仪器所附的比色皿，其透光率是经过配对测试的，未经配对处理的比色皿将影响样品的测试精度。所以，每台仪器所配套的比色皿不能与其他仪器上的比色皿单个调换。

(2) 比色皿透光部分表面不能有指印、溶液痕迹，被测溶液中不能有气泡、悬浮物，否则将影响样品测试的精度。

(3) 如果大幅度改变测试波长时，需等数分钟后才能正常工作。因波长由长波向短波或短波向长波移动时，光能量变化急剧，光电管受光后响应较慢，需一段光响应平衡时间。

2. 酸度计使用注意事项

(1) 防止仪器与潮湿气体接触。潮气的浸入会降低仪器的绝缘性，使其灵敏度、精确度、稳定性都降低。

(2) 玻璃电极小球的玻璃膜极薄，容易破损，切忌与硬物碰撞。

(3) 玻璃电极的玻璃膜不要沾上油污，如不慎沾有油污，可先用四氯化碳或乙醚冲洗，再用酒精冲洗，最后用蒸馏水洗净。

(4) 甘汞电极的氯化钾溶液中不允许有气泡存在，其中有少量结晶，以保持饱和状态。如结晶过多，毛细孔堵塞，最好重新灌入新的饱和氯化钾溶液。

(5) 如酸度计指针抖动严重，应更换玻璃电极。

六、数据记录与处理

1. 实验步骤 3 中测定的数据，填入表Ⅱ-6-1 中。

表Ⅱ-6-1 测定 HMR 和 MR^- 的最大吸收波长 λ_A 和 λ_B 的数据表　　　恒温温度：_____℃

波长/nm	350	360	370	…	580	590	600
A 溶液的吸光度 A				…			
B 溶液的吸光度 A				…			

由吸光度 A 对波长 λ 作图，找到 A 溶液和 B 溶液的最大吸收波长 λ_A 和 λ_B。

2. 实验步骤 4 中测定的数据，填入表Ⅱ-6-2 中。

表Ⅱ-6-2 测定摩尔吸光系数 ε 的数据表　　　　　恒温温度：_____℃

编　号	1	2	3	4	5
A 组溶液/mL	25.00	20.00	15.00	10.00	5.00
HCl(0.01mol·L^{-1})/mL	0.00	5.00	10.00	15.00	20.00
A 组溶液的相对浓度	1.00	0.80	0.60	0.40	0.20
A 组溶液的吸光度 $A_A(\lambda_A)$					
A 组溶液的吸光度 $A_B(\lambda_B)$					
B 组溶液/mL	25.00	20.00	15.00	10.00	5.00
CH$_3$COONa(0.01mol·L^{-1})/mL	0.00	5.00	10.00	15.00	20.00
B 组溶液的相对浓度	1.00	0.80	0.60	0.40	0.20
B 组溶液的吸光度 $A_A(\lambda_A)$					
B 组溶液的吸光度 $A_B(\lambda_B)$					

由吸光度 A 对相对浓度作图，由直线的斜率可求得摩尔吸光系数 $\varepsilon_{A,HMR}$、$\varepsilon_{B,HMR}$、ε_{A,MR^-} 及 ε_{B,MR^-}。

3. 实验步骤 5 中测定的数据，填入表Ⅱ-6-3 中。

表Ⅱ-6-3 测定酸离解平衡常数 K 的数据表　　　　　恒温温度：_____℃

溶液序号	A_A	A_B	pH	$\dfrac{[MR^-]}{[HMR]}$	$\lg\dfrac{[MR^-]}{[HMR]}$	pK	K
1							
2							
3							
4							

(1) 由 A_A、A_B 及 $\varepsilon_{A,HMR}$、$\varepsilon_{B,HMR}$、ε_{A,MR^-}、ε_{B,MR^-}，据式(Ⅱ-6-8)，计算出 $\dfrac{[MR^-]}{[HMR]}$。

(2) 结合 pH 值，据式(Ⅱ-6-2)，计算出 pK 及 K。

七、结果讨论

1. 实验中，若出现样品的透光率大于 100％ 的现象，一般的原因是样品池不配套。

2. 分光光度法和比色法相比较有一系列优点，首先它的应用不局限于可见光区，可以扩大到紫外和红外区，所以对于没有颜色的溶液也可以应用。此外，也可以在同一样品中对两种以上的物质（不需要预先进行分离）同时进行测定。

3. 吸收光谱的方法在化学中已得到广泛的应用和迅速发展，也是物理化学研究中的重要方法之一，例如用于测定平衡常数以及研究化学动力学中的反应速率和机理等，由于吸收光谱实际上是决定于物质内部结构和相互作用，因此对它的研究有助于了解溶液中分子结构及溶液中发生的各种相互作用（如络合、离解、氢键等性质）。

4. 在 25～30℃ 时，文献值为：

甲基红酸式液（HMR）的最大吸收波长　　　　　$\lambda_A=(520\pm10)$nm

甲基红碱式液（MR$^-$）的最大吸收波长　　　　　$\lambda_B=(425\pm10)$nm

甲基红离解平衡常数 K　　　　　p$K=5.05\pm0.05$

据此计算你的测定结果的相对误差。

八、思考题

1. 在本实验中，温度对测定结果有何影响？采取哪些措施可以减少由此而引起的实验误差？

2. 甲基红酸式吸收曲线和碱式吸收曲线的交点称之为"等色点"，讨论在等色点处吸光度和甲基红浓度的关系。

3. 为什么可以用相对浓度？

4. 在吸光度测定中，应该怎样选用比色皿？

九、参考文献

[1] 龙彦辉，向明礼，高彦荷. 重庆工学院学报，2001，15（5）：98-100.

[2] 王志华，缪茜，黄毓礼. 壳聚糖离解平衡常数的测定. 北京化工大学学报，2002，29（1）：85-87.

[3] 勾华，伍远辉. 电导法测定醋酸的离解平衡常数. 遵义师范学院学报，2006，8（6）：47-48.

[4] 陈晓明，王亚琴，宣寒. 电导法测解离平衡常数及临界胶束浓度的实验改进. 安徽建筑工业学院学报，2009，17（4）：83-85.

[5] 王美霞，江英志，马秀兰. 醋酸离解平衡常数的测定方法研究. 广东化工，2013，40（2）：107-108.

[6] 赵明，杨声，孙永军. 电导法对弱电解质乙酸（HAc）电离度及离解平衡常数等物理量的测定研究. 甘肃高师学报，2014，19（5）：20-22.

[7] 沈王庆，覃松，陈功. 二组分相图制作研究. 内江师范学院学报，2011，26（2）：88-90.

[8] 许琦光，王延军，张傑等. 碱性离子液体［BMIM]OH 催化间二异丙苯氧化反应动力学研究. 工业催化，2014，22（12）：922-927.

[9] 葛芸辉，万鸿博，郭景德. 开发一个简易可行的化学动力学实验. 大学化学，2014，29（1）：54-59.

[10] 刘庆文，崔树宝. 碱性溶液中酚酞褪色的动力学研究. 化学教育，2014，24：26-28.

十、实例分析

1. 不同波长下吸光度的测定及摩尔吸光系数 ε 的确定

由实验步骤 4 测定的数据如表 Ⅱ-6-4。

表 Ⅱ-6-4 测定摩尔吸光系数 ε 的数据表 恒温温度：**22.8 ℃**

编 号	1	2	3	4	5
A 组溶液/mL	25.00	20.00	15.00	10.00	5.00
HCl(0.01mol·L^{-1})/mL	0.00	5.00	10.00	15.00	20.00
A 组溶液的相对浓度	1.00	0.80	0.60	0.40	0.20
A 组溶液的吸光度 A_A(520nm)	0.64	0.512	0.372	0.254	0.133
A 组溶液的吸光度 A_B(420nm)	0.041	0.032	0.024	0.017	0.010
B 组溶液/mL	25.00	20.00	15.00	10.00	5.00
CH$_3$COONa(0.01mol·L^{-1})/mL	0.00	5.00	10.00	15.00	20.00
B 组溶液的相对浓度	1.00	0.80	0.60	0.40	0.20
B 组溶液的吸光度 A_A(520nm)	0.037	0.028	0.0203	0.014	0.006
B 组溶液的吸光度 A_B(420nm)	0.346	0.281	0.206	0.149	0.07

数据处理如下：

（1）打开 Origin 6.0 软件，其默认打开一个 worksheet 窗口，该窗口缺省为 A、B 两列。选择在出现的 Data1 中输入以相对密度 HMR 或者 MR⁻ 为 X 轴，以吸光度 A_A 或者 A_B 为 Y 轴的全部实验数据。

（2）选定全部数据，在 Plot 中选择 Line＋Symbol，然后在 Analysis 中选择 Fitting → Fitting Linear，即得线性图，从中可以得出斜率和截距。

（3）分别双击"X Axis Title"和"Y Axis Title"，分别输入［HMR］或者［MR⁻］和 A_A 或者 A_B，即得图Ⅱ-6-2。

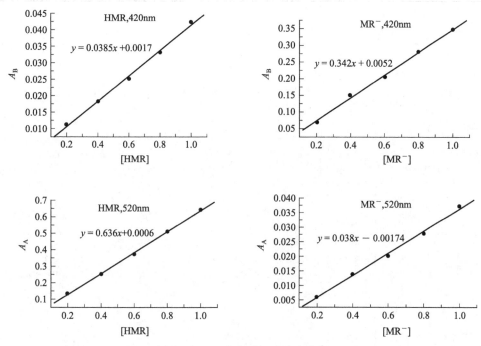

图Ⅱ-6-2 吸光度对相对浓度作图

（4）由斜率可得：

$\varepsilon_{A,HMR}=0.636$；$\varepsilon_{B,HMR}=0.0385$；$\varepsilon_{A,MR-}=0.038$；$\varepsilon_{B,MR-}=0.342$

2. 甲基红酸离解平衡常数的计算

（1）由实验步骤 5 测定数据如下：

编 号	1	2	3	4
标准甲基红溶液/mL	10.00	10.00	10.00	10.00
$CH_3COONa(0.04mol \cdot L^{-1})$/mL	25	25	25	25
$CH_3COOH(0.02mol \cdot L^{-1})$/mL	50	25	10	5
蒸馏水/mL	15.00	40.00	55.00	60.00
A_A(520nm)	0.554	0.409	0.238	0.162
A_B(420nm)	0.153	0.200	0.257	0.300
pH 值	4.76	5.06	5.45	5.76

（2）pK 的计算：

溶液序号	[MR⁻]/[HMR]	lg[MR⁻]/[HMR]	pH	pK
1	0.414	−0.383	4.76	5.143
2	0.843	−0.0742	5.06	5.134
3	2.15	0.332	5.45	5.118
4	4.19	0.622	5.76	5.138

第二章　电化学实验

实验七　电导率测定及其应用

一、目的要求

1. 掌握电导率仪的使用方法。
2. 学会测定水的纯度、难溶盐的溶度积及醋酸的电离常数。
3. 了解电解质溶液的电导、电导率、摩尔电导率等基本概念及它们之间的关系。

二、基本原理

1. 电导、电导率及摩尔电导率

电解质溶液导电能力的大小，常用电导即电阻的倒数表示：

$$G = \frac{1}{R} \tag{Ⅱ-7-1}$$

式中，G 为电导，单位为 S（西门子）。因为

$$R = \rho \times \frac{l}{A} \tag{Ⅱ-7-2}$$

由式（Ⅱ-7-1）与式（Ⅱ-7-2）有：

$$G = \frac{1}{\rho} \times \frac{A}{l} = \kappa \times \frac{A}{l} \tag{Ⅱ-7-3}$$

式中，A 为电极面积，m^2；l 为两电极间距，m；κ 称为电导率（或比电导），其值为电阻率的倒数，单位为 $S \cdot m^{-1}$。由于 $\kappa = G \times \dfrac{l}{A}$，对于一定的电导电极而言：

$$\frac{l}{A} = K_{cell} \tag{Ⅱ-7-4}$$

式中，K_{cell} 称为电导池常数。电导池常数可通过测定已知电导率的电解质溶液（如氯化钾标准溶液）来确定。电解质溶液的电导，可以通过平衡电桥法进行测定，但目前多采用电导率仪测定。如 DDS-11 系列电导率仪可以直接测出溶液的电导率。

研究电解质溶液电导时常用到摩尔电导率这个量，它与电导率和浓度的关系为：

$$\Lambda_m = \frac{\kappa}{c} \tag{Ⅱ-7-5}$$

式中，Λ_m 为摩尔电导率，$S \cdot m^2 \cdot mol^{-1}$；$\kappa$ 为电导率，$S \cdot m^{-1}$；c 为摩尔浓度，$mol \cdot m^{-3}$。

2. 电导率测定应用

（1）水纯度的测定

水的纯度取决于水中可溶性电解质的含量。一般水中含有极其微量的 Na^+、K^+、Ca^{2+}、Mg^{2+}、CO_3^{2-}、Cl^-、SO_4^{2-} 等多种离子，所以，具有一定的导电能力。离子浓度越大，导电能力越强，电导率越大；反之，水的纯度越高，离子浓度越小，电导率越小。因此通过测定电导率可以鉴定水的纯度。

测定水质纯度的方法常用的主要有两种：一种是化学分析法，这种方法能够比较准确地测定水中各种不同杂质的成分和含量，但分析过程复杂费时，操作烦琐。另一种是电导法，电导法测定快速，可连续检测。锅炉用水、工业废水、实验室用的蒸馏水、去离子水、二次蒸馏水和环境监测，都可用电导法进行水质纯度检验。

（2）硫酸钡溶度积的测定

难溶盐在水中的溶解度很小，其浓度不能用普通的滴定方法测得，但可用电导法求得，若知道了溶解度即可算出溶度积。例如求 $BaSO_4$ 的溶度积，可测定 $BaSO_4$ 饱和溶液的电导率 κ_{sol}，由于溶液电导很小，κ_{BaSO_4} 应是 κ_{sol} 减去溶剂水的电导率 κ_{H_2O}。

$$\kappa_{BaSO_4} = \kappa_{sol} - \kappa_{H_2O} \qquad (\text{II-7-6})$$

从摩尔电导率的定义式（II-7-5）得

$$c = \kappa_{BaSO_4} / \Lambda_{m, BaSO_4} \qquad (\text{II-7-7})$$

式中，c 是饱和溶液中 $BaSO_4$ 的溶解度，$mol \cdot m^{-3}$；$\Lambda_{m, BaSO_4}$ 是 $BaSO_4$ 饱和溶液的摩尔电导率，由于溶液极稀，可用 $\Lambda^{\infty}_{m, BaSO_4}$ 代替（文献值：25℃时，$\Lambda^{\infty}_{m, BaSO_4}$ 为 2.87×10^{-2} $S \cdot m^2 \cdot mol^{-1}$）。

$BaSO_4$ 的溶解平衡可表示为：

$$BaSO_4 \rightleftharpoons Ba^{2+} + SO_4^{2-} \qquad (\text{II-7-8})$$

$$K_{sp} = c_{Ba^{2+}} c_{SO_4^{2-}} = c^2 \qquad (\text{II-7-9})$$

这样，根据实验测得的 $BaSO_4$ 饱和溶液的电导率 κ_{sol} 与溶剂水的电导率 κ_{H_2O}，利用式（II-7-6）可求出 κ_{BaSO_4}，再利用式（II-7-7）求出 $BaSO_4$ 水中的溶解度 c，最后由式（II-7-9）求出 $BaSO_4$ 饱和溶液的溶度积 K_{sp}。

（3）弱电解质电离常数的测定

根据阿仑尼乌斯（Arrhenius）的电离理论，弱电解质与强电解质不同，它在溶液中仅部分电离，离子和未电离的分子之间存在着动态平衡。对 AB 型弱电解质，如乙酸（即醋酸），在水溶液中电离达到平衡时，设 c 为醋酸的原始浓度，α 为醋酸的电离度，其电离平衡常数 K_c 与浓度 c 和电离度 α 的关系推导如下：

$$CH_3COOH \rightleftharpoons CH_3COO^- + H^+ \qquad (\text{II-7-10})$$

起始浓度 $\qquad\qquad c \qquad\qquad 0 \qquad\qquad 0$

平衡浓度 $\qquad\qquad c(1-\alpha) \qquad c\alpha \qquad c\alpha$

$$K_c = \frac{[H^+][CH_3COO^-]}{[CH_3COOH]} = \frac{c\alpha^2}{1-\alpha} \qquad (\text{II-7-11})$$

弱电解质的电离度 α 随着溶液的稀释而增大，当溶液无限稀释时，弱电解质全部电离时 $\alpha \rightarrow 1$，在一定温度下，可以认为它的电离度 α 等于溶液在浓度为 c 时的摩尔电导率 Λ_m 和该溶液在无限稀释时的摩尔电导率 Λ^{∞}_m 之比，即：

$$\alpha = \frac{\Lambda_m}{\Lambda^{\infty}_m} \qquad (\text{II-7-12})$$

将式（II-7-12）代入式（II-7-11），即得：

$$K_c = \frac{c\Lambda_m^2}{\Lambda^{\infty}_m(\Lambda^{\infty}_m - \Lambda_m)} \qquad (\text{II-7-13})$$

或：

$$c\Lambda_\mathrm{m} = (\Lambda_\mathrm{m}^\infty)^2 K_c \frac{1}{\Lambda_\mathrm{m}} - \Lambda_\mathrm{m}^\infty K_c \qquad (\text{II-7-14})$$

由上式可知，测得一定浓度下的摩尔电导率后，以 $c\Lambda_\mathrm{m}$ 对 $\frac{1}{\Lambda_\mathrm{m}}$ 作图应为一直线，直线斜率为 $(\Lambda_\mathrm{m}^\infty)^2 K_c$，如知道无限稀释时的摩尔电导率 $\Lambda_\mathrm{m}^\infty$，即可算出 K_c。

对于强电解质的稀溶液（如 KCl、NaAc），其 Λ_m 和 c 的关系存在经验公式 $\Lambda_\mathrm{m} = \Lambda_\mathrm{m}^\infty (1 - \beta\sqrt{c})$。对于弱电解质（如 HAc 等），$\Lambda_\mathrm{m}$ 和 c 则不是线性关系，故它不能像强电解质溶液那样，从 $\Lambda_\mathrm{m}\text{-}\sqrt{c}$ 的图外推至 $c=0$ 处求得 $\Lambda_\mathrm{m}^\infty$。但根据科尔劳乌施（Kohlrausch）离子独立移动定律，弱电解质 HAc 的 $\Lambda_\mathrm{m}^\infty$ 可由强电解质 HCl、NaAc 和 NaCl 的 $\Lambda_\mathrm{m}^\infty$ 代数和求得：

$$\Lambda_{\mathrm{m,HAc}}^\infty = \Lambda_{\mathrm{m,H^+}}^\infty + \Lambda_{\mathrm{m,Ac^-}}^\infty = \Lambda_{\mathrm{m,HCl}}^\infty + \Lambda_{\mathrm{m,NaAc}}^\infty - \Lambda_{\mathrm{m,NaCl}}^\infty \qquad (\text{II-7-15})$$

三、仪器与试剂

1. 仪器

恒温槽 1 套，DDS-11A 型电导率仪 1 台（图 II-7-1），电导电极 1 支，锥形瓶（100mL）3 只，移液管（25mL）3 支，移液管（50mL）1 支。

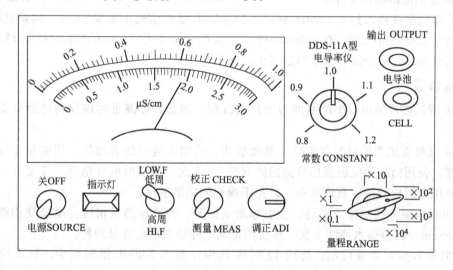

图 II-7-1　DDS-11A 型电导率仪面板示意图

2. 试剂

CH_3COOH 溶液（$0.2000\,\mathrm{mol \cdot L^{-1}}$），饱和 $BaSO_4$ 溶液，蒸馏水，二次蒸馏水。

四、实验步骤

1. 恒温槽恒温至（25.0 ± 0.1）℃。

2. 电导率仪的使用

（1）接通电源前，先观察表针是否指零，如不指零，可调整表头上的机械调零螺丝使表针指零。

（2）插接电源线，打开电源开关，预热 3min（或待指针完全稳定下来为止）。

（3）将量程选择开关置于所需的测量范围。如预先不知被测溶液电导率的大小，应先把其置于最大电导率测量挡，即"$\times 10^4$"挡。然后逐挡下降，直达指针靠近满刻度为止，以防表针打弯。

（4）将选定的电导电极插头插入电极插口，再将电极浸入待测溶液中，液面应高于电极铂片，按电极上所示的电导池常数调节电导池常数调节器。

（5）选择测量频率。当被测量液体电导率低于 $300\mu S\cdot cm^{-1}$ 时，选用"低周"，高于此值时，选用"高周"。在仪器使用时，对于"$\times 10^3$"及"$\times 10^4$"两量程挡用"高周"，其他量程挡用"低周"。如测重蒸馏水用"低周"，测 CH_3COOH 溶液用"高周"。

（6）进行测量。将"校正/测量"开关先扳向"校正"，调节"校正"使指针指向满刻度，然后再扳向"测量"，读出读数。这时指示数乘以量程开关的倍率即为被测液的实际电导率。按上述方法调节电导率仪后，依次测出待测液的电导率。

3. 测定水的纯度

将自来水、蒸馏水和重蒸馏水分别置于 3 只小烧杯中（取样前应用待测液将烧杯清洗 2～3 次），然后放入恒温槽中恒温 5min。分别测定电导率，重复三次取平均值。

4. 测定 $BaSO_4$ 饱和溶液的电导率

将适量的 $BaSO_4$ 饱和溶液置于 100mL 锥形瓶中，将电导电极浸没于溶液中，恒温 5min 测其电导率，重复三次取平均值，计算溶液电导率。

5. 测定醋酸溶液的电导率

将干净的电极插入到 $0.2000mol\cdot L^{-1}$ 25.00mL 醋酸溶液中恒温 5min，测量其电导率。依次配制 $0.1000mol\cdot L^{-1}$、$0.0500mol\cdot L^{-1}$、$0.0250mol\cdot L^{-1}$、$0.0125mol\cdot L^{-1}$ 醋酸溶液，并测定其电导率，每个试液重复测定三次，取平均值。

五、注意事项

1. 电解质溶液的电导率随温度的变化而改变，因此，在测量时应保持待测体系处于恒温条件下。

2. 铂电极镀铂黑的目的在于减少电极极化，且增加电极的表面积，使测量电导时有较高灵敏度。使用前铂黑电极需用待测溶液润洗 2～3 次，测量时电导电极一定要在待测液面以下，使用前后应浸泡在蒸馏水中，以免干燥致使铂黑惰化。

3. 电导电极连线潮湿或松动，会引起测量误差。为确保测量精度，电极使用前应用小于 $0.5\mu S\cdot cm^{-1}$ 的蒸馏水冲洗 2 次，然后用待测液冲洗 3 次后方可测量。

4. 饱和 $BaSO_4$ 溶液配制：将约 1g 固体 $BaSO_4$ 放入 200mL 锥形瓶中，加入约 100mL 重蒸馏水，摇动并加热至沸腾。倒掉清液，以除去可溶性杂质，按同法重复两次，再加入约 100mL 重蒸馏水，加热至沸腾使之充分溶解。然后放在恒温槽中，恒温 20min 使固体沉淀，将上层溶液倒入一个干燥的试管中，恒温后测其电导率。

5. 电导率的大小与电解质在水中的电离度及离子的迁移速率有密切的关系，而电离度及迁移速率又与溶液的温度有关。温度升高，溶液的电导率增加，反之，则电导率减小。为了避免温度的影响，使不同溶液在不同温度下的电导率具有可比性，在测定电导率时，通常以 25℃ 作为基准温度，当溶液温度不为 25℃ 时，就进行温度补偿，补偿至 25℃ 时的电导率。使用未设置温度补偿器的电导仪时，一般先测出溶液的温度及该温度下的电导率，再将测得的结果换算到 25℃ 时的电导率。换算公式如下：

$$\kappa_t = \kappa_{25℃}[1+\beta(t-25)] \tag{II-7-16}$$

式中，$\kappa_{25℃}$ 为换算成 25℃ 时溶液的电导率；κ_t 为被测溶液在实际温度下的电导率；β 为温度校正系数，不同电解质溶液其电导率的温度系数不同；t 为被测溶液的温度。

具有温度补偿的电导率仪是根据上述条件所设计的。用带手动补偿器的电导仪测量，当需进行温度补偿时，先测出溶液的实际温度，调节温度补偿器指示该温度值。测得的结果是被测溶液在基准温度 25℃时的电导率。当不需进行温度补偿时，调节温度补偿器指示于 25℃，此时仪器没有温度补偿作用，测得的结果是被测溶液在测量时的温度状态下的电导率。

水溶液中离子的极限摩尔电导率计算公式如下：

$$\Lambda_{m,H^+}^{\infty} = 349.82 \times 10^{-4} \times [1+0.014(t-25)]\ S \cdot m^2 \cdot mol^{-1}$$

$$\Lambda_{m,Ac^-}^{\infty} = 40.9 \times 10^{-4} \times [1+0.020(t-25)]\ S \cdot m^2 \cdot mol^{-1}$$

六、数据记录与处理

1. 实验数据

实验数据记录在表Ⅱ-7-1～表Ⅱ-7-3 中。

（1）水

表Ⅱ-7-1　不同水质的电导率测定　　　　恒温_____℃

水　　样	自来水	蒸馏水	重蒸馏水
$\kappa_1 / S \cdot m^{-1}$			
$\kappa_2 / S \cdot m^{-1}$			
$\kappa_3 / S \cdot m^{-1}$			
$\kappa_{平均} / S \cdot m^{-1}$			

（2）饱和硫酸钡溶液

表Ⅱ-7-2　饱和硫酸钡溶液电导率的测定　　　　恒温_____℃

测定次数	$\kappa_{sol} / S \cdot m^{-1}$	$\kappa_{BaSO_4} / S \cdot m^{-1}$	$c / mol \cdot m^{-3}$	$K_{sp} / mol^2 \cdot m^{-6}$
1				
2				
3				
平均值				

（3）醋酸

表Ⅱ-7-3　不同浓度醋酸溶液电导率的测定　　　　恒温_____℃

项　　目	1	2	3	4	5
$c / mol \cdot L^{-1}$	0.2	0.1	0.05	0.025	0.0125
$\kappa_1 / S \cdot m^{-1}$					
$\kappa_2 / S \cdot m^{-1}$					
$\kappa_3 / S \cdot m^{-1}$					
$\kappa_{平均} / S \cdot m^{-1}$					
$\Lambda_m / S \cdot m^2 \cdot mol^{-1}$					
$\frac{1}{\Lambda_m} / S^{-1} \cdot m^{-2} \cdot mol$					
$c\Lambda_m / S \cdot m^{-1}$					
α					
$K_c / mol^2 \cdot m^{-6}$					

实验测定电离平衡常数 $\overline{K_c} =$

2. 醋酸的电离平衡常数

(1) 从表 II-7-3 中测得的各种浓度的醋酸溶液的电导率，可求出相应的摩尔电导率 Λ_m。已知 298.15K 的 $\Lambda_{m,HAc}^{\infty} = 3.9071 \times 10^{-2} \, S \cdot m^2 \cdot mol^{-1}$，据式（II-7-12）求得醋酸电离度 α。

(2) 以 $c\Lambda_m$ 对 $\dfrac{1}{\Lambda_m}$ 作图应为一直线，直线斜率为 $(\Lambda_m^{\infty})^2 K_c$，据式（II-7-14），查出 Λ_m^{∞}，即可算出 K_c。

七、结果讨论

1. 水的电导率反映了水中无机盐总量，是水质纯度检验的一项重要指标。水的电导率越小（或电阻率越大），表示水的纯度越高。纯水的理论电导率为 $0.055 \mu S \cdot cm^{-1}$，离子交换水的电导率为 $0.1 \sim 1.0 \mu S \cdot cm^{-1}$，普通蒸馏水的电导率为 $3 \sim 5 \mu S \cdot cm^{-1}$，自来水的电导率为 $500 \mu S \cdot cm^{-1}$。通常，电导率在 $1 \mu S \cdot cm^{-1}$ 以下的蒸馏水即可满足一般分析的需要。对于要求更高的分析，水的电导率应更低。应注意，对于水中的细菌、悬浮物等非导电性物质和非离子状态的杂质对水纯度的影响，不能通过电导率测定进行检测。不同纯度水的电导率见表 II-7-4。

表 II-7-4　不同纯度水的电导率

水质类型	特纯水	优质蒸馏水	普通蒸馏水	最优天然水	优质灌溉水	劣质灌溉水	海水
电导率/$\mu S \cdot cm^{-1}$	$10^{-2} \sim 10^{-1}$	$10^{-1} \sim 1$	$1 \sim 10$	$10 \sim 10^2$	$10^2 \sim 10^3$	$10^3 \sim 10^4$	$10^4 \sim 10^5$

2. 25℃时，文献值：$K_{sp,BaSO_4} = 1.1 \times 10^{-10} \, mol^2 \cdot L^{-2}$，$\Lambda_{m,BaSO_4}^{\infty} = 2.87 \times 10^{-2} \, S \cdot m^2 \cdot mol^{-1}$。要求测得的 K_{sp} 与文献值同数量级（$5 \times 10^{-11} \sim 5 \times 10^{-10}$）。

3. 25℃时，文献值：$K_{c,CH_3COOH} = 1.76 \times 10^{-5} \, mol \cdot L^{-1}$，$\Lambda_{m,CH_3COOH}^{\infty} = 3.907 \times 10^{-2} \, S \cdot m^2 \cdot mol^{-1}$，计算实验数据的相对误差。

八、思考题

1. 电解质溶液与金属的导电原理有什么不同？

2. 电解质溶液的电导、电导率、摩尔电导率各与哪些因素有关？

3. 弱电解质的 α 与哪些因素有关？

4. 在难溶盐饱和溶液制备时，为什么一定要先将可溶性盐洗净，而测量电导时要取其澄清溶液？

5. 电导池常数是否可用测量几何尺寸的方法确定？

6. 实际过程中，若电导池常数发生改变，对平衡常数测定有何影响？

7. 电导率仪的工作原理是什么？为什么测量前必须进行仪表的校正？

8. 水的纯度对测定有何影响？

9. 公式 $\Lambda_m = \Lambda_m^{\infty}(1 - \beta\sqrt{c})$ 适用于什么溶液？是不是任何电解质的都能够通过作图法外推得到？请设计实验方案，测定 KCl 溶液不同浓度的摩尔电导率，并验证此关系式。

九、参考文献

[1] Daniels F, Albert R, Williams J W, Cornwell C D, Bender P, Harriman J E. Experimental Physical Chemistry. 7th ed. New York: McGraw-Hill Inc, 1975.

[2] 傅献彩，沈文霞，姚天扬等编. 物理化学. 第5版. 北京：高等教育出版社，2006.

［3］ 周钢，兰叶青. 弱电解质解离常数测定仪的优化与设计. 实验技术与管理，2006，23（5）：46-48.

［4］ 武丽艳，尚贞锋，赵鸿喜. 电导法测定水溶性表面活性剂临界胶束浓度实验的改进. 实验技术与管理，2006，23（2）：29-30.

［5］ 复旦大学等. 物理化学实验. 第3版. 北京：高等教育出版社，2004.

［6］ 赵明，杨声，孙永军. 电导法对弱电解质乙酸（HAc）电离度及离解平衡常数等物理量的测定研究. 甘肃高等学报，2014，19（5）：19-21.

［7］ 熊宁，李琦，刘利等. 稻谷电导率测定方法的研究. 粮油食品科技，2013，21（4）：68-71.

［8］ 黄韬睿，王鑫. 电导率测定法鉴别地沟油的研究及其应用. 食品研究与开发，2014，35（5）：84-86.

实验八　离子迁移数的测定

1. 离子运动速率、离子的电迁移率

在原电池或电解池中有电流通过时，经过金属导线的电流由电子传递，而电解质溶液中的电流传导是通过阴、阳离子的定向移动完成的，阴离子总是移向阳极，阳离子总是移向阴极。离子在电场中运动的速率除与离子本性（如离子半径、离子水合程度、所带电荷等）、离子浓度、溶剂的性质及温度有关以外，还与电场的电位梯度有关。显然电位梯度越大，推动离子运动的电场力也越大。因此离子的运动速率可以表示为：

$$r_+ = u_+(\mathrm{d}E/\mathrm{d}l) \qquad (\text{II-8-1a})$$
$$r_- = u_-(\mathrm{d}E/\mathrm{d}l) \qquad (\text{II-8-1b})$$

式中，比例系数 u_+ 和 u_- 表示单位电位梯度时离子的运动速率，离子的电迁移率（又称为离子淌度），$\mathrm{m \cdot s^{-1} \cdot V^{-1}}$。

2. 离子的迁移数

阴、阳离子迁移的电量总和等于通入溶液的总电量，即：

$$Q = q_+ + q_- \qquad (\text{II-8-2})$$

由于各种离子的迁移速率不同，各自所迁移的电量也必然不同，将某种离子 B 传递的电量与总电量之比，称为该离子 B 的迁移数。

$$t_B = q_B/Q = I_B/I \qquad (\text{II-8-3})$$

根据迁移数的定义，正、负离子迁移数分别为：

$$t_+ = q_+/Q \qquad (\text{II-8-4a})$$
$$t_- = q_-/Q \qquad (\text{II-8-4b})$$

由上两式可知：

$$t_+ + t_- = 1 \qquad (\text{II-8-5})$$

式（II-8-5）说明，在包含数种阴、阳离子的混合电解质溶液中，t_- 和 t_+ 分别为所有阴、阳离子迁移数的总和。离子迁移的电量是由离子的迁移速率或离子的电迁移率确定的。因此有以下关系存在：

$$t_+ = \frac{I_+}{I_+ + I_-} = \frac{q_+}{q_+ + q_-} = \frac{r_+}{r_+ + r_-} = \frac{u_+}{u_+ + u_-} \qquad (\text{II-8-6a})$$

$$t_- = \frac{I_-}{I_+ + I_-} = \frac{q_-}{q_+ + q_-} = \frac{r_-}{r_+ + r_-} = \frac{u_-}{u_+ + u_-} \qquad (\text{II-8-6b})$$

由上面两式得：

$$\frac{t_+}{t_-}=\frac{I_+}{I_-}=\frac{q_+}{q_-}=\frac{r_+}{r_-}=\frac{u_+}{u_-}$$

（Ⅱ-8-7）

一般仅含一种电解质的溶液，浓度改变使离子间的作用强度改变，离子迁移数也发生变化。如在较浓的溶液中，离子相互引力较大，正、负离子的迁移速率均减慢。若正、负离子的价数相同，则所受的影响也大致相同，迁移数的变化不大。若价数不同，则价数大的离子的迁移数减小比较明显。其次，温度改变对离子的迁移也有影响。一般当温度升高时，正、负离子的速率均加快，两者的迁移数趋于相等。而外加电压大小一般不影响迁移数。

3. 离子迁移数测定实验方法

迁移数测定最常用方法有希托夫（Hittorf）法、界面移动法和电动势法等。本实验采用希托夫法和界面移动法测定离子迁移数。

希托夫法测定离子迁移数（Ⅰ）

一、目的要求

1. 利用希托夫法测定 $AgNO_3$ 溶液中 Ag^+ 的迁移数。
2. 掌握希托夫法测定离子迁移数的原理和实验方法。
3. 加深对离子迁移数的理解。

二、基本原理

设在两个惰性电极 M 之间，含有 1-1 价型的 MA 电解质溶液，将电极间分成阳极区、阴极区和中间区三个区域，如图Ⅱ-8-1 所示。假设阳离子的淌度为阴离子的 3 倍，若有 3mol 正离子向阴极移动，则有 1mol 负离子向阳极移动，阴、阳两极区浓度都减小，中间区不变。若通过总电量为 $4F$（$1F＝96485C \cdot mol^{-1}$），则在阳极上有 4mol 阴离子发生氧化反应，在阴极上也有 4mol 阳离子发生还原反应。通电电解后，

$$\frac{阳极部物质的量的减少}{阴极部物质的量的减少}=\frac{正离子所传导的电量（q_+）}{负离子所传导的电量（q_-）}$$

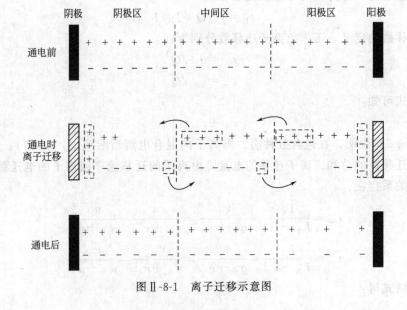

图Ⅱ-8-1 离子迁移示意图

根据定义，某离子的迁移数就是该离子输送的电量与通过的总电量之比。而离子输送的电量以法拉第计，又等于同一电极区浓度减少的物质的量。通过的总电量以法拉第计，也等于库仑计中沉积物质的物质的量。因此，迁移数即可通过下式算出：

t_+ ＝正离子迁移的电荷量（q_+）/通过溶液的总电荷量（Q）

＝阳极区 MA 减少的物质的量/库仑计中沉积物的物质的量 　　　　（Ⅱ-8-8a）

t_- ＝负离子迁移的电荷量（q_-）/通过溶液的总电荷量（Q）

＝阴极区 MA 减少的物质的量/库仑计中沉积物的物质的量 　　　　（Ⅱ-8-8b）

如果电极反应只是离子放电，在中间区浓度不变的条件下，分析通电前原始溶液的浓度（$mol \cdot L^{-1}$）及通电后的阳极区溶液的浓度（$mol \cdot L^{-1}$），比较通电前、后同等质量溶剂中所含的 MA 的物质的量，其差值即阳极区 MA 减少的物质的量；而总电量可由串联在电路中的电流计或库仑计测得。阴、阳离子迁移数即可由此求出。

图Ⅱ-8-1 所示的三个区域是假想分割的，实际装置必须以某种方式给予满足。图Ⅱ-8-2的实验装置提供了这一可能，它使电极远离中间区，中间区的连接处又很细，能有效地阻止扩散，保证了中间区浓度不变的可信度。

例如在迁移管中两电极均为银电极，电解硝酸银溶液。通电时阴极上溶液中的 Ag^+ 发生还原生成 Ag，阳极上 Ag 发生氧化生成 Ag^+。同时考虑到离子的移动，通电结束后，阳极区的 Ag^+ 的物质的量 $n_后$ 为：

$$n_后 = n_前 + n_电 - n_迁 \qquad\qquad （Ⅱ-8-9）$$

式中，$n_前$ 为通电前阳极区 Ag^+ 的物质的量；$n_电$ 为通电时阳极上 Ag 溶解转变为 Ag^+ 的物质的量（即铜电量计阴极上析出铜的物质的量的 2 倍）；$n_迁$ 为迁出阳极区 Ag^+ 的物质的量。

三、仪器与试剂

1. 仪器

迁移数管 1 支，铜库仑计 1 套，直流稳压电源 1 台，滑线电阻 1 台，移液管 2 支，滴定管 1 支。

2. 试剂

$AgNO_3$ 溶液（$0.10mol \cdot L^{-1}$），电解铜片（99.999%），HNO_3（$6mol \cdot L^{-1}$），$FeSO_4 \cdot (NH_4)_2SO_4$ 饱和溶液，KSCN 溶液（$0.10mol \cdot L^{-1}$），无水乙醇，镀铜液（1L 水中加入 150g $CuSO_4 \cdot 5H_2O$、50mL 浓 H_2SO_4 和 50mL C_2H_5OH）。

四、实验步骤

1. 清洗迁移数管，确保活塞不漏水。用少量 $AgNO_3$ 溶液（$0.10mol \cdot L^{-1}$）润洗两次，将该溶液充满迁移数管，如图Ⅱ-8-2。

2. 用铜库仑计测定通过溶液的电量。阴极和阳极皆为铜片，实验前将阴极铜片用细砂纸磨光，再用稀硝酸浸洗，然后用蒸馏水洗净，电镀液在电流密度为 $10mA \cdot cm^{-2}$ 的条件下电镀 30min 左右。取出铜片用蒸馏水洗净，再浸入乙醇溶液中片刻，取出用电吹风吹干并准确称其质量（m_1）。

3. 接通电源，调节滑线电阻器使阴极铜片上的电流密度为 $10 \sim 15mA \cdot cm^{-2}$，通电 60 $\sim$ 90min 后切断电源，并迅速关闭迁移管的活塞，取出库仑计中的阴极铜片用蒸馏水洗净，再浸入乙醇溶液中片刻，取出用电吹风吹干并准确称其质量（m_2）。

4. 取迁移管中间区溶液及原始 $AgNO_3$ 溶液各 25.00mL，分别称量，然后分别滴定各

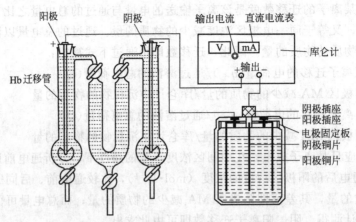

图 II-8-2　HTF-7B 型希托夫法测定迁移数的装置

自浓度 [分别加入 5.00mL 6mol·L^{-1} HNO$_3$ 和 1.50mL FeSO$_4$·(NH$_4$)$_2$SO$_4$ 饱和溶液，以 0.10mol·L^{-1}KSCN 标准溶液滴定，待溶液出现红色且不再褪色为止]。若中间区溶液的滴定结果与原始溶液相差太大，则必须重做实验。

5. 分别将阴、阳极区的 AgNO$_3$ 溶液全部取出，移取其中的 25.00mL 溶液按上述方法，分别称重并滴定。

五、注意事项

1. 实验中的铜电极必须是纯度为 99.999% 的电解铜。

2. 实验过程中凡是能引起溶液扩散、搅动等的因素必须避免。阴、阳电极的位置不能对调，迁移管及电极不能有气泡，两极上的电流密度不能太大。

3. 本实验中各部分的划分应正确，不能将阳极区与阴极区的溶液错划入中部，这样会引起实验误差。

4. 本实验由铜库仑计的增重计算电量，因此称量及前处理都很重要，需仔细进行。

5. 库仑计使用前应检查确保不漏气。

6. 阴极管、阳极管上端的塞子不能塞得太紧。

六、数据记录与处理

1. 根据库仑计中阴极铜片的增量计算 $n_{电}$。

$$n_{电}=2(m_2-m_1)/M_{Cu}　\qquad (II\text{-}8\text{-}10)$$

式中，M_{Cu} 为铜的摩尔质量。

2. 根据原始液的滴定分析结果，计算出原始 AgNO$_3$ 溶液中的 $n_{前}$。

3. 根据通电后阳极区溶液的滴定分析结果，计算出阳极区 AgNO$_3$ 溶液中的 $n_{后}$。

4. 由式（II-8-9）可计算 $n_{迁}$。

5. 再由式（II-8-8）可计算出 $t(\text{Ag}^+)$ 和 $t(\text{NO}_3^-)$。

七、结果讨论

1. 讨论与解释观察到的实验现象，将结果与文献值加以比较。

2. 希托夫法测得的迁移数又称为表观迁移数，计算过程中假定水是不动的。由于离子的水化作用，离子迁移时实际上是附着水分子的，所以由于阴、阳离子水化程度不同，在迁移过程中会引起浓度的改变。若考虑水的迁移对浓度的影响，则算出阳离子或阴离子的迁移数，称为真实迁移数。

3．希托夫法虽然原理简单，但由于不可避免的对流、扩散、振动而引起一定程度的相混，所以不易获得正确结果。

4．必须注意希托夫法测迁移数至少包括了两个假定：①电量的输送者只是电解质的离子，溶剂（水）不导电，这和实际情况较接近；②离子不水合，否则，离子带水一起运动，而阴、阳离子带水个数不一定相同，则极区浓度改变，部分是由水分子迁移所致，这种不考虑水合现象测得的迁移数称为希托夫迁移数。

八、思考题

1．$0.1mol \cdot L^{-1}$ KCl 和 $0.1mol \cdot L^{-1}$ NaCl 中的 Cl^- 迁移数是否相同？

2．如以阴极区电解质溶液的浓度计算 $t(Ag^+)$，应如何进行？

3．通过库仑计阴极的电流密度为什么不能太大？

4．如果迁移管中有气泡，对实验有何影响？

5．在离子迁移数的测定实验中，离子迁移数与什么因素有关？

6．迁移数实验中，中间区浓度改变说明什么？如何防止？

7．迁移数实验中为什么不用蒸馏水而用原始溶液冲洗电极？

九、参考文献

[1]　东北师范大学等编. 物理化学实验. 第 2 版. 北京：高等教育出版社，1989.

[2]　孙海涛，景志红，郁章玉. 希托夫法测定离子迁移数的实验装置. 实验室研究与探索，1994，3：89-90.

[3]　张光玺. 离子迁移数测定中各物质的量的关系. 化学通报，1995，5：60-61.

[4]　张常山. 希托夫法中离子迁移数的计算. 大学化学，1999，14（6）：51-52.

[5]　张国林，刘正铭. 希托夫离子迁移数测定仪的改进. 实验室研究与探索，2000，4：100-101.

[6]　唐致远，薛建军，李建刚. 聚合物电解质离子迁移数的测定方法. 化学通报，2001，5.

[7]　张虎成，轩小朋，王键吉等编. 聚合物电解质离子迁移数测定方法的研究进展. 电源技术，2003，27（1）：54-57.

界面移动法测定离子迁移数（Ⅱ）

一、目的要求

1．掌握界面移动法测定离子迁移数的原理和实验方法。

2．测定 HCl 溶液中 H^+ 的迁移数。

3．加深对离子迁移数的理解。

二、基本原理

界面移动法测离子迁移数有两种，一种是用两个指示离子，造成两个界面；另一种是用一种指示离子，只有一个界面。本实验是用后一方法，以镉离子作为指示离子，测某浓度的盐酸溶液中氢离子的迁移数。

如图Ⅱ-8-3 所示，在一截面清晰的垂直迁移管中，充满 HCl 溶液，通以电流，当有电量为 Q 的电流通过每个静止的截面时，$t_+ Q$（mol）的 H^+ 通过界面向上走，$t_- Q$（mol）的 Cl^- 通过界面往下行。假定在管的下部某处存在一界面（aa'），在该界面以下没有 H^+ 存在，而被其他的正离子（例如 Cd^{2+}）取代，则此界面将随着 H^+ 往上迁移而移动，界面

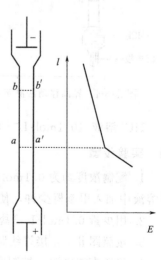

图Ⅱ-8-3　迁移管中的
电位梯度

的位置可通过界面上下溶液性质的差异而测定。例如，若在溶液中加入酸碱指示剂，则由于上、下层溶液 pH 的不同而显示不同的颜色，形成清晰的界面。在正常条件下，界面保持清晰，界面以上的一段溶液保持均匀，H^+ 往上迁移的平均速率等于界面向上移动的速率。在某通电时间 t 内，界面扫过的体积为 V，H^+ 输运电荷的数量为在该体积中 H^+ 带电的总数，根据迁移数定义可得：

$$t_{H^+} = nF/Q = cVF/Q = cAlF/(It) \qquad (\text{II}\text{-}8\text{-}11)$$

式中，c 为 H^+ 的浓度；A 为迁移管横截面积；l 为界面移动的距离；I 为通过的电流；t 为迁移的时间；F 为法拉第常数。

欲使界面保持清晰，必须使界面上、下电解质不相混合，可以通过选择合适的指示离子在通电情况下达到。$CdCl_2$ 溶液能满足这个要求，因为 Cd^{2+} 电迁移率（u）较小，即

$$u_{Cd^{2+}} < u_{H^+} \qquad (\text{II}\text{-}8\text{-}12)$$

在图 II-8-3 所示迁移管中的电位梯度中，通电时，H^+ 向上迁移，Cl^- 向下迁移，在 Cd 阳极上 Cd 氧化，进入溶液生成 $CdCl_2$，逐渐顶替 HCl 溶液，在管内形成界面。由于溶液要保持电中性，且任一截面都不会中断传递电流，H^+ 迁移走后的区域，Cd^{2+} 紧紧跟上，镉离子与氢离子的迁移速率是相等的。由此可得：

$$u_{Cd^{2+}}(dE'/dl) = u_{H^+}(dE/dl) \qquad (\text{II}\text{-}8\text{-}13)$$

结合式（II-8-12），得：

$$dE'/dl > dE/dl \qquad (\text{II}\text{-}8\text{-}14)$$

即在 $CdCl_2$ 溶液中电位梯度是较大的，如图 II-8-3 所示。因此若 H^+ 因扩散作用落入 $CdCl_2$ 溶液层，它就不仅比 Cd^{2+} 迁移得快，而且比界面上的 H^+ 也要快，能赶回到 HCl 层。同样若任何 Cd^{2+} 进入低电势梯度的 HCl 溶液，它就要减速，一直到它们重又落后于 H^+ 为止，这样界面在通电过程中保持清晰。

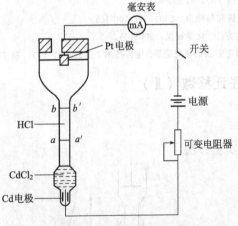

图 II-8-4 界面移动法测定迁移数装置

三、仪器与试剂

1. 仪器

电迁移数测定仪 1 套（迁移管，Cd 电极，Pt 电极，可变电阻），直流稳压电源 1 只，直流毫安表 1 只，可变电阻 1 只，秒表 1 只。仪器示意见图 II-8-4。

2. 试剂

HCl 溶液（$0.1mol \cdot L^{-1}$），$CdCl_2$ 溶液（$0.1mol \cdot L^{-1}$），甲基橙指示剂。

四、实验步骤

1. 配制浓度约为 $0.1mol \cdot L^{-1}$ 盐酸，并用标准 NaOH 溶液标定其准确浓度。配制时每升溶液中加入甲基橙少许，使溶液呈浅红色。

2. 用少量 $0.1mol \cdot L^{-1}$ 盐酸溶液荡洗迁移管三次，将溶液装满迁移管，并插入 Pt 电极。

3. 按照图 II-8-4 接好线路，检查无误后，再开始实验。

4. 接通直流电源，控制电流在 $3 \sim 5mA$ 之间。随着电解进行，Cd 阳极会不断溶解变为 Cd^{2+}。由于 Cd^{2+} 的迁移速率小于 H^+，因而，过一段时间后，在迁移管下部就会形成一个

清晰的界面，界面以下是中性的 $CdCl_2$ 溶液呈黄色；界面以上是酸性的 HCl 溶液呈红色，从而可以清楚地观察界面在移动。当界面移动到某一可清晰观测的刻度时，打开秒表开始计时。此后，每当界面移动 2mm，记下相应的时间和电流读数，直到界面移动 2cm。注意在实验过程中要随时调节可变电阻 R，使电流 I 保持定值。若在实验过程中出现界面不清晰的现象，应停止实验。

5. 切断电源，过数分钟后，观察界面有无变化。然后接通电源，过数分钟后，再观察界面有无变化。

6. 实验结束后，将迁移管洗涤干净并在其中充满蒸馏水。

五、注意事项

1. 实验的准确性、成败关键主要取决于移动界面的清晰程度。若界面不清晰，则迁移体积测量不准，导致迁移数测量不准确。因此，实验过程中应避免桌面震动。

2. 通电后由于 $CdCl_2$ 层的形成，使电阻加大，电流会渐渐变小，因此应不断调节可变电阻使电流保持恒定。

3. 测定管要洗净，以免其他离子干扰。

4. 甲基橙不能加得太多，否则会影响 HCl 溶液浓度。

六、数据记录与处理

1. 数据记录见表 Ⅱ-8-1。

表 Ⅱ-8-1　界面移动法测量数据记录表

迁移时间(t)/s	
迁移体积(V)/m³	
通电电流(I)/A	
迁移电量(Q)/C	

2. 作出 V-Q 关系图，由直线斜率求出 dV/dQ。

3. 根据式（Ⅱ-8-11）与表（Ⅱ-8-1）求出 H^+、Cl^- 迁移数。

4. 利用公式（Ⅱ-8-1）计算 H^+、Cd^{2+} 的淌度。

5. 计算 t_{H^+} 和 t_{Cl^-}。

七、思考题

1. 为使下层指示液的迁移速率接近、但不大于上层被测离子的移动速率，应如何调整被测离子和指示离子的浓度？

2. 测量某一电解质离子迁移数时，指示离子（本实验中为镉离子）应如何选择？指示剂应如何选择？

3. 实验中迁移管中清晰的界面是如何形成的？

4. 本实验中测定的迁移数与加在迁移管两端的电压大小有无关系？为什么？

5. 影响离子迁移数的因素有哪些？本实验关键何在？应注意什么？

6. 迁移数有哪些测定方法？各有什么特点？

八、参考文献

[1] 杨文治. 电化学基础. 北京：北京大学出版社，1982.

[2] 傅献彩，沈文霞，姚天扬等编. 物理化学. 第5版. 北京：高等教育出版社，2006.

[3] 北京大学化学系物理化学教研室. 物理化学实验. 第3版. 北京：北京大学出版社，1995.

[4] 黄泰山等编著. 新编物理化学实验. 厦门：厦门大学出版社，1999.

[5] 张光玺. 离子迁移数测定中各物质的量的关系. 化学通报，1995，5：60-61.

[6] 闫卫东，姚加，谢学鹏等. 用电动势法测定 NaBr 在甲醇-水体系中 298.15K 下的离子迁移. 化学物理学报，1996，9（6）：552-558.

[7] 关新新，徐杰. 界面移动法测定离子迁移数实验数据处理方法的改进. 郑州大学学报，1997，29（4）：85-87.

[8] 朱正祥，罗忠鉴. 恒流计时法测定离子迁移数及高压恒电流仪研制. 四川师范大学学报，1998，21（4）：486-489.

[9] 姚加，闫卫东，谢学鹏等. NaBr 在乙醇-水体系中 298.15K 下的离子迁移数. 浙江大学学报，1999，33（1）：33-39.

[10] 唐致远，薛建军，李建刚等. 聚合物电解质离子迁移数的测定方法. 化学通报，2001，5：312-315.

[11] 张虎成，轩小朋，王键吉等. 聚合物电解质离子迁移数测定方法的研究进展. 电源技术，2003，27（1）：54-57.

[12] 杨绳岩，孟祥珍. CuSO₄ 在混合溶剂中离子迁移数的研究. 科技视界，2014，36：47-48.

[13] 聂龙辉. 离子迁移数的计算. 广东化工，2010，37（2）：75-76.

实验九 原电池电动势的测定及其应用

一、目的要求

1. 掌握可逆电池电动势的测量原理和电势差计的使用方法。
2. 学会电极和盐桥的制备及处理方法。
3. 通过原电池电动势的测定求算相关热力学函数。

二、基本原理

1. 原电池电动势

凡是能使化学能转变为电能的装置都称之为原电池（简称为电池）。电池由正、负电极和电解质组成，在放电过程中，正极上发生还原反应，负极上发生氧化反应，电池内部还可以发生其他变化（如发生离子迁移），电池反应是电池中所有反应的总和。从化学热力学得知，在恒温、恒压、可逆条件下，电池反应有以下关系：

$$(\Delta_r G_m)_{T,p} = -nFE \qquad (\text{II-9-1})$$

式中，$\Delta_r G_m$ 是电池反应的摩尔吉布斯自由能变化值；n 为电极反应中电子得失数；F 为法拉第常数；E 为电池的电动势。

以铜-锌电池为例。电池表示式为：

$$Zn(s) \mid ZnSO_4(b_1) \parallel CuSO_4(b_2) \mid Cu(s)$$

式中，符号"$\mid$"代表固相（Zn 或 Cu）与液相（ZnSO₄ 或 CuSO₄）的两相界面；"$\parallel$"代表连通两个液相的"盐桥"；b_1 和 b_2 分别为 ZnSO₄ 和 CuSO₄ 的质量摩尔浓度。

当电池放电时，

负极发生氧化反应 $\quad Zn(s) \longrightarrow Zn^{2+} + 2e^-$

正极发生还原反应 $\quad Cu^{2+} + 2e^- \longrightarrow Cu(s)$

电池总反应为 $\quad Zn(s) + Cu^{2+} = Zn^{2+} + Cu(s)$

电池反应的摩尔吉布斯自由能变化值为：

$$\Delta_r G_m = \Delta_r G_m^\ominus + \frac{RT}{2F} \ln \frac{a(Zn^{2+})a(Cu)}{a(Cu^{2+})a(Zn)} \qquad (\text{II-9-2})$$

式中，$\Delta_r G_m^\ominus$ 为标准态时吉布斯自由能的变化值；a 为物质的活度，纯固体物质的活度等于 1，则有：

$$a(Zn) = a(Cu) = 1 \qquad (\text{II-9-3})$$

在标准态时，$a(Zn^{2+}) = a(Cu^{2+}) = 1$，则有：

$$\Delta_r G_m = \Delta_r G_m^\ominus = -nFE^\ominus \qquad (\text{II-9-4})$$

式中，$E^\ominus$ 为电池的标准电动势。由式（II-9-1）至式（II-9-4）可解得：

$$E = E^\ominus - \frac{RT}{2F} \ln \frac{a(Zn^{2+})}{a(Cu^{2+})} \qquad (\text{II-9-5})$$

对于任一电池，其电动势等于正、负电极的电极电势之差值，其计算式为：

$$E = \varphi_+ - \varphi_- \qquad (\text{II-9-6})$$

对铜-锌电池而言，有：

$$\varphi_+ = \varphi_{Cu^{2+}/Cu}^\ominus - \frac{RT}{2F} \ln \frac{1}{a(Cu^{2+})} \qquad (\text{II-9-7})$$

$$\varphi_- = \varphi_{Zn^{2+}/Zn}^\ominus - \frac{RT}{2F} \ln \frac{1}{a(Zn^{2+})} \qquad (\text{II-9-8})$$

式中，$\varphi_{Cu^{2+}/Cu}^\ominus$ 和 $\varphi_{Zn^{2+}/Zn}^\ominus$ 是当 $a(Zn^{2+}) = a(Cu^{2+}) = 1$ 时，铜电极和锌电极的标准电极电势。

对于单个离子，其活度是无法测定的，但强电解质正、负离子的平均活度 $a_\pm$ 与平均质量摩尔浓度 $b_\pm$ 和平均活度系数 $\gamma_\pm$ 之间有以下关系：

$$a_\pm = \gamma_\pm \frac{b_\pm}{b^\ominus} \qquad (\text{II-9-9})$$

式中，$\gamma_\pm$ 的数值大小与物质浓度、离子的种类、实验温度等因素有关。298.15K（25℃）时强电解质的 $\gamma_\pm$ 数值参见附录 17。

2. 原电池电动势测定的实验方法

原电池电动势的测量过程应尽可能做到在可逆条件下进行，且式（II-9-1）只有在恒温、恒压、可逆条件下才成立。可逆电池应满足如下条件：①电池反应可逆，亦即电极反应可逆；②电池必须在可逆的情况下工作，即充、放电过程必须在平衡态下进行，亦即通过电池的电流为无限小。因此在制备可逆电池、测定可逆电池的电动势时应符合上述条件。在精确度不高的测量中，常用正、负离子迁移数比较接近的电解质构成"盐桥"来消除液接电势。

电池电动势不能用伏特计来直接测量，因为当电路上的电流为一定时，伏特计才能工作，而此时电池已不是可逆电池。而且，当把伏特计与电池接通后，由于电池的放电，不断发生化学变化，电池中溶液的浓度将不断改变，因而电动势也会发生变化。另一方面，电池本身存在内电阻，所以伏特计所量出的只是两极上的电势降，而不是电池的电动势。在通过的电流为无限小时，电势降才是电池的电动势。因此根据对消法原理设计的电势差计，能在极小电流通过时测得其两极的电势差，这时的电势差可视作可逆电池的电动势。

电极电势的绝对值无法测定，化学手册上所列的电极电势均为相对电极电势，即以标准氢电极作为标准电极（标准氢电极是氢气压力为 100kPa，溶液中 H^+ 的活度为 1 时的电极，其电极电势规定为零）。将标准氢电极与待测电极组成一电池，所测电池电动势就是待测电极的电极电势。由于标准氢电极使用不便，常用另外一些易制备、电极电势稳定的电极作为参比电极。常用的参比电极有甘汞电极、银-氯化银电极等。这些电极的标准电极电势已精确测出。

必须指出，电极电势的大小不仅与电极种类、电解质活度有关，而且与温度有关。在附录 15 中列出电极电势的数据，是在 298.15K 时以水为溶剂的各种电极的标准电极电势。本实验是在实验温度 T 下测得的电极电势 φ_T。为了方便起见，也可采用下式求出 298.15K 时的电极电势 $\varphi_{298.15}$：

$$\varphi_T = \varphi_{298.15} + \alpha(T - 298.15) + \beta(T - 298.15)^2 \qquad (\text{II-9-10})$$

式中，α、β 为电极的温度系数，$T(\text{K})$ 为实验温度。对铜-锌电池来说，α、β 值见表 II-9-1。

3. 原电池电动势测定的应用

(1) 求难溶盐 AgCl 的溶度积 K_{sp}

设计电池如下：

$$Ag(s)\text{-}AgCl(s)|KCl(0.1000mol\cdot kg^{-1}) \parallel AgNO_3(0.1000mol\cdot kg^{-1})|Ag(s)$$

银电极反应：

$$Ag^+ + e^- \longrightarrow Ag$$

银-氯化银电极反应：

$$Ag + Cl^- \longrightarrow AgCl + e^-$$

电池反应为：

$$Ag^+ + Cl^- \longrightarrow AgCl$$

电池电动势为：

$$E = E^\ominus - \frac{RT}{F}\ln\frac{1}{a_{Ag^+}a_{Cl^-}} \qquad (\text{II-9-11})$$

又

$$\Delta_r G_m^\ominus = -nFE^\ominus = -FE^\ominus \qquad (\text{II-9-12})$$

在纯水中 AgCl 溶解度极小，所以活度积就接近于溶度积。故：

$$E^\ominus = \frac{RT}{F}\ln\frac{1}{K_{sp}} \qquad (\text{II-9-13})$$

将式 (II-9-13) 代入式 (II-9-11) 化简之有：

$$\ln K_{sp} = \ln a_{Ag^+} + \ln a_{Cl^-} - \frac{EF}{RT} \qquad (\text{II-9-14})$$

测得电池动势 E，即可求 K_{sp}。

(2) 求电池反应的 $\Delta_r G_m$、$\Delta_r S_m$、$\Delta_r H_m$

分别测定上述氯化银电池在不同温度下的电动势，作 E-T 图，从曲线斜率可求得任一温度下的电池温度系数 $\left(\frac{\partial E}{\partial T}\right)_p$，利用式(II-9-1)、式(II-9-11) 及式(II-9-15)、式(II-9-16)，即可求得该电池反应的 $\Delta_r G_m$、$\Delta_r S_m$、$\Delta_r H_m$。

$$\Delta_r S_m = nF\left(\frac{\partial E}{\partial T}\right)_p \qquad (\text{II-9-15})$$

$$\Delta_r H_m = -nFE + nFT\left(\frac{\partial E}{\partial T}\right)_p \qquad (\text{II-9-16})$$

(3) 求铜电极（或银电极）的标准电极电势

对铜电极可设计电池如下：

$$Hg(l)\text{-}Hg_2Cl_2(s)|KCl(饱和) \parallel CuSO_4(b=0.1000mol\cdot kg^{-1})|Cu(s)$$

铜电极的反应为：

$$Cu^{2+} + 2e^- \longrightarrow Cu$$

饱和甘汞电极（SCE）的反应为： $2Hg + 2Cl^- \longrightarrow Hg_2Cl_2 + 2e^-$

电池电动势：

$$E = \varphi_+ - \varphi_- = \varphi^{\ominus}_{Cu^{2+}/Cu} + \frac{RT}{2F}\ln a_{Cu^{2+}} - \varphi_{SCE} \qquad (\text{II-9-17})$$

已知 $b_{Cu^{2+}}$ 及 φ_{SCE}，在稀溶液中，可近似用 $b_{Cu^{2+}}$ 代替活度 $a_{Cu^{2+}}$，测得电动势 E，即可求得 $\varphi^{\ominus}_{Cu^{2+}/Cu}$。

对银电极可设计电池如下：

$$Hg(l)\text{-}Hg_2Cl_2(s)|KCl(饱和)\parallel AgNO_3(0.1000mol \cdot kg^{-1})|Ag(s)$$

银电极的反应为： $2Ag^+ + 2e^- \longrightarrow 2Ag$

甘汞电极的反应为： $2Hg + 2Cl^- \longrightarrow Hg_2Cl_2 + 2e^-$

电池电动势：

$$E = \varphi_+ - \varphi_- = \varphi^{\ominus}_{Ag^+/Ag} + \frac{RT}{2F}\ln a^2_{Ag^+} - \varphi_{SCE} \qquad (\text{II-9-18})$$

按上述方法可求出 $\varphi^{\ominus}_{Ag^+/Ag}$。

（4）测定浓差电池的电动势

设计电池如下：

$$Cu(s)|CuSO_4(b_1 = 0.0100mol \cdot kg^{-1}) \parallel CuSO_4(b_2 = 0.1000mol \cdot kg^{-1})|Cu(s)$$

电池的电动势：

$$E = \frac{RT}{2F}\ln\frac{a_{Cu^{2+},2}}{a_{Cu^{2+},1}} = \frac{RT}{2F}\ln\frac{\gamma_{\pm,2}b_2}{\gamma_{\pm,1}b_1} \qquad (\text{II-9-19})$$

（5）测定溶液的 pH 值

利用各种氢离子指示电极与参比电极组成电池，即可从电池电动势算出溶液的 pH 值，常用指示电极有氢电极、醌氢醌电极和玻璃电极。现讨论醌氢醌（Q-QH$_2$）电极。Q-QH$_2$ 为醌（Q）与氢醌（QH$_2$）等摩尔混合物，在水溶液中部分分解。

$$(Q) \quad (QH_2) \qquad\qquad (Q\text{-}QH_2)$$

它在水中溶解度很小。将待测 pH 溶液用 Q-QH$_2$ 饱和后，再插入一支光亮 Pt 电极就构成了 Q-QH$_2$ 电极，可用它与甘汞电极构成如下电池：

$$Hg(l)\text{-}Hg_2Cl_2(s)|饱和 KCl 溶液 \parallel 由 Q\text{-}QH_2 饱和的待测 pH 溶液(H^+)|Pt(s)$$

Q-QH$_2$ 电极反应为：

$$Q + 2H^+ + 2e^- \longrightarrow QH_2$$

因为在稀溶液中 $b_{H^+} \rightarrow a_{H^+}$，所以在 25℃时：

$$\varphi_{Q\text{-}QH_2} = \varphi^{\ominus}_{Q\text{-}QH_2} + \frac{2.303RT}{2F}\lg\frac{a_Q a^2_{H^+}}{a_{QH_2}} = 0.6994 + 0.5915\lg a_{H^+}$$

$$= 0.6994 - 0.5915 pH \qquad (\text{II-9-20})$$

上述电池反应的电动势为：

$$E = \varphi_+ - \varphi_- = \varphi_{Q\text{-}QH_2} - \varphi_{甘汞} = (0.6994 - 0.05915 pH) - 0.2415$$

$$= 0.4579 - 0.05915\text{pH(V)} \tag{II-9-21}$$

得

$$\text{pH} = \frac{0.4579 - E}{0.05915} \tag{II-9-22}$$

测得电池电动势 E，即可求出 pH。由于 Q-QH$_2$ 易在碱性液中氧化，待测液的 pH 值不能超过 8.5。

三、仪器与试剂

1. 仪器

SDC-II 数字电势差综合测试仪，标准电池，毫安表，检流计，电池（3V），饱和甘汞电极，电极管，铜、锌、银、铂电极，电镀槽，盐桥。

2. 试剂

KCl（0.1000mol·kg^{-1}），AgNO$_3$（0.1000mol·kg^{-1}），CuSO$_4$（0.1000mol·kg^{-1}），CuSO$_4$（0.0100mol·kg^{-1}），ZnSO$_4$（0.100mol·kg^{-1}），镀银溶液，镀铜溶液，pH 未知的溶液，HCl（0.1mol·L^{-1}），HNO$_3$（3mol·L^{-1}），稀 AgNO$_3$（1∶3），稀 H$_2$SO$_4$ 溶液，Hg$_2$(NO$_3$)$_2$ 饱和溶液，KNO$_3$ 饱和溶液，KCl 饱和溶液，琼脂（C.P.），醌-氢醌（A.R.）。

四、实验步骤

1. 电极制备

（1）锌电极

用 6mol·L^{-1}硫酸浸洗锌电极以除去表面上的氧化层，取出后用水洗涤，再用蒸馏水淋洗，然后放入含有饱和硝酸亚汞溶液和脱脂棉的烧杯中，在脱脂棉上摩擦 3～5s，使锌电极表面上形成一层均匀的锌汞齐，再用蒸馏水淋洗。把处理好的锌电极插入清洁的电极管内并塞紧，将电极管的虹吸管管口插入盛有 0.1mol·L^{-1} ZnSO$_4$ 溶液的小烧杯内，用吸气球自支管抽气，将溶液吸入电极管至高出电极约 1cm，停止抽气，旋紧夹子。电极的虹吸管内（包括管口）不可有气泡，也不能有漏液现象。

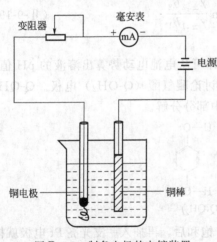

图 II-9-1　制备电极的电镀装置

（2）铜电极

将铜电极在 3mol·L^{-1}硝酸溶液内浸洗，除去氧化层和杂物，然后取出用水冲洗，再用蒸馏水淋洗。将铜电极置于电镀烧杯中作阴极，另取一个经清洁处理的铜棒作阳极，进行电镀，电流密度控制在 10mA·cm^{-2} 为宜。其电镀装置如图 II-9-1 所示，电镀 1h。由于铜表面极易氧化，故须在测量前进行电镀，且尽量使铜电极在空气中暴露的时间少一些。装配铜电极的方法与锌电极相同。

（3）银电极的制备

取欲镀之银电极两支，用细砂纸轻轻打磨至露出新鲜的金属光泽，再用蒸馏水洗净。将待用的两支 Pt 电极浸入稀硝酸溶液片刻，取出用蒸馏水洗净。将洗净的电极分别插入盛有镀银液（镀液组成为 100mL 水中加 1.5g 硝酸银和 1.5g 氰化钠）的小瓶中，接好线路，并将两个小瓶串联，控制电流为 0.3mA·cm^{-2}，镀 1h，得白色紧密的镀银电极两支。

（4）银-氯化银电极

取一段直径为 1mm 的纯银丝。先用丙酮洗去表面的油污，在 $3mol \cdot L^{-1}$ HNO_3 溶液中浸蚀一下，再用蒸馏水洗净其表面，然后放入含有 $0.1mol \cdot L^{-1}$ HCl 溶液的 50mL 烧杯中（银丝浸入溶液约 3cm）进行恒电流阳极氧化（装置如图Ⅱ-9-1 所示，须注意电源的极性），用铂丝作阴极，所用阳极电流密度约为 $0.4mA \cdot cm^{-2}$，时间为 30min。氧化后的 Ag-AgCl 丝呈紫褐色，用蒸馏水洗净电极表面后放入盛有饱和 KCl 与饱和 AgCl 溶液的玻璃电极管中，然后将电极浸泡在饱和 KCl 溶液中备用。

2. 盐桥制备

参见第四部分第三章。

3. 电动势的测定

分别测定下列六个原电池的电动势。

① $Zn(s) | ZnSO_4(0.1000mol \cdot kg^{-1}) \| CuSO_4(0.1000mol \cdot kg^{-1}) | Cu(s)$；

② $Hg(l)\text{-}Hg_2Cl_2(s) | 饱和 KCl 溶液 \| CuSO_4(0.1000mol \cdot kg^{-1}) | Cu(s)$；

③ $Hg(l)\text{-}Hg_2Cl_2(s) | 饱和 KCl 溶液 \| AgNO_3(0.1000mol \cdot kg^{-1}) | Ag(s)$；

④ 浓差电池 $Cu(s) | CuSO_4(0.0100mol \cdot kg^{-1}) \| CuSO_4(0.1000mol \cdot kg^{-1}) | Cu(s)$；

⑤ $Hg(l)\text{-}Hg_2Cl_2(s) | 饱和 KCl 溶液 \| 饱和 Q\text{-}QH_2 的 pH 未知液 | Pt(s)$；

⑥ $Ag(s)\text{-}AgCl(s) | KCl(0.1000mol \cdot kg^{-1}) \| AgNO_3(0.1000mol \cdot kg^{-1}) | Ag(s)$。

原电池的构成如图Ⅱ-9-2 所示。

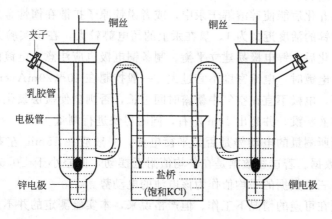

图Ⅱ-9-2 测量电池示意图

测量时应在夹套中通入 25℃恒温水。为了保证所测电池电动势的正确，必须严格遵守电势差计的正确使用方法，具体方法参见第四部分第三章。当数值稳定在 $\pm 0.1mV$ 之内时，即可认为电池已达到平衡。对第 6 个电池还应测定不同温度下的电动势，此时可调节恒温槽温度在 $15 \sim 50℃$ 之间，每隔 $5 \sim 10℃$ 测定一次电动势。方法同上，每改变一次温度，须待热平衡后才能测定。

五、注意事项

1. 实验开始先检查组成恒温槽各配件是否处于合理、安全的位置。调节恒温槽温度，恒温槽显示所需温度后，待电池恒温 10min 以上方可开始实验。

2. 标准电池切勿摇晃或颠倒，正负极不能接错，不能用万用表量其端电压。注意保护标准电池，不可横放、倒置及摇动，正负两电极的导线不可相碰，以免短路。使用时，只能通过电键短暂的接通并迅速地找到平衡点。

3. 盛放溶液的烧杯须洁净干燥或用该溶液荡洗。所用电极也应用该溶液淋洗或洗净后用滤纸轻轻吸干，以免改变溶液浓度。

4. 甘汞电极内充满 KCl 溶液，并注意在电极槽内应有固体的 KCl 存在，以保证在所测温度下为饱和的 KCl 溶液。甘汞电极侧边的加液孔应该通大气，以免引起误差。

5. 实验测定后拆除电极时，先拿开盐桥，再移去电极，以免电解质溶液进入盐桥，使盐桥失效。

6. 铂电极属于贵重物品，使用过程中铂片或铂丝容易折断，所以在使用时要轻取轻放，避免与容器底部相碰时折断。

7. 使用电子电势差计时需要慢慢调节，以免调节过快损坏仪器。

8. 电动势的测量方法属于平衡测量，在测量过程中尽可能地做到在可逆条件下进行，为此应注意以下几点。

(1) 测量前初步估算一下被测电池的电动势大小，以便在测量时能迅速找到平衡点，这样可避免电极极化。

(2) 要选择最佳实验条件使电极处于平衡状态。制备锌电极要锌汞齐化，成为Zn(Hg)，而不直接用锌片。因为锌片中不可避免地会含有其他金属杂质，在溶液中本身会成为微电池，锌电极电势较低（标准电极电势为−0.7627V），在溶液中，氢离子会在锌的杂质（金属）上放电，且锌是较活泼的金属，易被氧化。如果直接用锌片做电极，将严重影响测量结果的准确度。锌汞齐化后能使锌溶解于汞中，或者说锌原子扩散在惰性金属汞中，处于饱和的平衡状态，此时锌的活度近似为1，氢在汞上的超电势较大，在该实验条件下，不会释放出氢气。所以汞齐化后，锌电极易建立平衡。制备铜电极也应注意：电镀前，铜电极基材表面要求平整清洁。电镀时，电流密度不宜过大，一般控制在 $10\sim20\text{mA·cm}^{-2}$ 左右，以保证镀层紧密。电镀后，电极不宜在空气中暴露时间过长，否则会使镀层氧化，应尽快洗净，置于电极管中，用溶液浸没，并超出 1cm 左右，同时尽快进行测量。

(3) 为了判断所测量的电动势是否为平衡电势，一般应在 15min 左右的时间内，等间隔地测量 7~8 个数据。若这些数据是在平均值附近摆动，偏差小于 $\pm0.5\text{mV}$，则可认为已达平衡，并取最后三个数据的平均值作为该电池的电动势。

(4) 电池必须在可逆的情况下工作。但严格说来，本实验测定的并不是可逆电池。因为当电池工作时，除了在负极进行氧化和在正极上进行还原反应以外，在 $ZnSO_4$ 和 $CuSO_4$ 溶液交界处还要发生 Zn^{2+} 向 $CuSO_4$ 溶液中扩散过程。而且当有外电流反向流入电池中时，电极反应虽然可以逆向进行，但是在两溶液交界处离子的扩散与原来不同，是 Cu^{2+} 向 $ZnSO_4$ 溶液中迁移。因此整个电池的反应实际上是不可逆的。但是由于在组装电池时，溶液之间插入了"盐桥"，则可近似地当作可逆电池来处理。

六、数据记录与处理

1. 计算时遇到的电极电势经验公式如下（式中，t 的单位为℃）：

$$\varphi(\text{饱和甘汞})=0.24240-7.6\times10^{-4}(t-25)$$
$$\varphi^{\ominus}(\text{Q-QH}_2)=0.6994-7.4\times10^{-4}(t-25)$$
$$\varphi^{\ominus}(\text{AgCl})=0.2224-6.45\times10^{-4}(t-25)$$

2. 计算时有关电解质的离子平均活度系数 $\gamma_{\pm}$(25℃) 见附录17。

t(℃) 时 0.1000mol·kg^{-1}KCl 的 $\gamma_{\pm}$ 可按下式计算：

$$\lg\gamma_\pm = \lg 0.8027 - 1.620\times10^{-4}t - 3.13\times10^{-7}t^2$$

3. 由测得的六个原电池的电动势进行以下计算：

（1）由原电池①和④求得其电动势值。

（2）由原电池②和③分别计算铜电极和银电极的标准电极电势。

（3）由原电池⑤计算未知溶液的 pH 值。

（4）由原电池⑥计算 AgCl 的 K_{sp}。

（5）将所得第⑥个电池的电动势与热力学温度 T 作图，并由图上的曲线求取 20℃、25℃、30℃三个温度下的 E、$\left(\dfrac{\partial E}{\partial T}\right)_p$ 的值，再分别计算对应的 $\Delta_r G_m$、$\Delta_r G_m^\ominus$、$\Delta_r S_m$ 和 $\Delta_r H_m$。

4. 将计算结果与文献值比较。

有关文献数据见表Ⅱ-9-1。

表Ⅱ-9-1　Cu、Zn 电极的温度系数及标准电极电势

电　　极	电极反应	$\alpha\times10^3/\text{V}\cdot\text{K}^{-1}$	$\beta\times10^6/\text{V}\cdot\text{K}^{-2}$	$\varphi^\ominus_{298.15}/\text{V}$
Cu^{2+}/Cu	$Cu^{2+}+2e^-\longrightarrow Cu$	−0.016	0	−0.3419
$Zn^{2+}/Zn(Hg)$	$(Hg)Zn^{2+}+2e^-\longrightarrow Zn(Hg)$	0.100	0.62	−0.7627

七、结果讨论

1. 由实验所得结果计算锌电极和铜电极的标准电极电势，若比文献值小时，这可能是因为：

（1）标准电池长期使用后其电动势已变动，但未校正；

（2）用电势差计测电池电动势时，未用标准电池校正，因工作电池的放电而改变了工作电流，致使电势差计上的刻度不等于实际的电势值；

（3）测电动势未在恒温条件下进行；

（4）制备电极时如电流密度过大、镀液浓度有误或镀前电极表面未经洁净处理会使镀层粗糙而易于剥落，致使电极电势有所改变而影响所测的电动势值。

2. 原电池电动势的测定应该在可逆条件下进行，但在实验过程中不可能一下子找到平衡点，因此在原电池中或多或少地有电流经过而产生极化现象。当外电压大于电动势时，原电池相当于电解池，极化结果使电池电动势增加；相反，原电池放电极化，电池电动势降低。这种极化会使电极表面状态变化（此变化即使在断路后也难以复原），从而造成电动势测定值不能恒定。因此在实验中寻找平衡点时，应该间断而短促地按测量电键，才能又快又准地求得实验结果。

3. 测定原电池电动势理论上应该用对消法，测定结果比较可靠、准确，但较为费时。如果用高阻抗的电子电势差计，因其内阻足够大，通过原电池的电流趋于零，所以测得的端电压趋于原电池电动势。该方法的优点是快速、简便，若用数字显示则更理想。

八、思考题

1. 为何测电动势要用补偿法，补偿法的原理是什么？

2. 为什么不能用电压表直接测量原电池的电动势？

3. 采用盐桥的目的是什么？

4. 配制盐桥的电解质，需考虑哪几个条件？

5. 为什么每次测量前均需用标准电池对电势差计进行标定？

九、参考文献

[1] 复旦大学等编. 庄继华等修订. 物理化学实验. 第3版. 北京：高等教育出版社，2004.

[2] 孙而康，张剑荣主编. 物理化学实验. 南京：南京大学出版社，2009.

[3] 张茂清. 微型实验测定原电池电动势的研究. 西南师范大学学报，1992，17（4）：534-538.

[4] 陶永元，舒康云. 物理化学实验教学改革思想. 广西师范学院学报，2004，21：48-50.

[5] 施巧芳，张国林，张小兴. 原电池电动势测定实验的改进. 化学教育，2006，12：49.

[6] 钟红梅，侯德顺. 电池电动势的测定及应用实验设计的改进. 辽宁化工，2008，37（10）：664-665.

[7] 王清华. 关于液接电势的粗略测定. 科技资讯，2009，1；34-36.

[8] 刘茹，蔡邦宏，刘月华等. 锌-铜原电池电动势与温度数学模型的建立. 嘉应学院学报（自然科学），2015，33（2）：54-56.

[9] 赵会玲，宋江闯，熊焰等. "原电池电动势的测定"实验的几点改进. 广州化工，2015，43（9）：196-197.

[10] 李苞，张虎成，张树霞等. 对消法测定原电池电动势实验中电极制备的改进. 大学化学，2014，29（2）：259-263.

[11] 赵会玲，宋江闯，熊焰. 电动势测定在物理化学实验中的应用. 分析仪器，2015，2：85-89.

十、实例分析

温度：21.2℃　$T=(273.15+21.2)K=294.35K$

电势/V 电池电极	1	2	3	平均电动势
Zn 电极-甘汞电极	1.06501	1.06490	1.06602	1.06531
甘汞电极-Cu 电极	0.08950	0.08102	0.08316	0.08456
Zn 电极-Cu 电极	1.08114	1.08201	1.08113	1.08211
Cu 电极的浓差电极	0.01820	0.01851	0.01810	0.01827
甘汞电极-醌氢醌电极	0.35201	0.35420	0.35549	0.35390

$\varphi^{\ominus}_{Hg_2Cl_2/Hg}=0.2415-7.61\times10^{-4}\times(21.2-25)=0.2444(V)$

$b_{Cu^{2+}}=0.1mol\cdot kg^{-1}$时，$a_{Cu^{2+}}=0.16\times0.1=0.016$

$b_{Cu^{2+}}=0.01mol\cdot kg^{-1}$时，$a_{Cu^{2+}}=0.40\times0.01=0.004$

$b_{Zn^{2+}}=0.1mol\cdot kg^{-1}$时，$a_{Zn^{2+}}=0.15\times0.1=0.015$

（1）Zn 电极-Hg_2Cl_2/Hg 电极

$\varphi^{\ominus}_{Zn^{2+}/Zn}=\varphi^{\ominus}_{Hg_2Cl_2/Hg}+RT\ln a_{Zn^{2+}}/2F-E$

$=0.2444+8.314\times(273.15+21.2)/(2\times96500)\ln(0.16\times0.1)-1.06531$

$=-0.7676(V)$

$\varphi^{\ominus}_{Zn^{2+}/Zn}$（理论值）$=-0.7628V$

（2）Hg_2Cl_2/Hg-Cu 电极

$\varphi^{\ominus}_{Cu^{2+}/Cu}=\varphi^{\ominus}_{Hg_2Cl_2/Hg}+RT\ln a_{Cu^{2+}}/2F+E$

$=0.2444+8.314\times(273.15+21.2)/(2\times96500)\ln0.016+0.08456=0.3814(V)$

$\varphi^{\ominus}_{Cu^{2+}/Cu}$（理论值）$=0.3370V$

（3）Zn 电极-Cu 电极

E（理论值）$=\varphi^{\ominus}_{Cu^{2+}/Cu}-\varphi^{\ominus}_{Zn^{2+}/Zn}-RT\ln(a_{Zn^{2+}}/a_{Cu^{2+}})/2F$

$=0.3370+0.7628-8.314\times(273.15+21.2)/(2\times96500)\ln(0.015\div0.016)$

$$=1.1006(V)$$

E(实测值)$=1.08211V$

（4）Cu 电极的浓差电极

E(理论值)$=RT/2F\ln[a_{Cu^{2+}}(0.1mol\cdot kg^{-1})/a_{Cu^{2+}}(0.01mol\cdot kg^{-1})]$

$$=8.314\times(273.15+21.2)/(2\times96500)\ln(0.016\div0.004)$$

$$=0.01811(V)$$

E(实测值)$=0.01827V$

（5）甘汞电极－醌氢醌电极

$$\varphi^{\ominus}_{Q\text{-}QH_2}=0.6994-7.4\times10^{-4}\times(21.2-25)=0.7022(V)$$

$$E=\varphi_+-\varphi_-=\varphi^{\ominus}_{Q\text{-}QH_2}-\frac{2.303}{F}\text{pH}-\varphi_{SCE}$$

$$\text{pH}=(0.4579-E)/0.05916=1.78$$

实验十　恒电势法测定极化曲线

一、目的要求

1. 掌握用线性电势扫描法测定电极极化曲线的原理和实验技术，并求出相关参数。
2. 了解电解质种类及浓度、缓蚀剂等因素对金属钝化的影响。
3. 讨论极化曲线在金属腐蚀与防护中的应用。

二、基本原理

1. 金属的钝化

当电极上电流趋于零时，电极处于平衡状态，此时的电势为可逆电极电势。随着电极上的电流逐步增大，电极电势值也将偏离其可逆电极电势值，这种偏离现象称为"极化"。通常在金属电极上发生阳极溶解，阳极极化不大时，随着电极电势变正，阳极溶解过程的速率逐渐增大，并且当电极电势正移到某一数值时，其溶解速率达到最大。随后，电极电势继续增大，阳极溶解速率反而大幅度降低，这种现象称为金属的钝化。金属钝化分两类：一是化学钝化，如铁在浓硫酸或浓硝酸中能相对稳定，而不发生溶解现象；二是电化学钝化，即用阳极极化的方法使金属发生钝化。金属处于钝化状态时，其电流密度较小，一般为 $10^{-8}\sim10^{-6}A\cdot cm^{-2}$。

2. 影响金属钝化的因素

影响金属钝化的因素很多，主要有以下几个。

（1）溶液的组成

溶液中存在的氢离子、卤素离子以及某些具有氧化性的阴离子，对金属的钝化行为有着显著的影响。在中性溶液中，金属容易发生钝化。在酸性或碱性溶液中，金属难以发生钝化。卤素离子，尤其是 Cl^- 不仅不能使金属钝化，反而能破坏金属的钝态，使金属的溶解速率大大增加。某些具有氧化性的阴离子（CrO_4^{2-}），也可以使金属钝化。溶液中溶解的氧则可以减少金属上钝化膜遭受破坏的危险。

（2）金属的组成

各种金属的钝化能力不同。以铁族金属为例，其钝化能力的顺序为 Cr＞Ni＞Fe。在金属中加入其他组分可以改变金属的钝化行为，如在铁中加入镍和铬可以大大提高铁的钝化倾向及钝态的稳定性。因此，在合金中添加一些易钝化的金属，则可提高合金的钝化能力和钝态的稳定性。不锈钢就是典型的例子。

（3）外界条件

当温度升高或搅拌加剧，都可以推迟或防止钝化过程的发生。这显然是与离子的扩散有关。在进行测量前，对研究电极活化处理的方式及其程度也将影响金属的钝化过程。

同样，使钝化金属活化的因素很多，凡能促使金属保护层被破坏的因素都能使钝化的金属重新活化。例如：加热、通入还原性气体、阴极极化、加入某些活性离子、改变溶液的 pH 值以及机械损伤等。在使金属活化的各种手段中，以氯离子的作用最灵敏，将钝化金属浸入含有氯离子的溶液中即可使之活化。

3. 研究金属钝化的实验方法

电化学研究金属钝化通常有两种方法：恒电流法和恒电势法。由于恒电势法能测得完整的阳极极化曲线，在金属钝化研究中，恒电势法比恒电流法更能反映电极的实际过程。用恒电势法测量金属钝化有下列两种方法。

（1）静态法

逐点测量一系列恒定电势时所对应的稳定电流值，将测得的数据绘制成电流-电势图，从图中即可得到钝化电势。

（2）动态法

研究电极的电势随时间线性连续地变化，同时记录随电势改变而变化的瞬时电流，就可得完整的极化曲线图。所采用的扫描速率（单位时间电势变化的速率）需根据研究体系的性质而定。一般来说，电极表面建立稳态的速率越慢，则扫描速率也应越慢，这样才能使所测得的极化曲线与采用静态法时相近。

上述两种方法，虽然静态法的测量结果较接近静态值，但测量时间太长，所以在实际工作中常采用动态法来测量。本实验亦采用动态法测量电流密度与电极电势之间关系，即极化曲线。

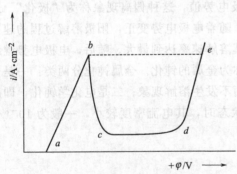

图 Ⅱ-10-1 典型的阳极极化曲线

4. 金属阳极的钝化曲线

若用线性扫描法研究金属钝化时，得到典型的金属极化曲线如图 Ⅱ-10-1。

（1）ab 段为活性溶解区

此时金属进行正常的阳极溶解，阳极电流随电势的变化符合塔菲尔（Tafel）公式，a 点是金属的自腐蚀电势。

（2）bc 段为钝化过渡区

电势达到 b 点时，电流为最大值，此时的电流称为钝化电流（$i_{钝}$），所对应的电势称为临界电势或钝化电势（$E_{钝}$）。电势过 b 点后，金属开始钝化，其溶解速率不断降低并过渡到钝化状态（c 点之后）。

（3）cd 段为钝化区

即阳极溶解过程的超电势升高，与之对应的电流密度极小，金属的溶解速率急剧下降。

此时的电流也称为维持钝化金属的稳定溶解电流。

（4）de 段为过钝化区

d 点之后阳极电流又重新随电势的正移而增大，金属的溶解速率增大。电流密度增大的原因可能是高价金属离子的产生，也可能是水的电解而析出氧气，或者是两者同时存在。

三、仪器与试剂

1. 仪器

CHI760C 电化学工作站（含计算机），三电极电解池，甘汞电极，铂片，碳钢（普通碳钢片，面积 $1cm^2$），镍片（面积 $1cm^2$），电流表，可变电阻器，电炉，烧杯（50mL：4 个；100mL：2 个），石蜡，金相砂纸（＃02 和＃06），盐桥。

2. 试剂

饱和 KCl 溶液，丙酮，蒸馏水，Ni 电极，Fe 电极，$(NH_4)_2CO_3$（$2.0mol\cdot L^{-1}$），H_2SO_4（$1.0mol\cdot L^{-1}$），H_2SO_4（$0.5mol\cdot L^{-1}$），H_2SO_4（$0.1mol\cdot L^{-1}$），$1.0mol\cdot L^{-1}$ $H_2SO_4+0.01mol\cdot L^{-1}$ KCl，HCl（$1.0mol\cdot L^{-1}$），$1.0mol\cdot L^{-1}$ HCl＋1％乌洛托品（缓蚀剂）。

四、实验步骤

1. 镍片和碳钢电极的表面处理

用金相砂纸将镍片和碳钢擦亮，放在丙酮中浸泡以除去油污，再用熔融的蜡液浸泡，冷却后开一个 $1cm^2$ 的小窗口。将镍和碳钢置于 $0.5mol\cdot L^{-1}$ H_2SO_4 溶液中，以研究电极作阴极，电流密度保持在 $5mA\cdot cm^{-2}$ 以下，电解 10min 以除去氧化膜。用蒸馏水洗净备用。

2. 极化曲线的测量

实验装置及工作原理参见第四部分第三章。

（1）打开 CHI760C 型电化学工作站，预热 10min 后，将镍电极装入盛有 $2.0mol\cdot L^{-1}$ $(NH_4)_2CO_3$ 溶液的电解池中，以碳钢为工作电极，铂片为辅助电极，甘汞电极为参比电极，并将三电极与仪器相连接。

（2）双击 Windows 桌面上的 CHI760C 图标，启动电化学工作站与管理软件。在 CHI760C 软件窗口中，点击工具栏的"新建"按钮，或者菜单栏的"文件"中"新建"。再点击工具栏中"OCP"按钮，测量开路电势即电极的自腐蚀电势 E_{corr}。

（3）在 CHI760C 软件窗口中，点击工具栏中"T"按钮，打开"实验参数设定"对话框。在"实验方法选择"菜单中，选定"控制电位"→"线性电位"→"线性扫描伏安"方法。在"方法参数设定"菜单中，对列表中的参数按如下要求进行调整。

Fe 在浓 H_2SO_4（$2.0mol\cdot L^{-1}$）中	Fe 在 $(NH_4)_2CO_3$（$2.0mol\cdot L^{-1}$）中
起始电位（V）：－0.5；	－0.7～－0.6；
终止电位（V）：1.8（镍片），2.0（铁片）；	1.2
扫描速率（$V\cdot s^{-1}$）：0.1；	0.1
采样间隔（V）：0.005；	0.005
平衡时间（s）：2；	2
灵敏度选择（$A\cdot V^{-1}$）：0.01；	0.01

☑自动灵敏度选择（扫描速率≤$0.01V\cdot s^{-1}$有效）。

点击"确认"按钮后，回到 CHI760C 软件窗口中，点击工具栏中"▶"按钮，开始测量电极的极化曲线。

（4）每次扫描结束后，点击工具栏中"保存文件"按钮，命名，将文件保存在指定的文件夹中。

（5）按以上步骤测定碳钢在以下电解质溶液中的极化曲线。$0.1 mol \cdot L^{-1}$ H_2SO_4，$1.0 mol \cdot L^{-1}$ H_2SO_4；$1.0 mol \cdot L^{-1}$ $H_2SO_4 + 0.01 mol \cdot L^{-1}$ KCl，$1.0 mol \cdot L^{-1}$ HCl，$1.0 mol \cdot L^{-1}$ HCl＋1‰乌洛托品（缓蚀剂）。

3. 按以上步骤测定金属镍在不同电解质溶液中的极化曲线。

五、注意事项

1. 测定前仔细了解仪器的使用方法。

2. 电极表面一定要处理平整、光亮、干净，不能有点蚀现象。

六、数据记录与处理

1. 绘制不同电极在不同电解质溶液中的钝化曲线。

2. 根据以下公式，分别计算不同电极材料及不同电解质体系的腐蚀速率。

$$r = 3600 Mi/nF$$

式中，r 为腐蚀速率，$g \cdot m^{-2} \cdot h^{-1}$；$i$ 为钝化电流密度，$A \cdot m^{-2}$；M 为研究金属的摩尔质量，$g \cdot mol^{-1}$；F 为法拉第常数，$C \cdot mol^{-1}$；n 为电极反应的得失电子数。

七、结果讨论

1. 分别求出研究电极在不同电解质溶液中的自腐蚀电势、钝化电势、过钝化起始电势及钝化电流密度。分析电极材料、电解质种类及浓度对钝化的影响。

2. 与相应的参考值进行比较，如有比较大的偏离，分析产生偏离的原因。

八、思考题

1. 在极化曲线的测定中，三个电极的名称和作用是什么？对它们有何要求？

2. 通过极化曲线的测定，对极化过程和极化曲线的应用有何进一步的理解？

3. 测定钝化曲线为什么不采用恒电流法，而采用恒电势中的线性扫描法？

4. 阳极保护的基本原理是什么？何种电解质才适合用阳极保护法？

5. 平衡电极电势与自腐蚀电势有何不同？

6. 什么是致钝电流和维钝化电流？请比较它们的不同。

7. 开路电势、析出氧气电势和析出氢气电势各有什么意义？

8. 分析硫酸浓度对铁钝化的影响。比较盐酸溶液中是否加乌洛托品，对铁电极上自腐蚀电流大小的影响。铁在盐酸中能否钝化，为什么？

九、参考文献

[1] 刘永辉编著. 电化学测试技术. 北京：北京航空学院出版社，1987.

[2] 李荻主编. 电化学原理. 修订版. 北京：北京航空航天大学出版社，2002.

[3] 杨辉，卢文庆编著. 应用电化学. 北京：科学出版社，2002.

[4] 复旦大学等编. 庄继华修订. 物理化学实验. 第3版. 北京：高等教育出版社，2004.

[5] Bard A J, Faulkner L R编著. 电化学原理方法和应用. 第2版. 邵元华等译. 北京：化学工业出版社，2005.

[6] 孙而康，张剑荣主编. 物理化学实验. 南京：南京大学出版社，2009.

[7] 张家祥，尹斌，张祖训. 单分子聚苯胺膜电极上抗坏血酸的线性扫描催化氧化研究. 化学学报，1995，53：1124-1130.

[8] 胡刚，许淳淳，池琳等. HCO_3^-/CO_3^{2-} 浓度对X70管线钢钝化行为的影响. 北京化工大学学报，2004，31（3）：

43-47.

［9］　赵景茂，左禹. 碳钢在 Na_2CO_3-$NaHCO_3$ 溶液中的阳极极化行为. 化工学报，2005，56（8）：1526-1529.

［10］　Zhao J，Zuo Y. Anodic Polarization Behaviors of Carbon Steel in Bicarbonate Solution. 电化学，2005，11（1）：27-31.

［11］　董杰，董俊华，韩恩厚等. 低碳钢带锈电极的腐蚀行为. 腐蚀科学与防护技术，2006，18（6）：414-417.

［12］　倪文彬，刘天晴，郭荣. SDS 对镍在 $HNO_3/Cl^-/H_2O$ 体系中电化学振荡行为的影响. 物理化学学报，2006，22（4）：502-506.

［13］　陈彤，谈天，黄伟林等. 极化曲线测量电力设备镀锌部件腐蚀速率及其参数优化. 腐蚀与防护，2014，35（2）：120-127.

［14］　孙克磊，彭乔，徐勋等. 极化曲线的扫描速率对阴极保护数值模拟的影响. 材料保护，2014，47（4）：62-64.

［15］　王丽莎，芦永红，姬泓巍. 物理化学中极化曲线的测定实验改革. 实验科学与技术，2015，13（4）：103-105.

［16］　鞠云，朱维东，王鹏程. 304 不锈钢在稀盐酸中的电化学腐蚀行为. 热加工工艺，2014，43（6）：53-55.

十、实例分析

以碳钢在碳酸铵溶液中的极化曲线作图。

1. 打开 Origin 6.0 软件，在出现的 Data 1 中输入以电势 E(V) 为 X 轴，以电流密度 i（$mA·cm^{-2}$）为 Y 轴的全部实验数据。

2. 选定全部数据，在 Plot 中选择 Line＋Symbol，然后分别双击"X Axis Title"和"Y Axis Title"，分别输入 E(V) 和 i（$mA·cm^{-2}$）。

3. 点击 Text Tool 即"T"功能键，分别在曲线上分别命名 A、B、C、D、E。

4. 点击 Line Tool 即"/"功能键，作虚线，同时标出 B 点对应的钝化电流（$i_钝$）和钝化电势（$E_钝$）。

5. 得到图Ⅱ-10-2。

6. 分析

（1）活化区（-0.86～-0.55V）

曲线的 AB 段是金属的正常溶解，即发生以下反应：

$$Fe+2OH^- \longrightarrow Fe(OH)_2+2e^-$$

在碱性介质中，以 $Fe(OH)_2$ 形式吸附在阳极表面，使电流密度 i 增大至钝化临界值（即临界电流密度 i_B），因 $Fe(OH)_2$ 层具有电子和离子的导电性，膜电阻变化不大，所以 $Fe(OH)_2$ 对金属无保护作用。这时金属处于

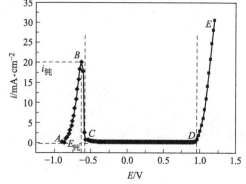

图Ⅱ-10-2　铁在碳酸铵溶液中的阳极极化曲线

活化态。对应于 B 点的电流密度 i_B 称为临界电流密度（或致钝电流 $i_{致钝}$）。

（2）钝化过渡区（-0.55～-0.50V）

曲线的 BC 段是由活化态转变为钝化的过程，金属处于钝化过渡区。这时碳钢进一步氧化，电极表面上的 $Fe(OH)_2$ 转变为尖晶石结构的 Fe_3O_4，膜电阻稍有增加，使电流密度逐渐降低。

（3）钝化区（-0.50～$+0.90$V）

到达 C 点之后，金属已完全钝化，在 CD 段，金属处于比较稳定的状态，电流密度不随电势的增加而变化。这时 Fe_3O_4 进一步氧化，形成了含少量水的稳定的尖晶石结构的 γ-Fe_2O_3。由于 γ-Fe_2O_3 含有少量水，所以膜很稳定，膜电阻出现峰值和峰值区，致电流密

度很小。

对应于 CD 段的电流密度，称为钝化电流密度（或维钝电流 $i_{维钝}$）；对应于 C 点的电势称为钝化电势 $\varphi_{钝化}$。

对于 C、D 两点之间的电势，称为钝化区的电势范围 E_{CD}。

(4) 过钝化区（$>+0.90V$）

过 D 点以后称为过钝化区，电流密度 i 又随电势的增加而上升。这时 Fe_2O_3 进一步氧化成无保护作用的高价可溶性的铁化合物，膜电阻明显降低，使电流密度直线增加。

当达到氧的析出电势时，氧气大量析出：

$$4OH^- \longrightarrow O_2 + 2H_2O + 4e^-$$

(5) 在测定金属钝化曲线时，主要测定以下三个参数。

① 临界电流密度 $i_{致钝}$：即建立阳极保护时所需的电流密度；

② 钝化区电势范围 E_{CD}：即阳极保护时须维持的安全电势范围；

③ 维持钝化的电流密度 $i_{维钝}$：即确定阳极保护时腐蚀速率和耗电量的近似计算。

第三章　化学动力学实验

实验十一　旋光法测定蔗糖转化反应的速率常数

一、目的要求

1. 掌握测定蔗糖转化反应速率常数和半衰期的原理和方法。
2. 了解反应物浓度与旋光度之间的关系。
3. 了解旋光仪的基本原理，掌握其使用方法。

二、基本原理

1. 一级反应的速率方程式

蔗糖在水中转化成葡萄糖与果糖，其反应式为：

$$C_{12}H_{22}O_{11}(蔗糖)+H_2O \xrightarrow{H^+} C_6H_{12}O_6(葡萄糖)+C_6H_{12}O_6(果糖)$$

$t=0$	c_0	0	0
$t=t$	c	c_0-c	c_0-c

它是一个二级反应，在纯水中此反应的速率极慢，通常需要在 H^+ 催化下进行。由于反应时水是大量存在的，尽管有部分水分子参加了反应，但仍可近似地认为整个反应过程中水的浓度是恒定的，而且 H^+ 是催化剂，其浓度保持不变。因此蔗糖转化反应可看作一级反应。

一级反应的速率方程可由下式表示。

$$-\frac{\mathrm{d}c}{\mathrm{d}t}=kc \qquad (\text{II-11-1})$$

式中，c 为时间 t 时的反应物浓度；k 为反应速率常数。上式积分可得

$$\ln c = -kt + \ln c_0 \qquad (\text{II-11-2})$$

式中，c_0 为反应开始时反应物浓度。

当 $c=c_0/2$ 时，时间 t 可用 $t_{1/2}$ 表示，称为反应半衰期。

$$t_{1/2}=\frac{\ln 2}{k}=\frac{0.693}{k} \qquad (\text{II-11-3})$$

从式（II-11-2）可看出，在不同时间测定反应物的相应浓度，并以 $\ln c$ 对 t 作图，可得一直线，由直线斜率即可求得反应速率常数 k。

2. 测定反应物浓度的方法

测定不同时刻反应物浓度，可应用化学或物理方法。化学方法是在反应过程中经过若干时间，取出部分反应混合物，快速使其停止反应，记录取出的时间，然后分析与此时刻对应的反应物浓度。但要使反应迅速停止是非常困难的，所分析的浓度与相应取出的时间之间总有些偏差，所以此法是不够准确的。

物理方法是利用反应物与生成物的某一物理性质（如电导、折射率、旋光度、吸收光谱、体积、气压等）随着反应进行会不断改变。在不同时刻测定这个物理量，利用测量数据

可计算出反应物浓度的改变。这个方法的优点是不需要停止反应，而可连续进行测定。

3. 反应物浓度与旋光度之间的关系

蔗糖及其转化产物都具有旋光性且旋光能力不同，故可利用体系在反应过程中旋光度的变化来度量反应的进度。

测量物质的旋光度用旋光仪。溶液的旋光度与所含旋光物质的旋光能力、浓度、样品管长度及溶剂性质、温度等均有关系。当其他条件均固定时，旋光度 α 与反应物浓度 c 呈线性关系，即

$$\alpha = \beta c \qquad (\text{II-11-4})$$

式中，比例常数 β 与物质旋光能力、溶液浓度、样品管长度、溶剂性质及溶液温度等有关。

物质的旋光能力用比旋光度来度量，比旋光度用下式表示：

$$[\alpha]_D^{20} = \frac{100\alpha}{l c_A} \qquad (\text{II-11-5})$$

式中，$[\alpha]_D^{20}$ 右上角的"20"表示实验时的温度为 20℃，D 指旋光仪所采用的钠灯光源 D 线的波长（即 589nm）；α 为测得的旋光度，（°）；l 为样品管长度，dm；c_A 为测量物质的浓度，$g \cdot 100mL^{-1}$。

反应物蔗糖是右旋性物质，其比旋光度 $[\alpha]_D^{20} = 66.6°$；生成物中葡萄糖也是右旋性物质，其比旋光度 $[\alpha]_D^{20} = 52.5°$；但果糖是左旋性物质，其比旋光度 $[\alpha]_D^{20} = -91.9°$。由于生成物中果糖的左旋性比葡萄糖右旋性大，所以生成物总体呈现左旋性质。因此随着反应的进行，体系的右旋角不断减小。反应至某一时刻，体系的旋光度等于零，在后续反应中就变成左旋，直至蔗糖完全转化，这时左旋角达到极大值 α_∞。设体系最初的旋光度为：

$$\alpha_0 = \beta_r c_0 \qquad (\text{这时 } t=0, \text{蔗糖尚未反应}) \qquad (\text{II-11-6})$$

体系最终的旋光度为

$$\alpha_\infty = \beta_p c_0 \qquad (\text{这时 } t=\infty, \text{蔗糖已完全转化}) \qquad (\text{II-11-7})$$

式中，β_r 和 β_p 分别为反应物与生成物（葡萄糖和果糖）的比例常数。当时间为 t 时，蔗糖浓度为 c，此时旋光度为 α_t，即

$$\alpha_t = \beta_r c + \beta_p (c_0 - c) \qquad (\text{II-11-8})$$

由式(II-11-6)～式(II-11-8)联立，可解得

$$c_0 = \frac{\alpha_0 - \alpha_\infty}{\beta_r - \beta_p} = K(\alpha_0 - \alpha_\infty) \qquad (\text{II-11-9})$$

$$c = \frac{\alpha_t - \alpha_\infty}{\beta_r - \beta_p} = K(\alpha_t - \alpha_\infty) \qquad (\text{II-11-10})$$

将式(II-11-9)和式(II-11-10)代入式(II-11-2)，可得

$$\ln(\alpha_t - \alpha_\infty) = -kt + \ln(\alpha_0 - \alpha_\infty) \qquad (\text{II-11-11})$$

显然，如以 $\ln(\alpha_t - \alpha_\infty)$ 对 t 作图，可得一直线，从直线斜率可求得反应速率常数 k。

4. 旋光仪的使用

旋光仪的使用方法见第四部分第四章。

三、仪器与试剂

1. 仪器

旋光仪1台，超级恒温槽1台，锥形瓶（150mL）3个，移液管（25mL）2支，电子秤

1 台。

　　2. 试剂

蔗糖（A. R.），HCl 溶液（$4mol \cdot L^{-1}$）。

四、实验步骤

　　1. 打开旋光仪的光源，预热 5min 至钠光灯光源稳定。

　　2. 用蒸馏水校正仪器的零点

　　(1) 蒸馏水为非旋光性物质，可以用来校正旋光仪的零点。校正时，先洗净样品管，将管的一端加上盖子，在另一端靠近端口处有凸出部分向管内灌满蒸馏水，使液体在管口形成一凸出液面，盖上玻璃片。这时，管内尽量不要有气泡。若有小气泡，将其赶到旋光管凸颈部位。

　　(2) 擦干样品管外部，用镜头纸擦干样品管管口的玻璃片，将样品管凸颈部位朝上，放入旋光仪中。

　　(3) 旋转手轮，使三分视野消失并处于全暗的状态，记下两边的读数，重复操作三次，取平均值。可视为旋光仪的零点。

　　3. 蔗糖水解旋光度测定

　　(1) 调整恒温槽至（25.0 ± 0.1）℃，恒温，然后将旋光管外套接上恒温水。

　　(2) 称取 10g 蔗糖倒入 50mL 容量瓶内，加蒸馏水至刻度，振荡，使蔗糖溶解。

　　(3) 分别用移液管移取蔗糖溶液 25mL 和 50mL，置于 2 个干燥的 100mL 锥形瓶中。在恒温槽中恒温约 15min 后，用移液管移取 25mL $4mol \cdot L^{-1}$ 的 HCl 溶液加入蔗糖溶液中。振荡反应液，当 HCl 溶液加入一半时，开始计时。

　　(4) 用少量反应液快速荡洗样品管两次，再将反应液装满样品管，盖上玻璃片并擦干，立刻放入旋光仪内，测量反应液的旋光度。

　　(5) 尽量在反应开始后 4min 内测定第一个数据，反应前期速率较快，前 15min 每隔 1min 测一次，15min 以后由于反应物浓度降低使反应速率变慢，可每隔 2～3min 测一次。反应时间与温度有关，25℃下反应一般需要 30min 完成。

　　4. α_∞ 的测定

　　将余下的反应液事先放在 50～60℃的水浴内反应 40min，冷却至室温后，测定其旋光度三次，取平均值即为 α_∞ 值。实验结束后将旋光管洗净擦干，防止反应液对旋光管腐蚀。

五、注意事项

　　1. 使用前旋光管应用待测液润洗，使用后旋光管应依次用自来水和蒸馏水清洗。

　　2. 旋光管装入溶液时，不能有气泡。若有较小气泡，可赶到旋光管凸颈部分且此端朝上放置，以保证测量准确。

　　3. 旋光管装好溶液和干玻璃片及密封圈，旋上管盖，但不可太紧，以免产生应力损坏玻璃片。

　　4. 旋光管外管必须擦干才能放入仪器中，否则黏附的反应液将会腐蚀旋光仪。

　　5. 旋转手轮测定时，应选择三分视野全暗之处，若调在全亮的地方，由于人眼对光线的灵敏度不同，则误差较大。

　　6. 如何准确读数是这个实验的关键。如图 Ⅱ-11-1 所示。

　　7. 对三分视野的明暗判断影响实验值的精度，因此要求判断时尽可能做到快而准。此

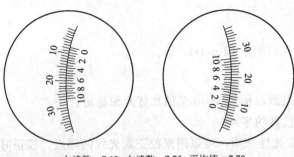

左读数：7.65，右读数：7.75，平均值：7.70

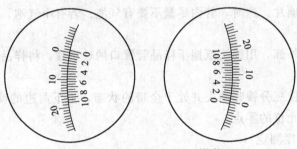

左读数：-0.70，右读数：-0.60，平均值：-0.65

图Ⅱ-11-1 旋光仪的读数

实验先调三分视野，同时记录时间，然后记录旋光度。

8. 速率常数 k 与浓度有关，所以酸的浓度必须精确。

六、数据记录与处理

1. 将反应过程所测得的旋光度 α_t 和时间 t 列表，如表Ⅱ-11-1。并作出 α_t-t 关系的曲线图。

2. 在 α_t-t 关系图上，从 $t=4\text{min}$ 开始，相等时间间隔取 8 个 α_t 值，并算出相应的 $\alpha_t - \alpha_\infty$ 和 $\ln(\alpha_t - \alpha_\infty)$ 的数值，填在表Ⅱ-11-2 中。

3. 因为 $\ln(\alpha_t - \alpha_\infty) = -kt + \ln(\alpha_0 - \alpha_\infty)$，以 $\ln(\alpha_t - \alpha_\infty)$ 对 t 作图，由直线的斜率，可得反应速率常数 k，并计算反应的半衰期 $t_{1/2}$。

表Ⅱ-11-1 反应液的 α_t 与 t 测定数据表

t/min	
$\alpha_t/(°)$	

表Ⅱ-11-2 $\ln(\alpha_t - \alpha_\infty)$ 与 t 关系的数据表　　$\alpha_\infty =$ _____

t/min	
$\alpha_t - \alpha_\infty/(°)$	
$\ln(\alpha_t - \alpha_\infty)$	

七、结果讨论

1. 蔗糖在纯水中水解速率很慢，但在催化剂作用下反应会加快，此时反应速率不仅与催化剂种类而且与催化剂的浓度有关。本实验除了用 H^+ 作催化剂外，也可用蔗糖酶催化。后者的催化效率更高，并且用量较少。如用蔗糖酶液，其用量仅为 $2mol \cdot L^{-1}$ HCl 用量的 1/50。

　　蔗糖酶的制备可采用以下方法：在 50mL 清洁的锥形瓶中加入鲜酵母 10g，同时加入 0.8g 醋酸钠，搅拌 15～20min，使团块溶化，再加 1.5mL 甲苯，用软木塞将瓶口塞住并摇荡 10min，置于 37℃ 恒温水浴中保温 60h。取出后加入 1.6mL $4mol \cdot L^{-1}$ 醋酸溶液和 5mL 蒸馏水，使其 pH 为 4.5 左右，摇匀。然后以 $3000r \cdot min^{-1}$ 的转速离心 30min，取出后用滴管将中层澄清液移出，放置于冰柜中备用。

　　2. 温度对反应速率常数影响很大，所以严格控制反应温度是做好本实验的关键。建议在反应开始时溶液的混合操作在恒温条件下进行。在测定 α_∞ 时，采用 50～60℃ 恒温，促使反应进行完全。但温度不能高于 60℃，否则会产生副反应，此时溶液变黄。因为蔗糖是由葡萄糖的苷羟基与果糖的苷羟基之间缩合而成的二糖，在 H^+ 催化下，除了苷键断裂进行转化反应外，由于高温还有脱水反应，会影响测量结果。

　　3. 本实验可以测定两个温度下的反应速率常数来计算反应活化能。如果时间许可，最好测定 5～7 个温度下的速率常数，用作图法求算反应活化能 E_a，则更合理可靠些。

　　根据阿仑尼乌斯方程的积分形式：$\ln k = -E_a/RT + B$，测定不同温度下的 k 值，以 $\ln k$ 对 $1/T$ 作图，可得一直线，从直线斜率求算反应活化能 E_a。

　　4. 文献值见表 Ⅱ-11-3。

表 Ⅱ-11-3　温度与盐酸浓度对蔗糖水解速率常数的影响

$c_{HCl}/mol \cdot L^{-1}$	$k \times 10^3/min^{-1}$		
	298.2K	308.2K	318.2K
0.414	4.043	17.00	60.62
0.900	11.16	46.76	148.80
1.214	17.46	75.97	—

八、思考题

　　1. 实验中用蒸馏水来校正旋光仪的零点，在蔗糖转化反应过程中所测定的旋光度 α_t 是否必须要进行零点校正？

　　2. 蔗糖溶液和盐酸溶液混合时，是将盐酸加到蔗糖溶液里去，可否将蔗糖溶液加到盐酸溶液中去？为什么？

　　3. 蔗糖水解速率与哪些因素有关？

　　4. 实验中在将酸和蔗糖溶液混合时，反应立即开始，而测定旋光度则只能在经过一些时间之后，怎样可以求得反应开始旋光度？

　　5. 反应溶液中酸浓度对反应速率常数有无影响？

　　6. 在测定溶液的 α_∞ 时先将溶液在 60℃ 下反应 40min，其目的是什么？

九、参考文献

[1]　复旦大学等编. 物理化学实验. 第 3 版. 北京：高等教育出版社，2004.

[2]　钱俊红，沈明，郭荣. O/W 微乳液对蔗糖水解反应的抑制作用. 扬州大学学报，1998，2 (3)：13-16.

[3] 叶建农，金薇，赵学伟等. 蔗糖水解反应速率常数的毛细管电泳测定方法研究. 高等学校化学学报，1998，19（1）：31-34.

[4] 刘京萍，李金，李洁等. 反胶团体系中酶催化蔗糖水解反应动力学研究. 北京联合大学学报，2000，14（2）：75-77.

[5] 梁敏，邹东恢，赵桦萍. 蔗糖水解反应速率常数测定实验的改进. 高师理科学刊，2002，22（3）：83-86.

[6] 周华锋，侯纯明，张丽清等. 蔗糖水解反应动力学研究. 辽宁化工，2005，34（5）：200-202.

[7] 艾佑宏，吴慧敏，吴琼. 蔗糖水解实验数据处理方法的改进. 化学研究，2007，18（1）：80-83.

[8] 张卫东，刘泽槟，陈骏佳等. 不同种类的酸对蔗糖的水解催化研究. 甘蔗糖业，2014，3：31-35.

[9] 赵云强. 蔗糖转化速率常数与酸度和温度的关系. 贵州师范大学学报（自然科学版），2000，18（4）：84-86.

[10] 李灿，陈英，李培，等. HPLC-ELSD 同时分离检测食品中十种单糖、双糖和低聚果糖. 食品工业科技，2013，34（7）：309-318.

[11] 杨海朋，柳文军，苏轶坤等. 生物传感器法测定蔗糖转化反应的速率常数——经典动力学实验的综合性设计示例. 大学化学，2011，26（6）：57-59.

[12] 孙德军，张秀华. 旋光法测蔗糖水解反应实验类型的教学设计. 广东化工，2014，41（19）：261-262.

[13] 陈余行，张亮. 一种新的蔗糖水解反应实验设计方案. 大学物理实验，2010，23（5）：23-24.

十、实例分析

1. 反应过程中所测得的旋光度 α_t 与对应时间 t 列表 II-11-4，作出 α_t-t 曲线图。从 α_t-t 曲线上 10～40min 的区间内，等间隔取 8 个（α_t-t）数组，并通过计算，以 $\ln(\alpha_t-\alpha_\infty)$ 对 t 作图，由直线斜率求反应速率常数 k，并计算反应半衰期 $t_{1/2}$。

温度：26.10℃　盐酸浓度：4mol·L^{-1}　零点：0.00　$\alpha_\infty=-3.50°$

表 II-11-4　不同时间 α_t 及 $\ln(\alpha_t-\alpha_\infty)$ 的数据记录

t/min	α_t	$\ln(\alpha_t-\alpha_\infty)$
5'01″	7.85	2.43
6'02″	7.10	2.36
7'05″	6.40	2.29
8'03″	5.35	2.18
……	……	……

2. 打开 Origin 6.0 软件，其默认打开一个 worksheet 窗口，该窗口缺省为 A、B 两列。选择在出现的 Data 1 中输入以 t/min 为 X 轴，以 $\ln(\alpha_t-\alpha_\infty)$ 为 Y 轴的全部实验数据。

3. 选定全部数据，在 Plot 中选择 Line+Symbol，然后在 Analysis 中选择 Fitting→Fitting Linear，即得线性图，从中可以得出斜率和截距。

4. 双击边框，点击 Title&Format，在 "Selcetio" 中选择 "Top" 和 "Right"，选取 "Show Axis &Tic"，在 major 都选择 none；选择 "Bottom" 和 "Left"，选取 "Show Axis &Tic"，在 major 都选择 in，点击确定。

5. 分别双击 "X Axis Title" 和 "Y Axis Title"，分别输入 t/min 和 $\ln(\alpha_t-\alpha_\infty)$。即得图 II-11-2。

由表 II-11-4 数据，以 $\ln(\alpha_t-\alpha_\infty)$ 对 t 作图，可得如图 II-11-2。

由图 II-11-2 可得直线的斜率，从而可知反应速率常数 $k=0.083$min^{-1}；

再由式（II-11-3），计得反应半衰期 $t_{1/2}=0.693/0.083=8.32$min。

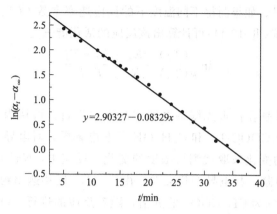

图Ⅱ-11-2　$\ln(\alpha_t - \alpha_\infty)$-$t$ 关系图

实验十二　电导法测定乙酸乙酯皂化反应的速率常数

一、目的要求

1. 了解二级反应的特点。
2. 熟悉电导率仪和恒温槽的使用方法。
3. 掌握用电导法测定乙酸乙酯皂化反应速率常数和反应的活化能。

二、基本原理

1. 乙酸乙酯皂化反应动力学

酯在碱性介质中的水解反应称为皂化反应，乙酸乙酯皂化反应属典型的二级反应。为简化速率方程的推导，设反应物 $CH_3COOC_2H_5$ 和 $NaOH$ 的初始浓度相同，均为 c_0，反应时间为 t 时，反应所生成的 CH_3COO^- 和 C_2H_5OH 的浓度为 x，若逆反应可忽略，则反应物和产物的浓度-时间关系为：

$$CH_3COOC_2H_5 + NaOH \longrightarrow CH_3COONa + C_2H_5OH$$

$t=0$	c_0	c_0	0	0
$t=t$	$c=c_0-x$	$c=c_0-x$	x	x
$t=\infty$	0	0	c_0	c_0

上述二级反应的速率方程可表示为：

$$r = -\frac{\mathrm{d}c}{\mathrm{d}t} = kc^2 \qquad (Ⅱ\text{-}12\text{-}1)$$

或

$$r = -\frac{\mathrm{d}(c_0-x)}{\mathrm{d}t} = \frac{\mathrm{d}x}{\mathrm{d}t} = k(c_0-x)(c_0-x) \qquad (Ⅱ\text{-}12\text{-}2)$$

积分得：

$$\frac{1}{c_0-x} - \frac{1}{c_0} = kt \qquad (Ⅱ\text{-}12\text{-}3)$$

从式（Ⅱ-12-3）中可以看出，原始浓度 c_0 是已知的，只要能测出 t 时的 x 值，就可以算出反应速率常数 k 值。或者以 $\dfrac{1}{c_0-x}$ 对 t 作图，得一条直线，斜率就是反应速率常数 k，k

的单位是 $mol^{-1} \cdot L \cdot s^{-1}$。如果测得不同温度下的反应速率常数 $k(T_1)$ 和 $k(T_2)$，按阿仑尼乌斯（Arrhenius）公式（Ⅱ-12-4）可计算出该反应的活化能 E_a。

$$\ln \frac{k(T_2)}{k(T_1)} = \frac{E_a}{R} \times \frac{T_2 - T_1}{T_2 T_1} \qquad (Ⅱ-12-4)$$

2. 实验方法

假定整个反应体系是在接近无限稀释的水溶液中进行，可认为 CH_3COONa 和 $NaOH$ 是全部电离的，而 $CH_3COOC_2H_5$ 和 C_2H_5OH 是非电解质，对电导率无贡献。因此，本实验用测量溶液电导率的变化来取代测量浓度的变化。反应中，Na^+ 浓度反应前后不变，对溶液电导具有固定的贡献，与电导变化无关。由于 OH^- 迁移速率约为 CH_3COO^- 的五倍，即 OH^- 的摩尔电导率约为 CH_3COO^- 的五倍，随着反应的进行，OH^- 不断被 CH_3COO^- 所代替，所以，溶液电导率随着 OH^- 的消耗，而逐渐降低。故反应前只需考虑 $NaOH$ 的电导率，反应后只需考虑 CH_3COONa 的电导率。令：κ_0 表示 $t=0$ 时 $NaOH$ 溶液的电导率；κ_t 表示 t 时刻时 $NaOH$ 和 CH_3COONa 溶液的电导率；κ_∞ 表示 $t=\infty$ 时 CH_3COONa 溶液的电导率。

对稀溶液而言，强电解质的电导率 κ 与其浓度成正比，而溶液的总电导率就等于组成该溶液的电解质电导率之和。故存在如下关系式：

$$\kappa_0 = A_1 c_0 \qquad (Ⅱ-12-5)$$

$$\kappa_\infty = A_2 c_0 \qquad (Ⅱ-12-6)$$

$$\kappa_t = A_1(c_0 - x) + A_2 x \qquad (Ⅱ-12-7)$$

式中，A_1、A_2 为比例系数。

由上述三式得：$x = \dfrac{\kappa_0 - \kappa_t}{\kappa_0 - \kappa_\infty} c_0$，代入式（Ⅱ-12-3）得 $k = \dfrac{1}{tc_0} \times \dfrac{\kappa_0 - \kappa_t}{\kappa_t - \kappa_\infty}$，整理得：

$$\kappa_t = \frac{1}{kc_0} \times \frac{\kappa_0 - \kappa_t}{t} + \kappa_\infty \qquad (Ⅱ-12-8)$$

因此，以 κ_t 对 $\dfrac{\kappa_0 - \kappa_t}{t}$ 作图为一直线，从直线的斜率可求出 k。

三、仪器与试剂

1. 仪器

电导率仪（DDS-11A 型）1 台，恒温槽 1 套，秒表 1 只，移液管（20mL）2 支，容量瓶（50mL）2 个，DJS-1 型铂黑电极 1 支，洗耳球 1 只，磨口三角瓶（50mL）2 只。

2. 试剂

NaOH（$0.0200 mol \cdot L^{-1}$，新鲜配制），CH_3COONa（$0.0100 mol \cdot L^{-1}$，新鲜配制），$CH_3COOC_2H_5$（$0.0200 mol \cdot L^{-1}$，新鲜配制）。

四、实验步骤

1. 恒温水浴的调节

本实验测定两个温度下的速率常数，恒温水浴的温度分别调节至 $(25.00 \pm 0.01)℃$、$(35.00 \pm 0.01)℃$。如果室温高于 $25.00℃$，可适当提高恒温水浴的温度。

2. 电导率仪的校正与测量

参见实验七与第四部分第三章。

3. 溶液起始电导率 κ_0 的测定

用移液管吸取 25mL 0.0200mol·L^{-1} NaOH 溶液移入一洁净、干燥的磨口三角瓶中，移取等体积的电导水稀释一倍，盖上瓶塞（防止空气中的 CO_2 溶入溶液改变 NaOH 浓度），混合均匀，将磨口三角瓶置于 25.00℃ 的恒温水浴中恒温 10min。将电导电极用蒸馏水洗净，用滤纸吸干表面水滴，然后插入上述磨口三角瓶的 NaOH 溶液中，液面必须浸没电极的铂黑部分，测定其电导率，直至稳定不变为止，即为 25.00℃ 时的 κ_0。

4. 溶液 κ_∞ 的测定

实验测定过程不可能进行到 $t=\infty$，且反应也并不完全单向进行，故通常以 0.0100mol·L^{-1} 的 CH_3COONa 溶液的电导率值作为 κ_∞。

5. 溶液 κ_t 的测定

用移液管移取 10mL 0.0200mol·L^{-1} $CH_3COOC_2H_5$ 溶液，加入干燥的 50mL 磨口三角瓶中，用另一支移液管取 10mL 0.0200mol·L^{-1} NaOH 溶液，加入另一干燥的 50mL 磨口三角瓶中。将两个三角瓶盖好瓶塞后（防止 $CH_3COOC_2H_5$ 挥发以及空气中的 CO_2 溶入溶液对反应产生干扰），置于恒温槽中恒温 15min，并摇动数次。将恒温好的 NaOH 溶液迅速倒入盛有 $CH_3COOC_2H_5$ 的三角瓶，同时开动秒表，作为反应的开始时间，迅速将溶液混合均匀，并用少量溶液洗涤电极，测定溶液的电导率 κ_t。混合后尽快测定第 1 个数据，然后每分钟测定一次，当电导率的变化变慢时，改为 2min 或 5min 测定一次，直至 κ_t 基本不变为止。记下 κ_t 和对应的时间 t。

6. 另一温度下 κ_0、κ_∞ 和 κ_t 的测定

调节恒温槽温度为 (35.00±0.01)℃。重复上述步骤 3、4、5，测定另一温度下的 κ_0、κ_∞ 和 κ_t。

实验结束后，关闭电源，将电导电极用蒸馏水洗净，插入装有蒸馏水的锥形瓶中保存，同时将用过的锥形瓶用蒸馏水洗净并干燥。

五、注意事项

1. 本实验所用的蒸馏水需事先煮沸密封，待冷却后使用。

2. 配好的 NaOH 溶液需装配碱石灰吸收管，以防空气中的 CO_2 进入瓶中改变溶液浓度。

3. 由于 $CH_3COOC_2H_5$ 易挥发，配制时可预先在称量瓶中放入少量已煮沸过的蒸馏水，且动作要迅速。$CH_3COOC_2H_5$ 溶液会缓慢水解影响其浓度，且水解产物 CH_3COOH 又会部分消耗 NaOH，因此使用时需新鲜配制。

4. 温度的变化会影响反应速率，NaOH 溶液和 $CH_3COOC_2H_5$ 溶液混合前应预先恒温。

5. 电导率仪要在待测溶液中多次校正。记录电导率时，注意单位的换算。

6. 电极不使用时应浸泡在蒸馏水中，用时用滤纸轻轻沾干水分。清洗铂电极时不可用滤纸擦拭电极上的铂黑。

六、数据记录与处理

1. 实验数据记录

室温：_____℃，大气压力：_____Pa；

κ_0（25.00℃）_____，κ_∞（25.00℃）_____；或 κ_0（35.00℃）_____，κ_∞（35.00℃）_____。

25.00℃（或 35.00℃）的实验数据记录表格式，见表Ⅱ-12-1。

表Ⅱ-12-1　皂化反应测定数据表（25.00℃或 35.00℃）

序　号	t/min	$\kappa_t/\mathrm{S \cdot m^{-1}}$	$(\kappa_0 - \kappa_t)/\mathrm{S \cdot m^{-1}}$	$(\kappa_0 - \kappa_t)/t/\mathrm{S \cdot m^{-1} \cdot min^{-1}}$
1				
2				
3				
4				
5				
...				

2. 以两个温度下的 κ_t 对 $(\kappa_0 - \kappa_t)/t$ 作图，分别得一直线。利用两直线上的截距求取两温度下的 κ_∞。

3. 由直线的斜率分别计算两温度下的速率常数 k 和反应半衰期 $t_{1/2}$。

4. 由两温度下的速率常数，按 Arrhenius 公式，计算乙酸乙酯皂化反应的活化能。

七、结果讨论

1. 影响结果的一些因素

（1）乙酸乙酯皂化反应是吸热反应，混合后体系温度降低，故在混合后的开始几分钟内所测溶液电导率偏低。因此最好采用反应 4~6min 后的线性数据，否则由 κ_t-$(\kappa_0 - \kappa_t)/t$ 作图得到的是一抛物线。

（2）温度对速率常数影响较大，需在恒温条件下测定。在水浴温度达到所要的温度后，不急于马上进行测定，须等体系恒温 10min，否则会因起始时温度的不恒定而使电导率偏低或偏高，以致所得图形偏离线性关系。

（3）测定 κ_0 时，所用的蒸馏水最好先煮沸，若蒸馏水溶有 CO_2，降低了 NaOH 的浓度，而使 κ_0 偏低。

（4）测 35.00℃的 κ_0 时，如仍用 25.00℃的溶液而不调换，由于放置时间过长，溶液会吸收空气中的 CO_2，而降低 NaOH 的浓度，使 κ_0 偏低，从而导致速率常数 k 值偏低。

2. 乙酸乙酯皂化反应速率常数与温度的经验关系式为

$$\lg(k/\mathrm{mol^{-1} \cdot L \cdot min^{-1}}) = -1780/T + 0.00754T + 4.53$$

八、思考题

1. 为何本实验要在恒温条件下进行，而且 $CH_3COOC_2H_5$ 和 NaOH 溶液在混合前要预先恒温？

2. 为什么要使两溶液尽快混合完毕？开始一段时间的测定间隔为什么要短？

3. 乙酸乙酯皂化反应为吸热反应，在实验过程中该如何处置这一影响？

4. 本实验为什么可用测定反应液的电导率变化来代替浓度的变化？为什么要求反应溶液的浓度相当稀？如果 $CH_3COOC_2H_5$ 和 NaOH 溶液均为浓溶液，试问能否用此方法求得 k 值？为什么？

5. 为什么由 $0.0100\mathrm{mol \cdot L^{-1}}$ NaOH 溶液和 $0.0100\mathrm{mol \cdot L^{-1}}$ CH_3COONa 溶液测得的电导率可以认为是 κ_0、κ_∞？

九、参考文献

[1] Daniels F，Albert R，Williams J W，et al. Experimental Physical Chemistry. 7th ed. New York：Mc Graw-Hill Inc，1975.

[2] 傅献彩，沈文霞，姚天扬等编. 物理化学. 第5版. 北京：高等教育出版社，2006.

[3] 孙尔康，张剑荣编. 物理化学实验. 南京：南京大学出版社，2009.

[4] 冯安春，冯喆. 简明电导法测量乙酸乙酯皂化反应速率常数. 化学通报，1986（3）：55.

[5] 吕耀萍，沈国金. 丙烯酸甲酯皂化反应速率常数的测定. 国外建材科技，1997，18（1）：45-49.

[6] 李华禄. 丙烯酸乙酯皂化反应速率常数的测定. 江汉大学学报，2000，17（6）：25-28.

[7] 余逸男. 乙酸乙酯皂化反应实验数据的非线性拟合. 东华大学学报，2002，28（3）：93-95.

[8] 刘春清. 乙酸乙酯皂化反应实验数据非线性拟合的Excel方法. 广西师范大学学报：自然科学版，2003，z1：176-177.

[9] 玉占君，张文伟，任庆云. 电导法测定乙酸乙酯皂化反应速率常数的一种数据处理方法. 辽宁师范大学学报，2006，29（4）：511-512.

[10] 任庆云，杨晓磊，王松涛."乙酸乙酯皂化反应速率常数测定"实验数据处理程序的开发. 广州化工，2014，42（13）：198-201.

[11] 吴琼，艾佑宏，孙玉宝. 乙酸乙酯皂化反应实验数据处理的一种新方法. 高校实验室工作研究，2013，2：34-35.

[12] 陈小娟，陈六平，余小岚. 酯类皂化反应动力学溶剂效应的研究——介绍一个开放式、研究性实验. 大学化学，2013，28（2）：51-56.

[13] 赵亚萍，咸春颖，余逸男. 酯皂化反应动力学实验数据的非线性拟合处理. 实验室研究与探索，2013，32（3）：26-30.

十、实例分析

1. 溶液 κ_0 与 κ_∞ 的测定（表Ⅱ-12-2、表Ⅱ-12-3）

表Ⅱ-12-2　溶液 κ_0 的测定（$\kappa_0 \times 10^{-3}/\mu S \cdot cm^{-1}$）

温度 $T/℃$	时间 t/min			平均值
	第1次	第2次	第3次	$\kappa_0 \times 10^{-3}/\mu S \cdot cm^{-1}$
27	2.60	2.56	2.56	2.57
37	2.80	2.79	2.79	2.79

表Ⅱ-12-3　溶液 κ_∞ 的测定（$\kappa_\infty \times 10^{-3}/\mu S \cdot cm^{-1}$）

温度 $T/℃$	时间 t/min			平均值
	第1次	第2次	第3次	$\kappa_\infty \times 10^{-3}/\mu S \cdot cm^{-1}$
27	1.15	1.15	1.15	1.15
37	1.40	1.40	1.40	1.40

2. 27℃时 κ_t 的测量（表Ⅱ-12-4）

表Ⅱ-12-4　27℃时 κ_t 的测量数据记录

t/min	$\kappa_t \times 10^{-3}/\mu S \cdot cm^{-1}$	$(\kappa_0 - \kappa_t)/(\kappa_t - \kappa_\infty)$
2′03″	2.41	0.13
4′01″	2.22	0.33
6′02″	2.10	0.49
8′05″	2.00	0.67
……	……	……

3. 37℃时 κ_t 的测量（表Ⅱ-12-5）

表Ⅱ-12-5 37℃时 κ_t 的测量数据记录

t/min	$\kappa_t \times 10^{-3}/\mu S \cdot cm^{-1}$	$(\kappa_0 - \kappa_t)/(\kappa_t - \kappa_\infty)$
2′01″	2.60	0.16
4′06″	2.39	0.40
6′09″	2.20	0.74
8′03″	2.02	1.24
……	……	……

4. 用 Origin 6.0 作图

（1）打开 Origin 软件，其默认打开一个 worksheet 窗口，该窗口缺省为 A、B 两列。选择在出现的 Data1 中输入以 t/min 为 X 轴，以 $(\kappa_0 - \kappa_t)/(\kappa_t - \kappa_\infty)$ 为 Y 轴的全部实验数据。

（2）选定全部数据，在 Plot 中选择 Line＋Symbol，然后在 Analysis 中选择 Fitting→Fitting Linear，即得线性图，从中可以得出斜率和截距。

（3）双击边框，点击 Title&Format，在"Selcetio"中选择"Top"和"Right"，选取"Show Axis &Tic"，在 major 都选择 none；选择"Bottom"和"Left"，选取"Show Axis &Tic"，在 major 都选择 in，点击确定。

（4）分别双击"X Axis Title"和"Y Axis Title"，分别输入 t/min 和 $(\kappa_0 - \kappa_t)/(\kappa_t - \kappa_\infty)$。

（5）在 Edit 中选择 Copy Page，即得图Ⅱ-12-1(27℃)与图Ⅱ-12-2(37℃)：

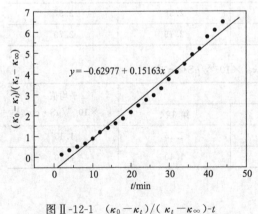

图Ⅱ-12-1 $(\kappa_0 - \kappa_t)/(\kappa_t - \kappa_\infty)$-$t$
关系图（27℃）

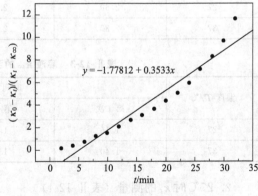

图Ⅱ-12-2 $(\kappa_0 - \kappa_t)/(\kappa_t - \kappa_\infty)$-$t$
关系图（37℃）

5. 活化能的计算（表Ⅱ-12-6）

表Ⅱ-12-6 活化能的计算

温度 T/℃	c_0/mol·L^{-1}	斜率	k/(mol^{-1}·L·min^{-1})	E_a/kJ·mol^{-1}
27.0	0.01136	0.1516	13.348	65.4
37.0	0.01136	0.3533	31.100	

实验十三 丙酮碘化反应的速率方程

一、目的要求

1. 掌握用分光光度法测定丙酮碘化反应的反应级数、速率常数和表观活化能。
2. 掌握分光光度计的使用方法。
3. 了解用孤立法确定反应级数的原理和方法。

二、基本原理

1. 基本原理

大多数化学反应是由若干个基元步骤，即基元反应组成的复杂反应。复杂反应的反应速率和反应物浓度间的关系，不能直接由质量作用定律求出。可采用一系列实验方法获得可靠的实验数据，并据此测定速率方程中各组分的分级数，推测反应的机理，从而得到复杂反应的速率方程。

孤立法是研究复杂反应动力学常用的一种方法。即设计若干组溶液试样，每一组只改变某一反应物的浓度，而其他反应物浓度保持不变，由此可以求得该反应物的分级数。依次类推可得到其他各种反应物的级数，从而确立其反应速率方程。本实验以丙酮碘化为例，说明如何应用孤立法原理，采用分光光度法测定丙酮碘化反应的反应级数、速率常数，推得速率方程。

丙酮在酸性溶液中的碘化反应是一个复杂反应，一元取代反应如下：

$$CH_3-\overset{\overset{O}{\|}}{C}-CH_3 + I_2 \xrightarrow{H^+} CH_3-\overset{\overset{O}{\|}}{C}-CH_2I + H^+ + I^- \qquad (\text{II-13-1})$$

其速率方程为：

$$r = \frac{dc_{\text{碘化}}}{dt} = -\frac{dc_{\text{丙}}}{dt} = -\frac{dc_{\text{碘}}}{dt} = k \cdot c_{\text{丙}}^{\alpha} \cdot c_{\text{酸}}^{\beta} \cdot c_{\text{碘}}^{\gamma} \qquad (\text{II-13-2})$$

式中，$c_{\text{碘化}}$、$c_{\text{丙}}$、$c_{\text{碘}}$、$c_{\text{酸}}$分别表示碘化丙酮、丙酮、碘、盐酸的浓度；α、β、γ为反应级数；k表示丙酮碘化反应总的速率常数。

丙酮碘化反应具有如下特点：①该反应由 H^+ 催化，而反应本身又能生成 H^+，所以这是一个 H^+ 自催化反应。②丙酮不仅可以发生一元碘化反应，而且还可以发生多元碘化反应，致使反应过程趋于复杂。当碘的浓度远小于丙酮和酸的浓度时，使丙酮和酸的量过量，碘化反应基本上就可以停留在一元碘化阶段，即按反应式（II-13-1）进行。③实验表明，式（II-13-1）的反应速率几乎与卤素的种类及其浓度无关，而与丙酮及氢离子的浓度有关，即 $\gamma = 0$。式（II-13-2）可以简化成：

$$r = -\frac{dc_{\text{碘}}}{dt} = k \cdot c_{\text{丙}}^{\alpha} \cdot c_{\text{酸}}^{\beta} \qquad (\text{II-13-3})$$

本实验中所选择的丙酮和酸的浓度约为 $1.0\text{mol} \cdot \text{L}^{-1}$，碘的浓度约为 $0.001\text{mol} \cdot \text{L}^{-1}$，即反应中丙酮和酸大大过量，而采用碘的量很少，反应过程中丙酮和酸的浓度可看成是不变的。式（II-13-3）进一步简化为：

$$r = -\frac{dc_{\text{碘}}}{dt} = k \cdot c_{\text{丙}}^{\alpha} \cdot c_{\text{酸}}^{\beta} = k' \qquad (\text{II-13-4})$$

式中，k' 是常数，上式表明，若以反应过程测得的 $c_{碘}$ 对相应的反应时间 t 作图将得到一条直线，该直线斜率的负值 $\left(-\dfrac{\mathrm{d}c_{碘}}{\mathrm{d}t}\right)$ 即为反应的速率 r。

根据孤立法原理，若保持氢离子和碘的起始浓度不变，只改变丙酮的起始浓度，分别测定在相同温度下的反应速率 r，由式（Ⅱ-13-2）可知：

$$r_1 = k \cdot c_{丙,1}^{\alpha} \cdot c_{酸,1}^{\beta} \cdot c_{碘,1}^{\gamma} \tag{Ⅱ-13-5}$$

$$r_2 = k \cdot c_{丙,2}^{\alpha} \cdot c_{酸,1}^{\beta} \cdot c_{碘,1}^{\gamma} \tag{Ⅱ-13-6}$$

两式相除得：

$$\frac{r_2}{r_1} = \left(\frac{c_{丙,2}}{c_{丙,1}}\right)^{\alpha} \tag{Ⅱ-13-7}$$

两边取对数，最后得：

$$\alpha = \lg\left(\frac{r_2}{r_1}\right) \div \lg\left(\frac{c_{丙,2}}{c_{丙,1}}\right) \tag{Ⅱ-13-8}$$

由此可求出 α，同理可求出 β、γ。

$$\beta = \lg\left(\frac{r_3}{r_1}\right) \div \lg\left(\frac{c_{酸,3}}{c_{酸,1}}\right) \tag{Ⅱ-13-9}$$

$$\gamma = \lg\left(\frac{r_4}{r_1}\right) \div \lg\left(\frac{c_{碘,4}}{c_{碘,1}}\right) \tag{Ⅱ-13-10}$$

求出反应级数 α、β、γ 后，再由式（Ⅱ-13-4）计算出反应式（Ⅱ-13-1）的速率常数 k。

由两个或两个以上温度的速率常数，就可以根据阿仑尼乌斯（Arrhenius）方程计算反应的活化能：

$$E_a = R\,\frac{T_1 T_2}{T_2 - T_1}\ln\frac{k_2}{k_1} \tag{Ⅱ-13-11}$$

2. 实验方法

为了测得反应式（Ⅱ-13-1）的动力学参数，必须测定反应体系中碘的浓度随时间的变化率。对于碘的分析测定有许多方法，最简便的方法是分光光度法。这是因为，在反应系统中，只有碘在可见光区有明显的吸收带，其他物质在可见光区则没有明显的吸收带。所以碘的浓度可以直接通过分光光度法来测定。

按照朗伯（Lambert）-比耳（Beer）定律：

$$A = \lg\frac{1}{T} = \lg\frac{I_0}{I} = \varepsilon d c_{碘} \tag{Ⅱ-13-12}$$

式中，A 称为吸光度；T 为透光率；I 和 I_0 分别为某一定波长的光线通过待测溶液和空白溶液后的光强度；ε 为吸光系数；d 为比色皿光径长度。若测定物质的浓度 c 的单位采用 $\mathrm{mol \cdot L^{-1}}$，比色皿中液层厚度 d 的单位为 cm，则 ε 称为摩尔吸光系数，单位为 $\mathrm{L \cdot mol^{-1} \cdot cm^{-1}}$。式中 $\varepsilon \cdot d$ 可通过测定一已知浓度的碘溶液的透光率求得。

将式（Ⅱ-13-4）作不定积分得：

$$c_{碘} = -k't + B \tag{Ⅱ-13-13}$$

将式（Ⅱ-13-13）代入式（Ⅱ-14-12），得：

$$\lg T = k' \cdot (\varepsilon \cdot d) \cdot t + D \quad (D = -\varepsilon \cdot d \cdot B) \tag{Ⅱ-13-14}$$

作 $\lg T$-t 关系图，得到一条直线，由直线斜率结合测定出来的 $\varepsilon \cdot d$ 值，可以求得反应体系的反应速率 $r\,(r = k')$。已知反应速率 r，即可求出反应级数、反应速率常数及反应活化能等化学动力学参数。

三、仪器与试剂

1. 仪器

分光光度计 1 套，精密数字恒温水浴 1 台，带恒温夹层的比色皿架 1 个，比色皿 1 套，容量瓶（50mL）10 只，容量瓶（100mL）2 只，带刻度移液管（5mL、10mL）各 3 支，烧杯（50mL）3 只，秒表 1 只。

2. 试剂

碘溶液（0.020mol·L^{-1}）：准确称取分析纯 KIO$_3$ 0.1427g 在 50mL 烧杯中，加少量水微热溶解，加入分析纯 KI 1.1g 加热溶解，再加入 0.41mol·L^{-1} 盐酸溶液 10mL 混合，倒入 100mL 容量瓶中，稀释到刻度反应而得。

$$KIO_3 + 5KI + 6HCl \longrightarrow 3I_2 + 6KCl + 3H_2O$$

标准盐酸溶液（2.00mol·L^{-1}）：以浓盐酸配制，并经 Na$_2$B$_4$O$_7$·10H$_2$O 标定。

丙酮溶液（2.00mol·L^{-1}）：用分析纯丙酮在实验前用称重方法配制丙酮溶液，也可用实验室当时温度下的密度，量体积方法配制。

四、实验步骤

1. 调节分光光度计

（1）开启精密数字恒温水浴，控制温度为（25.00±0.01）℃，并将恒温槽的恒温水通入分光光度计的比色水套中，接通电源，预热 10min，待温度稳定后方可开始测量。

（2）取四只干净的 50mL 容量瓶，第一支用移液管移入 40mL 0.020mol·L^{-1} 碘溶液；第二支用移液管移入 10mL 0.001mol·L^{-1} 碘溶液；第三支用移液管移入 40mL 2.00mol·L^{-1} 丙酮溶液；第四支用移液管移入 40mL 2.00mol·L^{-1} 盐酸溶液。另取一只干净的 250mL 容量瓶，装满配溶液的蒸馏水。将这五只容量瓶放在恒温槽中恒温备用。

（3）调整分光光度计零点

调节分光光度计的波长旋钮至 565nm。取一只 1 cm 比色皿，加入已恒温的蒸馏水，擦干外表面（光学玻璃面应用擦镜纸擦拭），放入比色槽中的第一格。在比色槽盖打开的时候，调节零点调节旋钮，使透光率值为 0，确保放蒸馏水的比色皿在光路上，将比色槽盖合上，调节灵敏度旋钮使透光率值为 100%。

2. 测定分光光度计的（ε·d）值

取已恒温的 0.001mol·L^{-1} 碘溶液装入干燥的比色皿中，放入测定槽的第二格，合上暗箱。先将定位拉杆拉在第一格，使透光率 T 的读数为 100，再将定位拉杆拉在第二格，测定 0.001mol·L^{-1} 碘溶液的透光率 T，测定三次，然后取三次 T 的平均值。

3. 测定丙酮碘化反应的速率常数 k 和表观活化能 E_a

（1）取四只已编号的 50mL 容量瓶，依次在 1、2、3、4 号瓶中各移入 10.0mL、10.0mL、10.0mL、5.0mL 已恒温的 0.020mol·L^{-1} 碘液，再依次移入 5.0mL、5.0mL、10.0mL、5.0mL 已恒温的 2.00mol·L^{-1} HCl 液，再依次移入 25mL、30mL、20mL、30mL 已恒温的蒸馏水（表Ⅱ-13-1），盖上瓶塞，放入恒温槽中。

（2）达恒温后，在 1 号瓶中移入 10.0mL 已恒温的丙酮液，当丙酮液加到一半时开始计时，再用已恒温的蒸馏水稀释至刻度，迅速摇匀。

（3）迅速从恒温槽中取出此 1 号瓶，摇匀后，倒入比色皿中，放入测定槽的第三格，测定此溶液的透光率 T。

表Ⅱ-13-1　$I_2(aq)$、$HCl(aq)$、H_2O 和 $CH_3COCH_3(aq)$ 的用量

容量瓶号	标准碘溶液/mL	标准盐酸溶液/mL	标准丙酮溶液/mL	蒸馏水/mL
1 号	10.0	5.0	10.0	25
2 号	10.0	5.0	5.0	30
3 号	10.0	10.0	10.0	20
4 号	5.0	5.0	10.0	30

（4）每隔 1min 记录透光率 T 一次，若透光率变化较小则改为 2min 记录一次，直至读数接近 100 为止（这时 c_{I_2} 接近零）。

（5）按（2）~（4）步骤，依次在 2、3、4 号瓶中移入 5.0mL、10.0mL、10.0mL 已恒温的丙酮溶液，分别进行测定。

（6）在 35℃ 恒温下，重复以上（1）~（5）步骤的测定。

五、注意事项

1. 向溶液中加入丙酮后，反应就开始进行。如果从加入丙酮到开始读数之间的延迟时间较长，可能无法读到足够的数据，甚至会发生开始读数时透光率已超过 80% 的情况，当酸浓度或丙酮浓度较大时更容易出现这种情况。为了避免实验失败，在加入丙酮前应将分光光度计零点调好，加入丙酮后应尽快操作，至少 2min 内应读出第一个数据。

2. 实验容器应清洗干净，并用蒸馏水充分荡洗，否则会造成沉淀使实验失败。

3. 每次使用比色皿时，必须用待测溶液荡洗三次，确保浓度准确。

六、数据记录与处理

1. 仪器 $\varepsilon \cdot d$ 值的计算

利用表Ⅱ-13-2 数据和根据式（Ⅱ-13-12），计算 $\varepsilon \cdot d$ 值。

表Ⅱ-13-2　仪器 $\varepsilon \cdot d$ 值的测定　　　　$c_{碘} = \underline{\hspace{3cm}}$ mol·L^{-1}

透光率 $T/\%$		平均值/%	$\varepsilon \cdot d$/L·mol^{-1}

2. 混合溶液的时间-透光率

表Ⅱ-13-3　25℃ 时丙酮碘化透光率的测定数据　　　恒温：25.00℃

$c_{丙} = \underline{\hspace{2cm}}$ mol·L^{-1}，$c_{酸} = \underline{\hspace{2cm}}$ mol·L^{-1}，$c_{碘} = \underline{\hspace{2cm}}$ mol·L^{-1}

1 号容量瓶	时间 t/min		
	透光率 $T/\%$		
	$\lg T$		
2 号容量瓶	时间 t/min		
	透光率 $T/\%$		
	$\lg T$		
3 号容量瓶	时间 t/min		
	透光率 $T/\%$		
	$\lg T$		

4号容量瓶	时间 t/min	
	透光率 $T/\%$	
	$\lg T$	

表Ⅱ-13-4　35℃时丙酮碘化透光率的测定数据　　　恒温：35.00℃

$c_丙=$＿＿＿＿ mol·L^{-1}，$c_酸=$＿＿＿＿ mol·L^{-1}，$c_碘=$＿＿＿＿ mol·L^{-1}

1号容量瓶	时间 t/min	
	透光率 $T/\%$	
	$\lg T$	
2号容量瓶	时间 t/min	
	透光率 $T/\%$	
	$\lg T$	
3号容量瓶	时间 t/min	
	透光率 $T/\%$	
	$\lg T$	
4号容量瓶	时间 t/min	
	透光率 $T/\%$	
	$\lg T$	

3. 混合溶液的丙酮、盐酸、碘的浓度

表Ⅱ-13-5　各样品中 $CH_3COCH_3(aq)$、$HCl(aq)$ 和 $I_2(aq)$ 的浓度

容量瓶号	$c_丙/\text{mol·L}^{-1}$	$c_酸/\text{mol·L}^{-1}$	$c_碘/\text{mol·L}^{-1}$
1			
2			
3			
4			

4. 由表Ⅱ-13-3、表Ⅱ-13-4、表Ⅱ-13-5中数据，以 $\lg T$ 对 t 作图，求出直线斜率，根据式（Ⅱ-13-14）及式（Ⅱ-13-4）求出反应速率 r。

5. 根据式（Ⅱ-13-8）、式（Ⅱ-13-9）及式（Ⅱ-13-10）分别求出反应级数 α、β、γ。

6. 根据式（Ⅱ-13-4）求出反应速率常数 k。

7. 利用25℃及35℃时的反应速率常数 k，根据式（Ⅱ-13-11）计算丙酮碘化反应的活化能 E_a。

七、结果讨论

1. 反应机理推测

根据实验测得反应级数及卤化反应速率与卤素几乎无关的事实，一般对丙酮卤化反应机理可作如下推测：

$$CH_3\underset{(A)}{-\overset{\overset{\displaystyle O}{\|}}{C}}-CH_3 \quad + \quad \underset{(II)}{H^+} \quad \underset{k_{-1}}{\overset{k_1}{\rightleftharpoons}} \quad \left(CH_3\underset{(B)}{-\overset{\overset{\displaystyle OH}{\|}}{C}}-CH_3 \right)^+ \qquad （Ⅱ-13-15）$$

$$\begin{pmatrix} & \overset{OH}{\underset{\underset{(B)}{|}}{CH_3-C-CH_3}} & \end{pmatrix}^+ \underset{k_{-2}}{\overset{k_2}{\rightleftharpoons}} \overset{OH}{\underset{\underset{(D)}{|}}{CH_3-C=CH_2}} + H^+ \qquad (\text{II-13-16})$$

$$\overset{OH}{\underset{\underset{(D)}{|}}{CH_3-C=CH_2}} + \overset{X_2}{\underset{(X)}{}} \overset{k_3}{\longrightarrow} \overset{O}{\underset{\underset{(E)}{\|}}{CH_3-C-CH_2X}} + X^- + H^+ \qquad (\text{II-13-17})$$

因为丙酮是很弱的碱，所以方程（II-13-2）生成的中间体 B 很少，故有：

$$c_B = K_1 c_A c_H \quad (K_1 = k_1/k_{-1}) \qquad (\text{II-13-18})$$

烯醇式 D 和产物 E 的反应速率方程：

$$dc_D/dt = k_2 c_B - (k_{-2} c_H + k_3 c_X) c_D \qquad (\text{II-13-19})$$

$$dc_E/dt = k_3 c_D c_X \qquad (\text{II-13-20})$$

合并式（II-13-15）、式（II-13-16）、式（II-13-17），并应用稳定态条件，令 $dc_D/dt = 0$，得到：

$$dc_E/dt = K_1 k_2 k_3 c_A c_H c_X/(k_{-2} c_H + k_3 c_X) \qquad (\text{II-13-21})$$

若烯醇式 D 与卤素的反应速率比烯醇式 D 与氢离子的反应速率大得多，即 $k_3 c_X \gg k_{-2} c_H$ 则式（II-13-18）可取以下简单的形式：

$$dc_E/dt = K_1 k_2 c_A c_H \qquad (\text{II-13-22})$$

令 $k = K_1 k_2$，又 $dc_E/dt = -dc_{碘}/dt$，则得到 $\gamma = 0$ 时的式（II-13-2）。因此上述推理可能是可以成立的。

2. 从表观上看除 I_2 外没有其他物质吸收可见光，但实际上反应体系中却还存在着一个次要反应，即在溶液中存在着 I_2、I^- 和 I_3^- 的平衡：

$$I_2 + I^- \rightleftharpoons I_3^- \qquad (\text{II-13-23})$$

其中 I_2 和 I_3^- 都吸收可见光。因此反应体系的吸光度不仅取决于 I_2 的浓度，而且与 I_3^- 的浓度有关。根据朗伯-比尔定律可知，含有 I_2 和 I_3^- 溶液的总吸光度 A 可以表示为 I_2 和 I_3^- 两部分的吸光度之和：

$$A = A_{I_2} + A_{I_3^-} = \varepsilon_{I_2} d c_{I_2} + \varepsilon_{I_3^-} d c_{I_3^-} \qquad (\text{II-13-24})$$

而摩尔吸光系数 ε_{I_2} 和 $\varepsilon_{I_3^-}$ 是入射光波长的函数。当波长 $\lambda = 565nm$ 时，$\varepsilon_{I_2} = \varepsilon_{I_3^-}$，所以式（II-13-21）就可变为：

$$A = \varepsilon_{I_2} d (c_{I_2} + c_{I_3^-}) \qquad (\text{II-13-25})$$

也就是说，在 565nm 这一特定的波长条件下，溶液的吸光度 A 与总碘量（$I_2 + I_3^-$）成正比。因此常数 $\varepsilon \cdot d$ 就可以由测定已知浓度碘溶液的总吸光度 A（或透光率 T）来求出。所以本实验必须选择工作波长为 565nm。

3. 当碘浓度较高时，丙酮可能会发生多元取代反应。因此，应记录反应开始一段时间后的反应速率。另外，当 $c_{碘}$ 偏大或 $c_{丙}$、$c_{酸}$ 偏小时，因不符合比耳定律或者浓度变化过小，将导致读数误差较大。

4. 根据教学时数安排，可改变 $c_{碘}$，证明 $\gamma = 0$，也可由 A-t 的线性关系得出同样结论。

八、思考题

1. 在丙酮碘化实验中，将丙酮溶液加入含有碘、盐酸溶液的容量瓶时，在注入比色皿后开始计时，这样做是否可以？为什么？

2. 在丙酮碘化实验中，影响丙酮碘化反应实验结果精确度的主要因素有哪些？

3. 测定和计算时如果采用吸光度而不是透光率，则计算公式应如何改变？

4. 丙酮碘化反应每人记录的反应起始时间各不相同，这对所测反应速度常数有何影响？为什么？

九、参考文献

[1] 复旦大学等编. 物理化学实验. 第3版. 北京：高等教育出版社，2004.

[2] 华南师范大学化学实验教学中心编. 物理化学实验. 北京：化学工业出版社，2008.

[3] 唐林，孟阿兰，刘红天编. 物理化学实验. 北京：化学工业出版社，2008.

[4] 李琮. 丙酮碘化反应级数的确定. 云南师范大学学报，1998，18（3）：82-84.

[5] 宗青. 丙酮碘化反应实验的改进. 化学教育，2000，5：35-36.

[6] 李瑞英，古喜兰，陈六平等，"丙酮碘化反应"实验的改进. 中山大学学报论丛，2003，23（1）：142-144.

[7] 刘马林，麻英. 丙酮碘化实验改进的思考. 实验技术与管理，2006，23（4）：36-37.

[8] 凌锦龙，张建梅. 盐效应对丙酮碘化反应动力学参数的影响. 化学研究与应用，2006，18（7）：844-847.

[9] 陈芳，张丽，刘钰莹. "丙酮碘化"实验的探究，湖北师范学院学报（自然科学版），2011，31（3）：95-97.

十、实例分析

1. 求 $\varepsilon \cdot d$ 值

表Ⅱ-13-6　用已知浓度的碘溶液标定 $\varepsilon \cdot d$　　$c_{碘}=0.0011\ mol\cdot L^{-1}$　　$\varepsilon \cdot d=(\lg100-\lg T)/C_{I_2}$

透光率 $T/\%$			平均值/%	$\varepsilon \cdot d\ /L\cdot mol^{-1}$
47.5	47.7	47.7	47.6	294.42

2. 测定丙酮碘化的时间-透光率数据

表Ⅱ-13-7　混合溶液的时间-透光率的测定数据　　温度：16℃

1号	时间/min	1.783	2.783	3.783	4.783	5.783	6.783	7.783	8.783	9.783	10.783	11.783
	透光率 $T/\%$	25.2	25.4	25.6	25.9	26.2	26.6	27.0	27.3	27.7	28.1	28.6
	$\lg T$	1.401	1.405	1.408	1.413	1.418	1.425	1.431	1.436	1.442	1.449	1.456
2号	时间/min	1.783	2.783	3.783	4.783	5.783	6.783	7.783	8.783	9.783	10.783	11.783
	透光率 $T/\%$	24.8	24.8	24.9	25.0	25.1	25.3	25.4	25.6	25.8	26.0	26.2
	$\lg T$	1.394	1.394	1.396	1.398	1.400	1.403	1.405	1.408	1.412	1.415	1.418
3号	时间/min	2.433	3.433	4.433	5.433	6.433	7.433	8.433	9.433	10.433	11.433	
	透光率 $T/\%$	26.2	26.9	27.5	28.4	29.3	30.4	31.4	32.5	33.7	34.9	
	$\lg T$	1.418	1.430	1.439	1.453	1.467	1.483	1.497	1.512	1.528	1.543	
4号	时间/min	2.433	3.433	4.433	5.433	6.433	7.433	8.433	9.433	10.433	11.433	
	透光率 $T/\%$	49.3	49.9	50.6	51.4	52.2	53.2	54.1	55.2	56.2	57.3	
	$\lg T$	1.693	1.698	1.704	1.711	1.718	1.726	1.733	1.742	1.750	1.758	

3. 混合溶液的丙酮、盐酸、碘的浓度

表Ⅱ-13-8　混合溶液的丙酮、盐酸、碘的浓度

容量瓶号	$c_A/mol\cdot L^{-1}$	$c_{H+}/mol\cdot L^{-1}$	$c_{I_2}/mol\cdot L^{-1}$
1号	0.4000	0.10254	0.00219
2号	0.2000	0.10254	0.00219
3号	0.4000	0.20508	0.00219
4号	0.4000	0.10254	0.001095

4. 用表Ⅱ-13-7中数据，以 $\lg T$ 对 t 作图，求出斜率 m。

(1) 打开 Origin 6.0 软件，其默认打开一个 worksheet 窗口，该窗口缺省为 A、B 两列。选择在出现的 Data1 中输入以 t/min 为 X 轴，以 $\lg T$ 为 Y 轴的全部实验数据。

(2) 双击边框，点击 Title&Format，在 "Selcetio" 中选择 "Bottom" 和 "Left"，选取 "Show Axis & Tic"，在 major 都选择 none，点击确定。

(3) 分别双击 "X Axis Title" 和 "Y Axis Title"，分别输入 t/min 和 $\lg T$。即得图 Ⅱ-13-1～图Ⅱ-13-4。

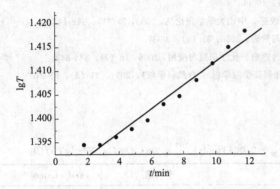

图Ⅱ-13-1　1号溶液：$\lg T$ 与 t 的关系曲线图
拟合曲线：$y=0.00557x+1.38825$

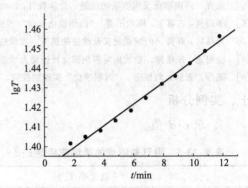

图Ⅱ-13-2　2号溶液：$\lg T$ 与 t 的关系曲线图
拟合曲线：$y=0.00248x+1.38715$

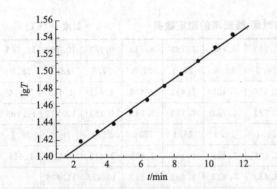

图Ⅱ-13-3　3号溶液：$\lg T$ 与 t 的关系曲线
拟合曲线：$y=0.01403x+1.3797$

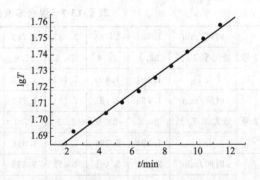

图Ⅱ-13-4　4号溶液：$\lg T$ 与 t 的关系曲线图
拟合曲线：$y=0.00735x+1.6723$

(4) 从图中可知直线斜率 m。

由图Ⅱ-13-1～图Ⅱ-13-4得出它们的斜率分别为：

1号：$y=0.00557x+1.38825$ 　　$m_1=0.00557$

2号：$y=0.00248x+1.38715$ 　　$m_2=0.00248$

3号：$y=0.01403x+1.3797$ 　　$m_3=0.01403$

4号：$y=0.00735x+1.6723$ 　　$m_4=0.00735$

5. 根据表Ⅱ-13-8中数据，计算反应级数（α，β，γ）。

(1) 因为：$\nu=m/(\varepsilon\cdot d)$ 　　所以：$\nu_2/\nu_1=m_2/m_1$

又因为：$u\times c_{A,1}=c_{A,2}$

所以：$u=c_{A,2}/c_{A,1}=0.2000/0.4000=0.500$

$$lgu = lg0.500 = -0.301$$

而 $lg(\nu_2/\nu_1) = lg(m_2/m_1) = lg(0.00248/0.00557) = -0.351$

由于 $lg(\nu_2/\nu_1) = \alpha lgu$，$\alpha = lg(\nu_2/\nu_1)/lgu = -0.351/(-0.301) = 1.166 \approx 1$

（2）因为：$c_{H^+,3} = wc_{H^+,1}$　　　$w = c_{H^+,3}/c_{H^+,1} = 0.20508/0.10254 = 2.00$

而 $lg(\nu_3/\nu_1) = lg(m_3/m_1) = lg(0.01403/0.00557) = 0.401$

$\beta = lg(\nu_3/\nu_1)/lgw = 0.401/lg2.00 = 1.332 \approx 1$

（3）因为：$c_{I_2,4} = xc_{I_2,1}$　　　$x = c_{I_2,4}/c_{I_2,1} = 0.001095/0.00219 = 0.500$

而 $lg(\nu_4/\nu_1) = lg(m_4/m_1) = lg(0.00735/0.00557) = 0.120$

$\gamma = lg(\nu_4/\nu_1)/lgx = 0.120/lg0.5 = -0.399 \approx 0$

6. 计算速度常数 k 值（$mol \cdot L^{-1} \cdot min^{-1}$）

令 $\alpha = \beta = 1$，$\gamma = 0$（测量时温度：16℃）

因为：　　$m = k(\varepsilon \cdot d)c_A^\alpha c_{H^+}^\beta$　　　　所以，$k = m/(\varepsilon \cdot dc_A c_{H^+})$

$k_1 = m_1/(\varepsilon \cdot dc_{A,1}c_{H^+,1}) = 0.00557/(294.42 \times 0.4 \times 0.10254)$

　　　$= 4.612 \times 10^{-4} mol \cdot L^{-1} \cdot min^{-1}$

$k_2 = m_2/(\varepsilon \cdot dc_{A,2}c_{H^+,2}) = 0.00248/(294.42 \times 0.2 \times 0.10254)$

　　　$= 4.107 \times 10^{-4} mol \cdot L^{-1} \cdot min^{-1}$

$k_3 = m_3/(\varepsilon \cdot dc_{A,3}c_{H^+,3}) = 0.01403/(294.42 \times 0.4 \times 0.20508)$

　　　$= 5.809 \times 10^{-4} mol \cdot L^{-1} \cdot min^{-1}$

$k_4 = m_4/(\varepsilon \cdot dc_{A,4}c_{H^+,4}) = 0.00735/(294.42 \times 0.4 \times 0.10254)$

　　　$= 6.086 \times 10^{-4} mol \cdot L^{-1} \cdot min^{-1}$

$k = 1/[4(k_1 + k_2 + k_3 + k_4)] = 1/[4 \times (4.612 + 4.107 + 5.809 + 6.086)] \times 10^{-4}$

　　　$= 5.154 \times 10^{-4} mol \cdot L^{-1} \cdot min^{-1}$

实验十四　甲酸盐氧化反应动力学

一、目的要求

1. 利用电动势法测定甲酸盐在酸性溶液中被溴氧化反应的速率常数。
2. 通过动力学分析确定反应历程。

二、基本原理

1. 甲酸盐被溴氧化反应的可能历程

甲酸盐被溴氧化反应的计量方程式为：

$$HCOO^- + Br_2 \Longrightarrow CO_2 + H^+ + 2Br^-$$

在低 pH 条件下，溶液中还存在下述反应：

$$HCOO^- + H^+ \Longleftrightarrow HCOOH$$

$$Br_2 + H_2O \Longleftrightarrow H^+ + Br^- + HBrO$$

因此，反应有可能按下述几种历程进行。

历程1

历程 2

历程 3

2. 甲酸盐被溴氧化反应的动力学方程

在低 pH 条件下，反应速率除与 HCOOH、Br_2 的浓度有关外，H^+、Br^- 的浓度等也有可能影响反应速率。因此，反应速率的经验式可表示为：

$$r = kc_{HCOOH}^m c_{H^+}^g c_{Br^-}^h c_{Br_2}^n$$

式中，k 为反应速率常数。

为简化动力学分析，可使 HCOOH、H^+ 和 Br^- 的起始浓度比 Br_2 的起始浓度大大过量（可以认为它们的浓度在反应过程中基本保持不变），以便确定反应速率与 c_{Br_2} 之间的定量关系。在使用较高浓度的溴化物时，尚需考虑 Br_3^- 的生成：

$$Br_2 + Br^- \rightleftharpoons Br_3^- \tag{II-14-1}$$

在酸性溶液中，Br_2 的分析总浓度 $c_{Br_2,a}$ 为 Br_2 与 Br_3^- 的浓度之和，即

$$c_{Br_2,a} = c_{Br_2} + c_{Br_3^-} = c_{Br_2}(1 + K_t c_{Br^-}) \tag{II-14-2}$$

式中，K_t 为反应式（II-14-1）的平衡常数。在上述实验条件下，甲酸盐氧化反应的速率公式可表示为：

$$-\frac{dc_{Br_2,a}}{dt} = kc_{HCOOH}^m c_{H^+}^g c_{Br^-}^h c_{Br_2}^n \tag{II-14-3}$$

令

$$f = kc_{HCOOH}^m c_{H^+}^g c_{Br^-}^h \tag{II-14-4}$$

在一定温度和 HCOOH、H^+、Br^- 的浓度大大过量的条件下，f 为一常数，将其代入式（II-14-3），则

$$-\frac{dc_{Br_2,a}}{dt} = fc_{Br_2}^n \tag{II-14-5}$$

因式中两边变量不同，不能积分，需进行变量变换。为此，将式（II-14-2）、式（II-14-4）代入式（II-14-5），得

$$-\frac{dc_{Br_2}}{dt} = \frac{f}{1 + K_t c_{Br^-}} c_{Br_2}^n = \frac{kc_{HCOOH}^m c_{H^+}^g c_{Br^-}^h}{1 + K_t c_{Br^-}} c_{Br_2}^n \tag{II-14-6}$$

令

$$k_p = \frac{f}{1 + K_t c_{Br^-}} = \frac{kc_{HCOOH}^m c_{H^+}^g c_{Br^-}^h}{1 + K_t c_{Br^-}} \tag{II-14-7}$$

将式（II-14-7）代入式（II-14-6），得

$$-\frac{dc_{Br_2}}{dt} = k_p c_{Br_2}^n$$

k_p 称为准 n 级速率常数。实验测出 c_{Br_2} 随时间变化的函数关系便可确定级数 n 和准 n 级速度常数 k_p。

若甲酸盐氧化反应对 Br_2 为一级，则

$$-\frac{dc_{Br_2}}{dt}=k_p c_{Br_2}$$

积分，得

$$\ln c_{Br_2}=-k_p t+\text{常数} \tag{II-14-8}$$

当以 $\ln c_{Br_2}$ 为纵坐标、t 为横坐标作图时，应为一条直线。

3. 电动势法确定反应的级数 n

本实验采用电动势法跟踪 c_{Br_2} 随时间的变化。将饱和甘汞电极和铂电极放在含有 Br_2 和 Br^- 的反应溶液中，组成如下电池：

$$Hg\text{-}Hg_2Cl_2(s)|Cl^- \parallel Br^-|Br_2,Pt$$

此电池的电动势是：

$$E=\varphi_{Br_2/Br^-}^{\ominus}-\frac{RT}{2F}\ln \frac{c_{Br^-}^2}{c_{Br_2}}-\varphi_{甘汞}$$

当 Br^- 浓度很大，且在反应过程中基本保持不变时，上式可写成：

$$E=\text{常数}+\frac{RT}{2F}\ln c_{Br_2} \tag{II-14-9}$$

将式（II-14-8）代入式（II-14-9），得

$$E=\text{常数}-\frac{RT}{2F}k_p t \tag{II-14-10}$$

显然，若 $n=1$，则 E 与 t 成线性关系，并可从直线的斜率求得 k_p：

$$k_p=-\frac{2F}{RT}\times \frac{dE}{dt} \tag{II-14-11}$$

4. 孤立法确定反应级数 m 和 g

为确定级数 m，可利用孤立法即保持 H^+、Br^- 的浓度不变的情况下，改变 HCOOH 浓度，使用两种不同浓度的 HCOOH 分别进行测定，据式(II-14-7)，可得到两个 k_p 值：

$$k_{p,1}=\frac{kc_{H^+}^g c_{Br^-}^h}{1+K_t c_{Br^-}}c_{HCOOH,1}^m \tag{II-14-12}$$

$$k_{p,2}=\frac{kc_{H^+}^g c_{Br^-}^h}{1+K_t c_{Br^-}}c_{HCOOH,2}^m \tag{II-14-13}$$

两式联立可求出分级数 m，同法可得分级数 g。

5. 反应级数 h 的测定

欲确定分级数 h，可将式（II-14-7）整理为：

$$\frac{1}{k_p}=\frac{1}{kc_{HCOOH}^m c_{H^+}^g c_{Br^-}^h}+\frac{K_t}{kc_{HCOOH}^m c_{H^+}^g c_{Br^-}^h}c_{Br^-} \tag{II-14-14}$$

若 $h=0$，则上式简化为：

$$\frac{1}{k_p}=\frac{1}{kc_{HCOOH}^m c_{H^+}^g}+\frac{K_t}{kc_{HCOOH}^m c_{H^+}^g}c_{Br^-} \tag{II-14-15}$$

定温下，在保持 HCOOH 和 H^+ 浓度基本不变，只改变溴化物起始浓度的实验条件下，式（II-14-15）为一直线方程。将初始浓度不同的 Br^- 下测得一系列 k_p 值，以 $\frac{1}{k_p}$ 对 c_{Br^-} 作

图，若为一条直线，便可证实 $h=0$。再将直线外推到 Br^- 浓度为零时，由直线在纵轴上的截距，即可求得甲酸盐氧化反应的速率常数 k。

6. 甲酸盐氧化反应速率公式

将实验测得的 m、g 和 h 值代入式（II-14-6），便得到甲酸盐氧化反应速率公式。

$$-\frac{dc_{Br_2}}{dt}=\frac{kc_{HCOOH}^m c_{H^+}^g c_{Br^-}^h}{1+K_t c_{Br^-}}c_{Br_2} \qquad (\text{II-14-16})$$

考虑到溶液中存在如下反应：

$$HCOOH \Longrightarrow HCOO^- + H^+$$

将式（II-14-16）进一步整理后便可确定甲酸盐在酸性溶液中被溴氧化反应的历程。

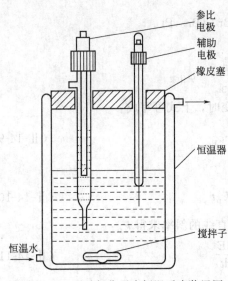

图 II-14-1 甲酸氧化反应恒温反应装置图

参比电极
辅助电极
橡皮塞
恒温器
搅拌子
恒温水

三、仪器与试剂

1. 仪器

精密数字电势差计 SDC-II 1 台，饱和甘汞电极 1 支，铂电极 1 支，恒温反应器 1 个，秒表 1 个，超级恒温槽 1 台，容量瓶（50mL）4 个，电磁搅拌器 1 台，烧杯（150mL）1 个。

2. 试剂

HCOOH（0.400mol·L^{-1}），溴水（0.030mol·L^{-1}），KBr（1.000mol·L^{-1}），HCl（1.000mol·L^{-1}）。

四、实验步骤

1. 安装仪器并连接好线路，如图 II-14-1。调节恒温槽温度至（25.0±0.1）℃。

2. 测定级数 n 和准 n 级速率常数 k_p

取 10mL 1.000mol·L^{-1} HCl 和 25mL 0.400mol·L^{-1} HCOOH 于 50mL 容量瓶中；取 10mL 1.000mol·L^{-1} KBr 和 0.030mol·L^{-1} 溴水各 10mL 于另一 50mL 容量瓶中。恒温 10min 后，用已经恒温的蒸馏水将两溶液均稀释至刻度。将 HCl、HCOOH 溶液倒入恒温反应器中，10min 后将 KBr-Br$_2$ 水溶液迅速倒入恒温反应器中，待加入一半时开动秒表计时，每 0.5min 测定一次电动势，15min 左右即可停止。为使溶液浓度均匀，应不断均匀搅拌。

3. 测定级数 m

使甲酸浓度增大一倍，保持其他组分起始浓度不变，重复进行实验。

4. 测定级数 g

使盐酸浓度减小一半，保持其他组分起始浓度不变，重复进行实验。

5. 测定级数 h

保持其他组分起始浓度不变，改变 KBr 浓度，使其分别为 0.0500mol·L^{-1}、0.1000mol·L^{-1}、0.2000mol·L^{-1}、0.3000mol·L^{-1}、0.4000mol·L^{-1}、0.5000mol·L^{-1}、0.8000mol·L^{-1}、1.00mol·L^{-1}，依次重复实验。

6. 然后调节恒温槽温度（35.0±0.1）℃，重复以上 2～5 实验步骤。

五、注意事项

1. 实验必须在恒温条件下进行。

2. 每次测定前都必须将电导池及电导电极洗涤干净，以免影响测定结果。铂电极先用浓硝酸浸泡数分钟，再用蒸馏水冲洗。

3. 实验完毕后，在反应器中倒入蒸馏水，将铂电极浸入水中。

4. 测定开始时，需将甘汞电极上下两个帽拔掉，实验结束后，再将两个帽套上。

六、数据记录与处理

1. 将实验步骤 2 的实验数据分别填入表 II-14-1 中。

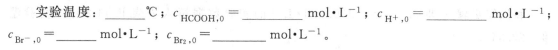

实验温度：_____℃；$c_{HCOOH,0}$ = _____ mol·L^{-1}；$c_{H^+,0}$ = _____ mol·L^{-1}；$c_{Br^-,0}$ = _____ mol·L^{-1}；$c_{Br_2,0}$ = _____ mol·L^{-1}。

表 II-14-1　电动势-时间记录表

t/min	2.5	3.5	4	4.5	5	5.5	6	...	15
E/V									

据式（II-14-10），以 E 对 t 作图，确定级数 n，并由直线斜率求出准 n 级速率常数 $k_{p,1}$。

2. 据实验步骤 3 的实验数据，作 E-t 图，由斜率求出 $k_{p,2}$，利用 $k_{p,1}$、$k_{p,2}$ 计算 m。

3. 据实验步骤 4 的实验数据，作 E-t 图，由斜率求出 $k_{p,3}$，利用 $k_{p,1}$、$k_{p,3}$ 计算 g。

4. 据实验步骤 5 的实验数据，作 E-t 图，由各直线的斜率分别求出各组实验的 k_p，然后据式（II-14-15），以 $\frac{1}{k_p}$ 对 c_{Br^-} 作图，确定 h 值并用外推法求 k 值。

5. 将 m、g 和 h 值代入式（II-14-16），导出甲酸盐氧化反应速率公式，整理此式，进而确定反应历程。

七、结果讨论

1. 有关甲酸与溴水反应的动力学研究始于 20 世纪初，Bogner 首先确定为二级反应。随后，Joseph 发现加入溴化物、氯化物和酸等均可使反应速率降低。1925 年 Hammick 等用 Ostwold 孤立变数法证实溴的消耗速率服从单分子反应动力学公式。1964 年 Cox 和 Mctigue 用分光光度法研究了甲酸盐-溴水反应速率与溶液酸度的关系。数年后 Smith 对甲酸盐与溴水反应动力学进行了系统的研究。

2. 利用电动势法测定甲酸盐在酸性溶液中被溴氧化反应的速率常数。具体的做法是：通过改变 H$^+$、Br$^-$、HCOOH 浓度，Br$_2$ 浓度不变，配制一系列不同浓度的反应溶液，采用电动势法跟踪 Br$_2$ 浓度随时间的变化，通过图形分析及计算，确定甲酸盐氧化反应的速率常数。以及通过动力学分析的孤立法确定反应历程。

3. 文献值为：298.2K 时，k = $(7.5±0.2)×10^{-1}$ s^{-1}。

八、思考题

1. 若反应对 Br$_2$ 并非一级，能否用电动势法测定？

2. 如要测定甲酸盐氧化反应的活化能，应如何进行？

九、参考文献

[1] 赵晓东，张玉萍. (NH$_4$)$_2$S$_2$O$_8$ 与 KI 反应动力学实验的改进. 大学化学，1996，11（4）：39-40.

[2] 吴胜强，曹晖. 蔗糖转化反应动力学实验的改进. 大学化学，1997，12（6）：44-45.

[3] 李元高，陈丽莉，肖均陶. H$_2$O$_2$ 分解反应动力学实验的改进. 大学化学，2002，17（2）：41-43.

[4] 孙志杰，殷立新，贺成红. 环氧-酚醛（锌）树脂基体固化反应动力学实验研究. 玻璃钢/复合材料，2004，5：18-20.

［5］ 岳梅，赵峰华，朱银凤.硫化物矿物氧化反应动力学实验研究.地球科学进展，2004，19（1）：47-54.

［6］ 罗澄源编.物理化学实验.北京：人民教育出版社，1979.

［7］ 吴子生，严忠主编.物理化学实验指导书.长春：东北师范大学出版社，1995.

［8］ 赵会玲，宋江闯，熊焰.电动势测定在物理化学实验中的应用.分析仪器，2015，2：85-89.

［9］ 聂雪，屈景年，曾荣英.电动势法测定化学反应的热力学函数实验的改进.衡阳师范学院学报，2013，34（3）：48-51.

十、实例分析

将操作步骤 2 即 $c_{Br^-,0} = 0.1000 mol \cdot L^{-1}$ 的实验数据填入表表Ⅱ-14-2 中，实验温度：22.3℃。

表Ⅱ-14-2 时间-电动势关系表（根据步骤 2 而作）

t/min	2.5	3.5	4.0	4.5	5.0	5.5	6.0	6.5
E/V	0.8130	0.8104	0.8092	0.8078	0.8066	0.8053	0.8040	0.8029
t/min	7.0	7.5	8.5	9.0	9.5	10.0	10.5	11.5
E/V	0.8016	0.8002	0.7989	0.7965	0.7956	0.7943	0.7931	0.7907
t/min	12.0	12.5	13.0	13.5	14.0	14.5	15.0	
E/V	0.7895	0.7884	0.7870	0.7858	0.7846	0.7834	0.7822	

将操作步骤 3 的实验数据填入表Ⅱ-14-3 中。

表Ⅱ-14-3 时间-电动势关系表（根据步骤 3 而作）

t/min	1.0	1.5	2.0	2.5	3.0	3.5	4.5	5.0
E/V	0.8151	0.8122	0.8094	0.8066	0.8038	0.8010	0.7960	0.7936
t/min	5.5	6.0	6.5	6.5	7.0	7.5	8.0	8.5
E/V	0.7909	0.7883	0.7859	0.7859	0.7834	0.7810	0.7785	0.7759
t/min	9.0	9.5	10.0	10.5	11.0	11.5	12.0	12.5
E/V	0.7733	0.7711	0.7686	0.7661	0.7639	0.7614	0.7589	0.7567

将操作步骤 4 的实验数据填入表Ⅱ-14-4 中。

表Ⅱ-14-4 时间-电动势关系表（根据步骤 4 而作）

t/min	1.0	2.0	3.0	3.5	4.0	4.5	5.0	5.5
E/V	0.8174	0.8118	0.8059	0.8031	0.8006	0.7977	0.7950	0.7924
t/min	6.0	6.5	7.0	7.5	8.0	8.5	9.0	9.5
E/V	0.7897	0.7875	0.7848	0.7822	0.7796	0.7771	0.7748	0.7721
t/min	10.0	10.5	11.0	11.5	12.0	12.5	13.0	13.5
E/V	0.7695	0.7669	0.7644	0.7621	0.7596	0.7571	0.7544	0.7522

将操作步骤 5 的实验数据填入表Ⅱ-14-5～表Ⅱ-14-7 中。

表Ⅱ-14-5 时间-电动势关系表（根据步骤 5 而作）　　　　　$c_{Br^-,0} = 0.0500 mol \cdot L^{-1}$

t/min	1.0	1.5	2.0	2.5	3.5	4.0	4.5	5.0
E/V	0.8335	0.8308	0.8283	0.8255	0.8210	0.8186	0.8164	0.8142
t/min	6.0	7.0	7.5	8.5	9.0	10.0	10.5	11.0
E/V	0.8097	0.8052	0.8030	0.7990	0.7969	0.7928	0.7906	0.7885
t/min	11.5	12.0	12.5	13.0	13.5	14.0	14.5	15.0
E/V	0.7866	0.7845	0.7827	0.7805	0.7786	0.7763	0.7743	0.7743

表Ⅱ-14-6　时间-电动势关系表（根据步骤 5 而作）　　$c_{Br^-,0}=0.2000\,mol\cdot L^{-1}$

t/min	1.0	1.5	2.0	2.5	3.5	4.0	4.5	5.0	6.0
E/V	0.7920	0.7906	0.7894	0.7882	0.7870	0.7857	0.7846	0.7833	0.7822
t/min	6.5	7.0	7.5	8.0	8.5	9.0	9.5	10.0	10.5
E/V	0.7787	0.7776	0.7765	0.7752	0.7740	0.7730	0.7719	0.7707	0.7697
t/min	11.0	11.5	12.0	12.5	13.0	13.5	14.0	14.5	15.0
E/V	0.7686	0.7675	0.7664	0.7655	0.7644	0.7633	0.7623	0.7612	0.7601

表Ⅱ-14-7　时间-电动势关系表（根据步骤 5 而作）　　$c_{Br^-,0}=0.3000\,mol\cdot L^{-1}$

t/min	1.5	2.0	2.5	3.0	3.5	4.0	4.5	5.0	5.5
E/V	0.7760	0.7751	0.7742	0.7733	0.7723	0.7715	0.7707	0.7698	0.7691
t/min	6.0	6.5	7.0	7.5	8.0	8.5	9.0	9.5	10.0
E/V	0.7684	0.7675	0.7666	0.7658	0.7650	0.7642	0.7633	0.7625	0.7618
t/min	11.0	11.5	12.0	12.5	13.0	13.5	14.0	14.5	15.0
E/V	0.7600	0.7592	0.7584	0.7576	0.7568	0.7560	0.7552	0.7544	0.7535

根据以上数据以 E 对 t 作图如下，实验步骤 5 中其他 Br^- 浓度类似处理。

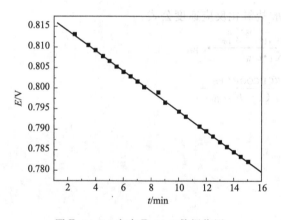

图Ⅱ-14-2　由表Ⅱ-14-2数据作图

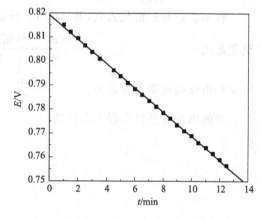

图Ⅱ-14-3　由表Ⅱ-14-3数据作图

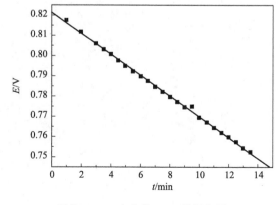

图Ⅱ-14-4　由表Ⅱ-14-4数据作图

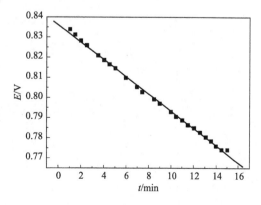

图Ⅱ-14-5　由表Ⅱ-14-5数据作图

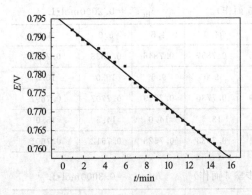

图Ⅱ-14-6 由表Ⅱ-14-6数据作图

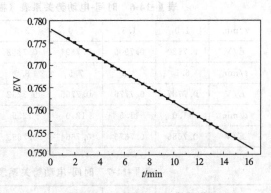

图Ⅱ-14-7 由表Ⅱ-14-7数据作图

根据图Ⅱ-14-2～图Ⅱ-14-7直线的斜率，利用式(Ⅱ-14-11)，求出各直线的k_p值：

$k_{p,1}=0.1887$　$k_{p,2}=0.3931$　$k_{p,3}=0.4009$　$k_{p,4}=0.3380$　$k_{p,5}=0.1808$

$k_{p,6}=0.1336$

根据$k_{p,1}$、$k_{p,2}$值求得$m=1.059≈1$；根据$k_{p,1}$，$k_{p,3}$值求得$g=-1.087≈-1$；

根据实验步骤5的数据作$\dfrac{1}{k_p}-c_{Br^-}$图，得直线的截距为2.0193，由此可知，$h=0$。根据式(Ⅱ-14-16)，得到$k=0.5307s^{-1}$。

将m、g和h值代入式(Ⅱ-14-6)，导出甲酸盐氧化反应速度公式：

整理此式：

$$-\frac{dc_{Br_2}}{dt}=\frac{kc_{HCOOH}^{1.059}c_{H^+}^{-1.087}c_{Br^-}^{0}}{1+K_t\cdot c_{Br^-}}\cdot c_{Br_2}$$

由此推出反应速率方程式为：

$$-\frac{dc_{Br_2}}{dt}=\frac{kc_{HCOOH}c_{Br_2}}{c_{H^+}(1+K_t c_{Br^-})}$$

并推出反应是以历程2进行的。

第四章　胶体化学和表面化学实验

实验十五　最大气泡压力法测定溶液的表面张力

一、目的要求

1. 掌握最大气泡压力法测定表面张力的原理和技术。

2. 测定不同浓度乙醇水溶液的表面张力，计算吉布斯表面吸附量和乙醇分子的横截面积。

3. 通过对表面张力的测定，加深对表面张力、表面自由能、表面吸附量的理解。

4. 用计算机处理实验数据，着重掌握计算机微分运算，并利用吉布斯吸附公式计算不同浓度下乙醇溶液的表面吸附量。

二、基本原理

1. 表面自由能

液体内部的任何分子周围的吸引力是平衡的，可是在液体表面层分子的情况却不相同。因为表面层的分子一方面受到液体内层邻近分子的作用，另一方面受到液面外部气体分子的作用，而且前者的作用要比后者大。因此在液体表面层中，每个分子都受到垂直于液面并指向液体内部的不平衡力（如图Ⅱ-15-1 所示）。

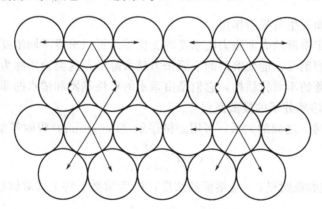

图Ⅱ-15-1　分子间的作用力示意图

这种吸引力使表面上的分子向内挤，促成液体的面积收缩。要使液体的表面积增大，就必须反抗分子的内向力而作功，增加分子的势能。所以说分子在表面层比在液体内部有较大的势能，这个势能就是吉布斯表面自由能。通常把增大 $1m^2$ 表面所需的最大功 A 或增大 $1m^2$ 所引起的表面自由能的变化值 ΔG 称为单位面积的表面能，其单位为 $J \cdot m^{-2}$。而把表面层分子垂直作用在单位长度的线段或边界上，且与表面平行或相切的收缩力，称为表面张力，其单位是 $N \cdot m^{-1}$，表面能与表面张力，均用 σ 表示。

液体表面自由能和它的表面张力在数值上是相等的。从热力学观点看，液体表面缩小是一个自发过程，使体系总的吉布斯自由能减少的过程。如欲使液体增加新的表面 ΔA，则需要对其作功。功的大小应与 ΔA 成正比；欲使液体表面积增加 ΔA 时，所消耗的可逆功为：

$$(\Delta G_{T,p})_{\mathrm{R}} = W'_{\max} = \sigma \Delta A \tag{II-15-1}$$

表面张力 σ 表示了液体表面自动缩小趋势的大小，其量值与液体的成分、溶质的浓度、温度及表面气氛等因素有关。

2. 溶液的表面吸附

液体的表面张力也与液体的纯度有关。纯物质表面层的组成与内部的组成相同，因此纯液体降低表面吉布斯自由能的唯一途径是尽可能缩小其表面积。在纯物质液体（溶剂）中掺进杂质（溶质），表面张力就会发生变化，其变化的大小取决于溶质的本性和加入量。根据能量最低原理，若溶质能降低溶剂的表面张力，则表面层溶质的浓度应比溶液内部的浓度大；如果所加溶质能使溶剂的表面张力增加，那么，表面层溶质的浓度应比内部低。这种表面浓度与溶液内部浓度不同的现象叫做溶液的表面吸附。显然，在指定的温度和压力下，溶质的吸附量与溶液的表面张力及溶液的浓度有关并遵守吉布斯（Gibbs）吸附方程：

$$\Gamma = -\frac{c}{RT}\left(\frac{\partial \sigma}{\partial c}\right)_T \tag{II-15-2}$$

式中，Γ 为表面吸附量，$\mathrm{mol \cdot m^{-2}}$；$T$ 为热力学温度，K；c 为稀溶液浓度，$\mathrm{mol \cdot L^{-1}}$；$R$ 为摩尔气体常数。$\left(\dfrac{\partial \sigma}{\partial c}\right)_T$ 表示在一定温度下表面张力随浓度的变化率。

若 $\left(\dfrac{\partial \sigma}{\partial c}\right)_T < 0$，则 $\Gamma > 0$，溶质能降低溶剂的表面张力，溶液表面层的浓度大于内部的浓度，溶质在溶液表面发生正吸附作用；

若 $\left(\dfrac{\partial \sigma}{\partial c}\right)_T > 0$，则 $\Gamma < 0$，溶质能增加溶剂的表面张力，溶液表面层的浓度小于内部的浓度，溶质在溶液表面发生负吸附作用。

可见，通过测定溶液的表面张力随浓度的变化关系可以求得不同浓度下溶液的表面吸附量。有些物质溶入溶剂后，能使溶剂的表面张力显著降低，这类物质称为表面活性物质。表面活性物质具有显著的不对称结构，它们是由亲水的极性基团和憎水的非极性基团构成的。

3. 饱和吸附与溶质分子的横截面积

吸附量 Γ 与浓度 c 之间的关系，可用朗格谬尔（Langmuir）吸附等温式表示。

$$\Gamma = \Gamma_\infty \frac{Kc}{1+Kc} \tag{II-15-3}$$

式中，Γ_∞ 为饱和吸附量；c 是溶液的浓度；K 为常数。将上式取倒数可得

$$\frac{c}{\Gamma} = \frac{c}{\Gamma_\infty} + \frac{1}{K\Gamma_\infty} \tag{II-15-4}$$

如以 $\dfrac{c}{\Gamma}$ 对 c 作图，那么图中直线斜率的倒数即是 Γ_∞。

如果以 N 代表 $1\mathrm{m^2}$ 表面上溶质的分子数，则有：

$$N = \Gamma_\infty L \tag{II-15-5}$$

式中，L 为阿伏加德罗常数，由此可得每个溶质分子在溶液表面所占据的横截面积为：

$$A = \frac{1}{\Gamma_\infty L} \tag{II-15-6}$$

因此，若测得不同浓度溶液的表面张力，从 σ-c 曲线上求出不同浓度的 $\left(\dfrac{\partial \sigma}{\partial c}\right)_T$，进而

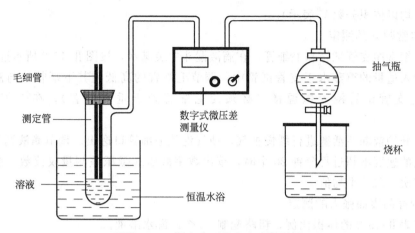

图Ⅱ-15-2 测定表面张力实验装置图

由式（Ⅱ-15-2）求得不同浓度下的吸附量 Γ，根据式（Ⅱ-15-4），再从 $\dfrac{c}{\Gamma}$-c 直线上求出 Γ_∞ 便可算出溶质分子的截面面积 A。

4. 最大泡压法

测定表面张力的方法很多。本实验采用最大气泡压力法测定乙醇水溶液的表面张力，实验装置如图Ⅱ-15-2所示。

当毛细管下端管口刚好与被测液体液面相切时，液体沿毛细管上升。打开抽气瓶（滴液漏斗）的活塞缓缓放水抽气，此时测定管中的压力 p_r 逐渐减小，毛细管中的大气压力 p_0 就会将管中液面压至管口，并形成气泡。其曲率半径恰好等于毛细管半径 r 时，根据拉普拉斯（Laplace）公式，此时能承受的压力差为最大：

$$\Delta p_{\max} = p_0 - p_r = \frac{2\sigma}{r} = k\sigma \qquad\qquad (\text{Ⅱ-15-7})$$

在实验中，若使用同一支毛细管和压力计，则 k 是一个常数，称作仪器常数。

如果将已知表面张力的液体作为标准，由实验测得其 $\Delta p_{\max}$，就可求出仪器常数 k。然后用这一仪器测定其他液体的 $\Delta p_{\max}$ 值，根据式（Ⅱ-15-7），即可求得各种浓度液体的表面张力 σ。本实验拟用已知表面张力的重蒸水（参见第五部分附录23）作标准，由实验测得其 $\Delta p_{\max}$ 后，就可求出仪器常数 k 的值。

三、仪器与试剂

1. 仪器

表面张力仪1套，DP-AW（微差压）精密数字压力计1台，恒温水浴1套，阿贝折光仪1台，滴管若干，烧杯（250mL）1只。

2. 试剂

无水乙醇（A. R.），重蒸水。

四、实验步骤

1. 工作曲线测定

用体积法准确配制体积分数 V 为 5.0%、10.0%、15.0%、20.0%、25.0%、30.0%、40.0%、50.0%的标准乙醇溶液，并测定各个溶液的折射率，填入表Ⅱ-15-1中（在本实验中，浓度 c 均以体积分数 V 表示）。

2. 仪器常数 k 的测定

(1) 仔细洗净支管试管和毛细管，在滴液漏斗中装满水，按图Ⅱ-15-2所示连接装置。

(2) 加入适量的重蒸水于支管试管中，调节毛细管的高低使其下端管口与液面刚好相切。然后把支管试管浸入恒温槽（必须使毛细管处于垂直位置），在25℃条件下恒温10min。

(3) 打开滴液漏斗活塞进行缓慢抽气，使气泡从毛细管口逸出。调节滴液漏斗滴水速度使气泡逸出的速度不超过每分钟20个时，读出数字微压式微压差测量仪读数。要求按同样条件测定三次，取其平均值。

3. 待测样品表面张力的测定

(1) 按表Ⅱ-15-2的体积比例，粗略配制10个乙醇水溶液。

(2) 用少量待测溶液润洗支管试管和毛细管后，加入适量的样品于支管试管中，使毛细管下端管口与液面相切。

(3) 按仪器常数测定的操作步骤，分别测定各个未知浓度乙醇溶液的 $\Delta p_{\max}$ 值。将测定的 $\Delta p_{\max}$ 值填入表Ⅱ-15-2中。

4. 待测样品折射率的测定

用阿贝折光仪测定表Ⅱ-15-2中10个待测样品的折射率 n_D^t，并从上述测定的工作曲线上查出对应的浓度 $V/\%$ 值，将各个样品的 n_D^t 和 $V/\%$ 值填入表Ⅱ-15-2中。其中 n_D^t 表示在恒温温度为 t(℃) 时某液体物质的折射率。

五、注意事项

1. 仪器系统不能漏气。

2. 所用毛细管必须干净，应保持垂直，其下端管口刚好与液面相切。

3. 读取压力差时，应取气泡单个逸出时的最大压力差。

六、数据记录与处理

室温：＿＿＿＿＿＿℃；溶液恒温：＿＿＿＿＿＿℃；大气压力：＿＿＿＿＿＿Pa。

1. 标准乙醇溶液工作曲线的绘制

将实验步骤1中测定的数据填入表Ⅱ-15-1中。

表Ⅱ-15-1　浓度 $(V/\%)$-折射率 (n_D^t) 数据表　　　　　恒温＿＿＿＿℃

样品编号	1	2	3	4	5	6	7	8
$V_{乙醇}$/mL	1.0	2.0	3.0	4.0	5.0	6.0	8.0	10.0
$V_水$/mL	19.0	18.0	17.0	16.0	15.0	14.0	12.0	10.0
$V/\%$	5.0	10.0	15.0	20.0	25.0	30.0	40.0	50.0
n_D^t								

根据表Ⅱ-15-1的数据，以折射率为纵坐标，浓度为横坐标作图得到折射率 n_D^t-浓度 c $(V/\%)$ 工作曲线。

2. 仪器常数 k 的测定

由重蒸水的表面张力 σ 值，及实验步骤2中测定的 $\Delta p_{\max}$，据式（Ⅱ-15-7）计算仪器常数 k 值。具体过程如下：由附录23查出相应实验温度下的表面张力，计算仪器常数 k。测量三次，取平均值。

3. 求待测乙醇溶液的表面张力 σ 和浓度 $c(V/\%)$

按表Ⅱ-15-2 中乙醇和重蒸水体积的比例，粗略配制 10 个一定浓度的乙醇水溶液待测样品。按实验步骤 3 的方法，测定这 10 个样品的 Δp_{max} 值（要求按同样条件测定三次，取其平均值 $\overline{\Delta p_{max}}$），再根据式（Ⅱ-15-7）计算对应各个样品的表面张力 σ。

按实验步骤 4 的方法，测定这 10 个样品的折射率 n_D^t，再从上述作出的折射率-浓度关系工作曲线，由 n_D^t 查出对应的浓度 $c(V/\%)$。将 Δp_{max}、σ、n_D^t、$c(V/\%)$ 数据填入表Ⅱ-15-2 中。

表Ⅱ-15-2　待测样品的 Δp_{max} 和 n_D^t 数据表　　　　恒温＿＿＿＿＿℃

样品编号	1	2	3	4	5	6	7	8	9	10
乙醇/mL	5	10	15	20	25	30	35	40	45	50
重蒸水/mL	95	90	85	80	75	70	65	60	55	50
$\Delta p_{max,1}$/kPa										
$\Delta p_{max,2}$/kPa										
$\Delta p_{max,3}$/kPa										
$\overline{\Delta p_{max}}$/kPa										
$\sigma \times 10^2$/N·m^{-1}										
n_D^t										
$c(V/\%)$										

4. 求待测样品的吸附量 Γ 和乙醇的横截面积 A。

表Ⅱ-15-3　待测样品的吸附量 Γ　　　　恒温＿＿＿＿＿℃

编号	1	2	3	4	5	6	7	8	9	10
$c(V/\%)$	5.0	10.0	15.0	20.0	25.0	30.0	35.0	40.0	45.0	50.0
$-\left[\dfrac{\partial \sigma}{\partial c}\right]_T \times 10^3$/N·m^2·mol^{-1}										
z/N·m^{-1}										
$\Gamma \times 10^6$/mol·m^{-2}										
c/Γ										

（1）利用表Ⅱ-15-2 求出的表面张力 σ 对浓度 $c(V/\%)$ 的数据作图，得 σ-$c(V/\%)$ 曲线。

（2）在 σ-$c(V/\%)$ 曲线上，按表Ⅱ-15-2 的浓度作对应的切线，求出各点的斜率 $m = \left[\dfrac{\partial \sigma}{\partial c}\right]_T$（或用 Origin 作图求取相应的斜率）。根据式（Ⅱ-15-2），计算各浓度吸附量 Γ、c/Γ，将计算结果填入表Ⅱ-15-3 中。

求曲线斜率的手工作图法如下。

① 将实验点连成平滑的曲线（图Ⅱ-15-3）。

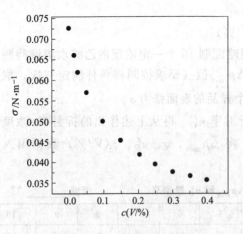

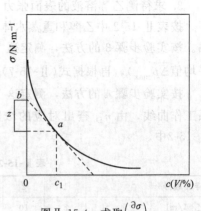

图Ⅱ-15-3　表面张力与浓度实验点关系图　　　　　　图Ⅱ-15-4　求取$\left(\dfrac{\partial\sigma}{\partial c}\right)_T$

② 过曲线上的选点作切线（图Ⅱ-15-4）。

③ 由切线的斜率得到偏导数的值。方法如下。

在$\sigma\text{-}c$曲线上任找一点a，过a点作切线ab，此点的斜率m为：

$$m=\left(\frac{\partial\sigma}{\partial c}\right)_T=\frac{z}{0-c_1}=-\frac{z}{c_1}$$

所以　　　　　　　　　$$\varGamma=-\frac{c}{RT}\left(\frac{\partial\sigma}{\partial c}\right)_T=\frac{z}{RT} \qquad (\text{Ⅱ-15-8})$$

在此$\sigma\text{-}c$曲线上，按表Ⅱ-15-3的浓度作对应的切线，求出各点的斜率$m=\left(\dfrac{\partial\sigma}{\partial c}\right)_T$。再由上述式（Ⅱ-15-2）计算各个点的吸附量$\varGamma$（mol·m^{-2}）；或找出各点在纵坐标上的$z$值（N·m^{-1}），据式（Ⅱ-15-8）计算各个点的吸附量$\varGamma$值（浓度c以$V/\%$表示）。将求出的各个点的$\varGamma$值填入表Ⅱ-15-3中。

求曲线斜率的 Origin 导数法如下。

显然，手工作图法会有很大的随意性和误差，运用 Origin 软件时，先对$\sigma\text{-}c$曲线进行指数衰减拟合，得到表面张力σ与浓度c（$V/\%$）之间的曲线函数关系，然后再对该曲线函数求导数，可以方便、客观、快捷地求得$\left(\dfrac{\partial\sigma}{\partial c}\right)_T$，可避免手工作图的人为误差，具体过程详见实例分析部分。

（3）利用表Ⅱ-15-3的$c/\varGamma\text{-}c$（$V/\%$）数据作图，得一直线，由此直线的斜率和截距可求出常数$\varGamma_\infty$和K。

（4）利用上述式（Ⅱ-15-6）　可求出乙醇分子的近似横截面A（m^2）。

七、思考题

1．如果毛细管末端插入到溶液内部进行测量可以吗？为什么？

2．在本实验中，为什么要读取最大压力差？

3．测液体表面张力时，测量张力的溶液并未准确配制，这对实验结果有无影响？为什么？

4．本实验采用乙醇作表面活性物质，也可以用正丁醇做此实验，试问哪一个效果好？

八、参考文献

[1]　王瑞芳. 最大泡压法测溶液表面张力实验数据的计算机处理. 华南农业大学学报，2001，22（2）：92-94.

[2] 贺国旭，孙浩杰，昝红涛等. 无机盐对 SDS 溶液表面张力的影响. 化工时刊，2008，22 (10)：42-44.

[3] 吴世彪. Origin 软件在溶液表面张力实验数据处理中的应用. 安徽化工，2008，34 (6)：37-39.

[4] 郭瑞. 表面张力测量方法综述. 计量与测试技术，2009，36 (4)：62-64.

[5] 闫华，金燕仙，钟爱国等. 溶液表面张力测定的实验数据处理分析与改进. 实验技术与管理，2009，26 (8)：44-46.

[6] 朱海，邓若鹏，陈元杰. 设计控温装置研究液体表面张力系数与温度的关系. 物理实验，2009，29 (7)：40-42.

[7] 冯露，代伟. 一种测定液体表面张力系数与温度关系的实验装置. 计量与测试技术，2009，36 (4)：60-61.

[8] 张峥，陈锐莹，吴新民. 用 Excel 处理最大气泡法测定溶液表面张力的实验结果. 中国科教创新导刊，2009，25：162-163.

[9] 潘湛昌，苏小辉，张环华等. 最大气泡法测定液体表面张力实验装置的改进. 实验室研究与探索，2011，30 (12)：31-33.

[10] 吴世彪，徐玲，王颖等. 最大气泡法测定溶液表面张力实验数据处理的改良. 中国现代教育装备，2010，5：65-66.

[11] 周薇薇，赵旺，王凤武. 最大气泡法测定液体表面张力实验的研究与讨论. 理化生教学与研究，2015，5：130-131.

九、实例分析

1. 乙醇水溶液折射率的测定及工作曲线的绘制

根据表 Ⅱ-15-4 的数据，以浓度 c 为 X 轴，折射率 n 为 Y 轴，作出工作曲线。

(1) 打开 Origin 软件，其默认打开一个 worksheet 窗口，该窗口缺省为 A、B 两列。选择附录数据，以浓度 $c/(V/\%)$ 为 X 轴、折射率 n 为 Y 轴在出现的 Data1 中输入。

表 Ⅱ-15-4　浓度 (c)-折射率 (n) 数据表　　　　　　温度：24.4℃

样品编号	1	2	3	4	5	6	7	8
$c(V/\%)$	5.0%	10.0%	15.0%	20.0%	25.0%	30.0%	40.0%	50.0%
n_D^t	1.3363	1.3399	1.3419	1.3447	1.3478	1.3507	1.3556	1.3596

(2) 选定全部数据，在 Plot 中选择 Line＋Symbol。

(3) 分别双击"X Axis Title"和"Y Axis Title"，分别输入浓度 (c) 和折射率 (n)，即得如图 Ⅱ-15-5。

2. 待测液体的表面张力

(1) 常数 k 的测定

蒸馏水的表面张力 $\sigma=72.13\times10^{-3}\mathrm{N\cdot m^{-1}}$

通过测定蒸馏水的 $\Delta p_{\max}=-0.773\mathrm{kPa}$

从而由 $\sigma_{水}=k/\Delta p$ 可得：

$k=0.07213/-0.773=-0.0933$

(2) 根据公式 $\sigma_{测}=\Delta p_{\max,测}\,\sigma_{水}/\Delta p_{\max,水}$，从而求出待测样品的相应的表面张力 σ；由折射率 n 查出待测样品对应的浓度，填入表 Ⅱ-15-5。

(3) 作 σ-c 曲线，求出各浓度下的表面吸附量。

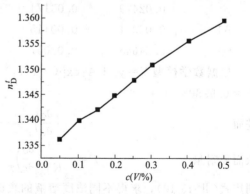

图 Ⅱ-15-5　标准乙醇溶液的工作曲线：折射率 n_D^t 与乙醇浓度 $c(V/\%)$ 的关系

表Ⅱ-15-5　待测样品的表面张力测定

样品编号	A	B	C	D	E	F
$\Delta p_{\max,1}$/kPa	−0.531	−0.477	−0.426	−0.400	−0.373	−0.335
$\Delta p_{\max,2}$/kPa	−0.529	−0.478	−0.425	−0.400	−0.373	−0.334
$\Delta p_{\max,3}$/kPa	−0.530	−0.479	−0.427	−0.401	−0.371	−0.336
$\overline{\Delta p_{\max}}$/kPa	−0.530	−0.478	−0.426	−0.400	−0.372	−0.335
$\sigma \times 10^{-2}$/N·m^{-1}	4.94	4.46	3.97	3.73	3.47	3.13
n_D^t	1.3382	1.3414	1.3446	1.3469	1.3496	1.3556
c(V/%)	7.55	13.60	20.40	23.76	29.66	41.17

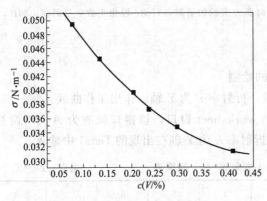

图Ⅱ-15-6　表面张力与乙醇浓度的关系

① 打开 Origin 软件，其默认打开一个 worksheet 窗口，该窗口缺省为 A、B 两列。选择在出现的 Data1 中输入以浓度 (c) 为 X 轴、表面张力 $\sigma \times 10^{-2}$ 为 Y 轴的全部实验数据。

② 选定全部数据，在 Plot 中选择 Line＋Symbol，然后选 Analysis/Fit Exponential Decay/First order。

③ 分别双击 "X Axis Title" 和 "Y Axis Title"，分别输入浓度 (c) 和折射率 (n)，即得如图Ⅱ-15-6。

④ 在结果窗口中可以看到：

Fit Data1 _ B to y0＋A1e^(−x/t1)：

Chi^2 1.40316E−7

R^2　　0.99808

y0　　0.02479　　0.00174

A1　　0.03371　　0.00115

t1　　0.24645　　0.03057

根据数学模型 $Y=y_0+A_1\exp(-x/t_1)$ 知，$\sigma=0.02479+0.03371\exp(-c/0.24645)$，$R^2=0.99808$。

进而：

$$\left(\frac{\partial \sigma}{\partial c}\right)_T=-\frac{A_1}{t_1}\exp\left(-\frac{c}{t_1}\right) \tag{Ⅱ-15-9}$$

从而吸附量

$$\Gamma=-\frac{c}{RT}\left(\frac{\partial \sigma}{\partial c}\right)_T=\frac{c}{RT}\times\frac{A_1}{t_1}\exp\left(-\frac{c}{t_1}\right) \tag{Ⅱ-15-10}$$

利用式（Ⅱ-15-10），求得不同浓度溶液的表面吸附量 Γ。得表Ⅱ-15-6。

表Ⅱ-15-6　吸附量与浓度的关系表

样品编号	A	B	C	D	E	F
c(V/%)	7.55	13.60	17.5	23.76	31.5	40.2
$\Gamma \times 10^6$/mol·m^{-2}	2.42	4.16	5.25	5.75	5.30	4.72

利用表Ⅱ-15-6 作 Γ-c 图（图Ⅱ-15-7），从曲线可知：其最高峰对应 Γ_∞ 值。

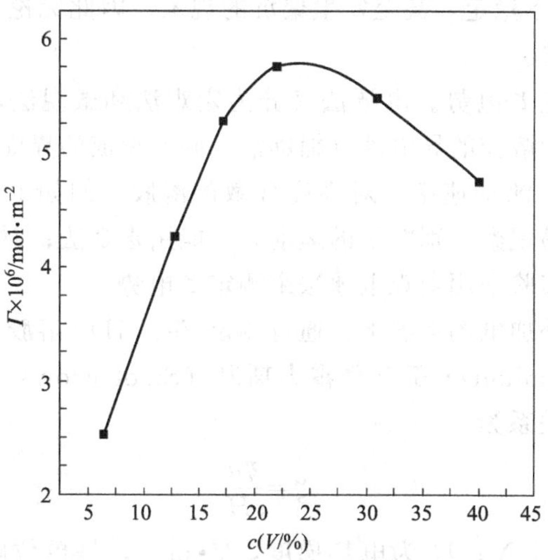

图Ⅱ-15-7　Γ-c 关系图

从图中知道 $\Gamma_\infty = 5.92 \times 10^{-6}\,mol \cdot m^{-2}$，而 25℃时，其相应文献值 $\Gamma_\infty = 5.88 \times 10^{-6}$ $mol \cdot m^{-2}$，相对误差 $= (5.92 - 5.88) \times 10^{-6}/(5.88 \times 10^{-6}) \times 100\% = 0.68\%$。

（4）利用 $A = 1/(\Gamma_\infty L_A)$，可求得乙醇分子的近似横截面 $A\,(m^2)$

$$A = 1/(5.92 \times 10^{-6} \times 6.02 \times 10^{23})$$
$$= 2.806 \times 10^{-19}\,m^2$$

文献值　$A = 2.81 \times 10^{-19}\,m^2$

相对误差 $= (2.806 - 2.81) \times 10^{-19}/(2.81 \times 10^{-19}) \times 100\% = -0.35\%$

实验十六　电　　泳

一、目的要求

1. 了解 $Fe(OH)_3$ 溶胶的制备及纯化方法。
2. 掌握电泳法测定溶胶 ζ 电势的原理与方法。
3. 理解溶胶的 ζ 电势的物理意义。

二、基本原理

胶体中的胶粒是带电荷粒子。在电场中，这些荷电的胶粒与分散介质间会发生相对运动，若分散介质不动，胶粒向阳极或阴极（视胶粒荷负电荷或正电荷而定）移动的现象，称为电泳。

胶体溶液作为多相体系，其分散相胶粒和分散介质带有数量相等而符号相反的电荷，因此在界面上建立了双电层结构。当胶体相对静止时，整个溶液呈电中性。但在外电场作用下，溶胶的胶粒和分散介质反向相对移动，就会产生电势差，此电势差称为电动电势，又称为 ζ 电势。ζ 电势是表征胶粒特性的重要物理量之一，在研究溶胶性质及实际应用中有着重要的作用。ζ 电势和胶体的稳定性有密切关系。$|\zeta|$ 值越大，表明胶粒荷电越多，胶粒之间的

斥力越大，胶粒分散程度越大，胶体越稳定。反之，由于外加电解质或光照、加热等因素，使|ζ|值变小时，胶体则不稳定，甚至发生聚沉的现象。因此无论制备或破坏胶体，均需要了解所研究胶体的ζ电势。

利用电泳现象可测定ζ电势。电泳法又分为宏观法和微观法，前者是将溶胶置于电场中，观察溶胶与另一不含溶胶的导电液（辅助液）间所形成的界面的移动速率；后者是直接观测单个胶粒在电场中的泳动速率。对高度分散的溶胶，例如$Fe(OH)_3$溶胶和As_2S_3溶胶，或过浓的溶胶，不易观察个别粒子的运动，只能用宏观法；对颜色太浅或浓度过稀的溶胶，则采用微观法。本实验采用宏观电泳法来测定ζ电势。

本实验是在一定的外加电场强度下，通过测定$Fe(OH)_3$溶胶的电泳速率，计算出ζ电势。根据亥姆霍兹（Helmholtz)-斯莫鲁霍夫斯基（Smoluchowski）方程，对于棒状胶粒，其ζ电势与电泳速率的关系为

$$\zeta = \frac{\eta u}{\varepsilon H} \tag{II-16-1}$$

式中，ζ为电动电势，V；H为电势梯度，$V \cdot m^{-1}$，是单位距离之间的电势差，$H = \frac{U}{L}$；U为外加电场的电压，V；L为两电极间的距离，m；u是电泳速率，$m \cdot s^{-1}$，是指在时间t(s)内，界面所移动的距离S(m)，即$u = \frac{S}{t}$；η是分散介质的黏度，$Pa \cdot s$（水的黏度见附录21）。分散介质的介电常数$\varepsilon = \varepsilon_0 \varepsilon_r$，其中，真空介电常数$\varepsilon_0 = 8.854 \times 10^{-12} F \cdot m^{-1}$，$\varepsilon_r$是分散介质的相对介电常数。对于水，$\varepsilon_r = 80.37 - 0.37(t/℃ - 20)$。实验要测定的物理量是$S$、$t$、$U$、$L$。

三、仪器与试剂

1. 仪器

电泳仪1套，电泳管1支，铂电极2支，移液管（25mL）2支，洗耳球1个，秒表1只。

2. 试剂

$Fe(OH)_3$胶体溶液，KCl溶液（$0.001mol \cdot L^{-1}$）。

四、实验步骤

1. $Fe(OH)_3$溶胶的制备

量取50mL蒸馏水，置于100mL烧杯中，先煮沸2min，用刻度移液管逐滴加入10%$FeCl_3$溶液10mL，再继续煮沸3min，得到红棕色$Fe(OH)_3$胶体溶液，冷却、净化后即可使用。其结构式可表示为

$$\{[Fe(OH)_3]_m \cdot nFeO^+ \cdot (n-x)Cl^-\}^{x+} \cdot xCl^-$$

2. 电泳实验

(1) 安装电泳测定仪

电泳测定装置如图II-16-1所示。将电泳管用支架固定，将两支铂电极与电泳仪连接。

(2) 装$Fe(OH)_3$溶胶

在干净的电泳管中，用移液管加入电导率与$Fe(OH)_3$

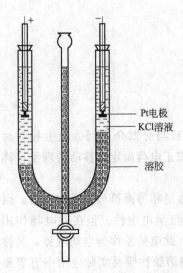
图II-16-1 电泳测定示意图

Pt电极
KCl溶液
溶胶

118

溶胶相近的 $0.001\,mol\cdot L^{-1}$ KCl 溶液，液面至 U 形管底部高约 6cm。

用移液管沿电泳管的中间管壁加入经过净化的红棕色 $Fe(OH)_3$ 溶胶，注意加入的速度要慢（特别是开始阶段），使两种液体保持清晰的界面。待 U 形管两边胶体溶液上升至约 10cm 高，同时界面清晰时，才能稍微加快注入溶胶的速度，直到液面离管口约 3cm 时为止。

在两边管口插入铂电极，铂片应完全浸入导电液中。

（3）测定溶胶的电泳速率

记下两边玻璃管的红棕色溶胶的液面位置，用细线小心沿玻璃管中间测定两铂片中点之间的距离 L（即电泳管中，两电极之间的平均导电距离）。

打开电泳仪的电源开关，调节电压 U 为 80V，同时按下秒表计时，直到界面移动 0.5cm 时，记下所用的时间 t、界面移动的准确距离 S。用同样方法再测一次，求平均值。然后调节电压为 100V，同样用上述方法测两次，求平均值。

五、注意事项

1. 两电极间的距离 L 不是指水平距离，而是 U 形管内两电极间平均的导电距离。

2. 界面要清晰是本实验成功的关键。因此加溶胶时，要格外小心，保持胶体与透明导电液界面的清晰度。

3. 电泳管有多种样式，有 U 字形、山字形等。对于 U 形管，要先加溶胶，后加无色辅助导电液。

六、数据记录与处理

1. 将实验数据填入表 Ⅱ-16-1。

表 Ⅱ-16-1　$Fe(OH)_3$ 溶胶的电泳测量数据表

室温＿＿＿℃　L＿＿＿m

测定次数	输出电压 U/V	界面移动距离 S/m	通电时间 t/s
1			
2			
3			
4			

2. 将上述数据处理后，填入表 Ⅱ-16-2。

表 Ⅱ-16-2　电泳测量处理数据表

室温＿＿＿℃　水的黏度 η＿＿＿Pa·s

测定次数	u/m·s^{-1}	H/V·m^{-1}	ζ/V	ζ 的平均值/V
1				
2				
3				
4				

3. 对比 $Fe(OH)_3$ 胶体的文献值 $\zeta = 0.04V$，计算测量的相对误差。

七、结果讨论

1. 在山字形电泳管中加入溶液，可先加入辅助溶液，也可先加入胶体溶液。但从效果看，先加入辅助溶液，两种液体的界面较易保持清晰。

2. 电泳的实验方法有多种。本实验方法称为界面移动法，适用于溶胶或大分子溶液与分散介质能形成界面的系统。此外还有显微电泳法和区域电泳法。显微电泳法用显微镜直接观察质点电泳的速率，要求研究对象必须在显微镜下能明显观察到，此法简便、快速、样品用量少，在质点本身所处的环境下测定，适用于粗颗粒的悬浮体和乳状液。区域电泳法是以惰性而均匀的固体或凝胶作为被测样品的载体进行电泳，以达到分离与分析电泳速率不同的各组分的目的。该法简便易行，分离效率高，样品用量少，还可避免对流影响，现已成为分离与分析蛋白质的基本方法。

3. $Fe(OH)_3$ 是棒状胶粒。对于球状胶粒，其 ζ 电势用休克尔（Hückel）公式表示为：

$$\zeta = \frac{1.5\,\eta u}{\varepsilon H}$$

八、思考题

1. 电泳速度的快慢与哪些因素有关？

2. 所用辅助液的电导率，为什么必须与所测溶胶的电导率尽量接近？

3. 胶粒带电的原因是什么？如何判断胶粒所带电荷的符号？

4. 如果电泳管事先没有洗干净，在管壁上残留有微量的电解质时，对电泳测量的结果将有什么影响？

九、参考文献

[1] 复旦大学等编. 物理化学实验. 第 3 版. 北京：高等教育出版社，2004.

[2] 山东大学、山东师范大学等高校合编. 物理化学实验. 第 2 版. 北京：化学工业出版社，2007.

[3] 华南师范大学化学实验教学中心组织编写. 物理化学实验. 北京：化学工业出版社，2008.

[4] 刘勇健，白同春主编. 物理化学实验. 南京：南京大学出版社，2009.

[5] 施巧芳，张景辉，花蓓. 氢氧化铁溶胶电泳实验再探索. 化学教育，2005，6：52.

[6] 陈书鸿，莫春燕. 氢氧化铁胶体电泳实验的改进. 中国西部科技，2008，7（28）：13-14.

[7] 刘勇跃，贾翠英. 氢氧化铁溶胶电泳实验的改进研究. 实验室科学，2008，5：85-86.

[8] 杜伟，孙存华. SDS-聚丙烯酰胺凝胶电泳实验教学尝试. 教学仪器与实验，2009，25（7）：38-40.

[9] 周薇薇，赵旺，王凤武. $Fe(OH)_3$ 胶体电泳实验的研究与讨论. 理化生教学与研究，2015，3：141-143.

[10] 侯元，霍德胜，刘永茂. 双向电泳实验方法的改良. 实验室研究与探索，2010，29（12）：31-33.

[11] 熊辉，梅付名，王宏伟. 胶体性质实验的综合设计与实践. 实验科学与技术，2015，13（1）：21-24.

[12] 万华方，朱利泉，李关荣等. 聚丙烯酰胺凝胶电泳实验的"集成化"研究. 实验科学与技术，2011，9（3）：31-32.

[13] 谢天尧，赖瑢，戴宗等. 多功能教学型毛细管电泳仪的研制及实验开发. 实验室研究与探索，2011，30（3）：213-216.

十、实例分析

1. 计算电泳的速度

$$u_1 = \frac{S}{t} = \frac{0.6\,\text{cm}}{407.2\,\text{s}} = 0.001473\,\text{cm}\cdot\text{s}^{-1}, \quad u_2 = \frac{0.5\,\text{cm}}{253.9\,\text{s}} = 0.001969\,\text{cm}\cdot\text{s}^{-1}$$

室温：27℃　胶体种类：$Fe(OH)_3$ 胶体　η：$0.8513\times10^{-3}\,\text{Pa}\cdot\text{s}$　ε_0：$8.85\times10^{-12}\,\text{F}\cdot\text{m}^{-1}$

电泳时间 t/s	电压 U/V	两极间距 L/cm	界面移动距离 S/cm	电泳速度 $u/\text{cm}\cdot\text{s}^{-1}$
407.2	85	16.7	0.6	0.001473
253.9	115	19.8	0.5	0.001969

2. 计算 ζ 电势

$$\varepsilon = \varepsilon_r \times \varepsilon_0, \quad \varepsilon_r = 80.37 - 0.37(t/\text{℃} - 20), \quad H = \frac{u}{L}$$

由 $\zeta = \dfrac{\eta}{\varepsilon} \cdot \dfrac{u}{H}$ 可计算得：

$$\zeta_{85V} = \frac{\eta}{\varepsilon} \cdot \frac{u}{H} = 0.04\text{V}$$

$$\zeta_{115V} = \frac{\eta}{\varepsilon} \cdot \frac{u}{H} = 0.04\text{V}$$

实验十七　黏度法测定高聚物的相对分子质量

一、目的要求

1. 测定聚乙烯醇的平均相对分子质量。

2. 掌握用乌氏黏度计测定溶液黏度的原理和方法。

二、基本原理

1. 黏度的定义

黏度是指液体对流动所表现的阻力，这种力反抗液体中邻接部分的相对移动，因此可看作是一种内摩擦。图 II-17-1 是液体流动的示意图。当相距为 ds 的两个液层以不同速率（v 和 $v+dv$）移动时，产生的流速梯度为 dv/ds。当建立平衡流动时，维持一定流速所需的力（即液体对流动的阻力）f' 与液层的接触面积 A 以及流速梯度 dv/ds 成正比，即

$$f' = \eta A \frac{dv}{ds} \qquad （\text{II-17-1}）$$

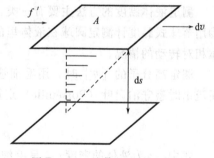

图 II-17-1　液体的流动示意图

若以 f 表示单位面积液体的黏滞阻力，$f = f'/A$，则

$$f = \eta \frac{dv}{ds} \qquad （\text{II-17-2}）$$

式(II-17-2)称为牛顿黏度定律表示式，其比例常数 η 称为黏度系数，简称黏度，单位为 Pa·s。

2. 黏度的几种表示方法

高聚物在稀溶液中的黏度，主要反映了液体在流动时存在着内摩擦。其中因溶剂分子之间的内摩擦表现出来的黏度叫纯溶剂黏度，记作 η_0；此外还有高聚物分子相互之间的内摩擦，以及高分子与溶剂分子之间的内摩擦。三者之总和表现为溶液的黏度 η。在同一温度

121

下，一般来说，$\eta > \eta_0$。

(1) 增比黏度

相对于溶剂，其溶液黏度增加的分数，称为增比黏度，记作 η_{sp}，即

$$\eta_{sp} = \frac{\eta - \eta_0}{\eta_0} = \eta_r - 1 \tag{II-17-3}$$

(2) 相对黏度

溶液黏度与纯溶剂黏度的比值称为相对黏度，记作 η_r，即

$$\eta_r = \frac{\eta}{\eta_0} \tag{II-17-4}$$

η_r 也是整个溶液的黏度行为，η_{sp} 则意味着已扣除了溶剂分子之间的内摩擦效应。

(3) 比浓黏度

对于高分子溶液，增比黏度 η_{sp} 往往随溶液的浓度 c 的增加而增加。为了便于比较，将单位浓度下所显示出的增比浓度，即 η_{sp}/c 称为比浓黏度；而 $\ln\eta_r/c$ 称为比浓对数黏度。η_r 和 η_{sp} 都是无量纲的量。高聚物浓度 c 的单位采用 $g \cdot 100mL^{-1}$，即 100mL 溶液中溶质的质量 (g)。

(4) 特性黏度

为了进一步消除高聚物分子之间的内摩擦效应，必须将溶液浓度无限稀释，使得每个高聚物分子彼此相隔极远，其相互干扰可以忽略不计。这时溶液所呈现出的黏度行为基本上反映了高分子与溶剂分子之间的内摩擦。这一黏度的极限值为

$$\lim_{c \to 0} \frac{\eta_{sp}}{c} = [\eta] \tag{II-17-5}$$

$[\eta]$ 被称为特性黏度，单位为 $cm^3 \cdot g^{-1}$，其值与浓度无关。

3. 乌氏黏度计测定溶液黏度的原理和方法

测定液体黏度的方法主要有三类：①用毛细管黏度计测定液体在毛细管里的流出时间；②用落球式黏度计测定圆球在液体里的下落速率；③用旋转式黏度计测定液体与同心轴圆柱体相对转动的情况。

测定高分子的 $[\eta]$ 时，用毛细管黏度计最为方便。液体在毛细管黏度计内因重力作用而流出时遵守泊肃叶 (Poiseuille) 定律

$$\frac{\eta}{\rho} = \frac{\pi h g r^4 t}{8lV} - m\frac{V}{8\pi lt} \tag{II-17-6}$$

式中，ρ 为液体的密度；l 是毛细管长度；r 是毛细管半径；t 是流出时间；h 是流经毛细管液体的平均液柱高度；g 为重力加速度；V 是流经毛细管的液体体积；m 是与机器的几何形状有关的常数，在 $r/l \ll 1$ 时，可取 $m=1$。

对某一指定的黏度计而言：令 $\alpha = \dfrac{\pi h g r^4}{8lV}$，$\beta = m\dfrac{V}{8\pi l}$。

则：

$$\frac{\eta}{\rho} = \alpha t - \frac{\beta}{t} \tag{II-17-7}$$

式中，$\beta < 1$，当 $t > 100s$ 时，等式右边第二项可以忽略。设溶液的密度 ρ 与溶剂密度 ρ_0 近似相等，这样，通过测定溶液和溶剂的流出时间 t 和 t_0，就可求算 η_r。

$$\eta_r = \eta / \eta_0 = t/t_0 \tag{II-17-8}$$

进而可计算得到 η_{sp}、η_{sp}/c 和 $\ln\eta_r/c$ 值。
配制一系列不同浓度的溶液分别进行测定，以
η_{sp}/c 和 $\ln\eta_r/c$ 为纵坐标，c 为横坐标作图，
得两条直线，分别外推到 $c=0$ 处。为了绘图
方便，引进相对浓度 c'，即 $c'=c/c_0$。其中，
c 表示溶液的真实浓度；c_0 表示溶液的起始浓
度，由图 II-17-2 可知，因为 $A = \lim\limits_{c'\to 0}\dfrac{\eta_{sp}}{c'}$，所
以 $[\eta] = A/c_0$，其中 A 为截距。

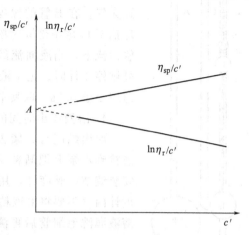

图 II-17-2　特性黏度的测定方法

4. 黏度与分子量的关系

实验证明，$[\eta]$ 的数值与高聚物的黏均
相对分子质量 M_η 的半经验关系可用 Mark
Houwink 方程式表示

$$[\eta] = KM_\eta^\alpha \tag{II-17-9}$$

式中，K 为比例常数；α 是与分子形状有关的经验常数。它们都与温度、聚合物、溶剂
性质有关，在一定的相对分子质量范围内与相对分子质量无关。对于大多数聚合物来说，α
值一般在 0.5～1.0 之间，在良溶剂中 α 值较大，接近 0.8。溶剂能力减弱时，α 值降低。

K 和 α 的数值，只能通过其他绝对方法确定，例如渗透压法、光散射法等。

三、仪器与试剂

1. 仪器

超声波清洗机，恒温水浴，秒表，夹子，乌氏黏度计，铁架台，烧杯（50mL），锥形瓶
（100mL），移液管（2mL，5mL，10mL）。

2. 试剂

聚乙烯醇（平均聚合度为 1750±50），正丁醇（A.R.）。

四、实验步骤

1. 高聚物溶液的配制

称取 1g 聚乙烯醇放入 100mL 烧杯中，注入约 60mL 蒸馏水，稍加热使溶解。待冷至室
温，加入 2 滴正丁醇（去泡剂），并移入 100mL 容量瓶中，加水至刻度。如果溶液中有固体
杂质，用 3 号砂芯漏斗过滤后待用。过滤不能用滤纸，以免纤维混入。

2. 黏度计的洗涤

先将黏度计放于盛有蒸馏水的超声波清洗机中，让蒸馏水灌满黏度计，打开电源清洗
5min。拿出后用热的蒸馏水冲洗，同时用水泵抽滤毛细管使蒸馏水反复流过毛细管部分。
容量瓶、移液管也应仔细洗净。

3. 溶剂流出时间 t_0 的测定

开启恒温水浴和搅拌器电源，调节温度为（30.0±0.1）℃。先在黏度计（示意图见图
II-17-3）的 C 管和 B 管的上端套上干燥清洁的橡皮管，在铁架台上调节好黏度计的垂直度
和高度，然后将黏度计安放在恒温水浴中（G 球及以下部位应在水浴的液面下）。从 A 管加

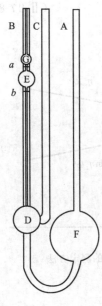

图Ⅱ-17-3　乌氏黏度
计示意图

入 10mL 左右的蒸馏水，并用夹子夹住 C 管上的橡皮管下端，使其不通大气。在 B 管的橡皮管口用洗耳球将水从 F 球经 D 球、毛细管、E 球抽至 G 球中部同时松开 C 管上夹子，使其通大气。此时溶液顺毛细管而流下，当液面流经刻度 a 线处时，立刻按下秒表开始计时，至 b 处则停止计时。记下液体经 a，b 之间所需的时间。重复测定三次，偏差应小于 0.2s，取其平均值，即为 t_0 值。

4. 溶液流出时间的测定

取出黏度计，倾去其中的水，加入少量的无水酒精润洗黏度计。连接到水泵上把酒精从毛细管中抽出，然后在烘箱中烘干。同步骤 3 安装调节好黏度计，用移液管吸取 10.0mL 聚乙烯醇溶液小心注入黏度计内（不要将溶液粘在黏度计的管壁上），在溶液恒温过程中，应用溶液润洗毛细管后再测定溶液的流出时间 t_1，然后依次加入 10.0mL 蒸馏水，稀释成原浓度的 1/2、1/3、1/4、1/5 的溶液，按上述方法分别测量不同浓度时的 t 值（每个数据重复测定三次，偏差应小于 0.2s，取其平均值）。每次稀释后都要将溶液在 F 球中充分搅匀（可用洗耳球打气的方法，但不要将溶液溅到管壁上），然后用稀释液抽洗黏度计的毛细管、E 和 G 球，使黏度计内各处溶液的浓度相等，而且须恒温。

5. 实验完毕，黏度计应洗净（尤其是毛细管部分，若有残留的高聚物溶液，特别容易堵塞），然后用洁净的蒸馏水浸泡或倒置使其晾干。

五、注意事项

1. 高聚物在溶剂中溶解缓慢，配制溶液时必须保证其完全溶解，否则会影响起始浓度，而导致结果偏低。试样溶液浓度一般在 0.01g·mL^{-1} 以下，使 η_r 值在 1.05～2.5 之间较为适宜。本实验中溶液的稀释是直接在黏度计中进行的，用移液管准确量取并充分混合方可测定。

2. 黏度计必须洁净。如毛细管壁挂有水珠，需用洗液浸泡（洗液经 2 号砂芯漏斗过滤除去微粒杂质）。玻璃砂芯漏斗，用后立即洗涤。玻璃砂芯漏斗要用含 30% 硝酸钠的硫酸溶液洗涤，再用蒸馏水抽滤，烘干待用。

3. 测定时黏度计需要垂直放置，否则影响结果的准确性。实验过程中不要振动黏度计。

4. 温度的波动可直接影响到溶液的黏度，所以应在恒温的条件下进行实验，将清洁干燥的乌氏黏度计垂直放入恒温水槽内，使水面完全浸没小球。

5. 实验完毕后，黏度计一定要用蒸馏水洗干净，尤其是毛细管部分。

六、数据记录与处理

1. 数据记录在表Ⅱ-17-1 的数据表上。

表Ⅱ-17-1　黏度测定数据表

项　目	流出时间/s				η_r	η_{sp}	$\dfrac{\eta_{sp}}{c}$	$\ln \eta_r$	$\dfrac{\ln \eta_r}{c'}$
	测量值			平均值					
	1	2	3						
溶剂				$t_0 =$					

续表

项　　目		流出时间/s				η_r	η_{sp}	$\dfrac{\eta_{sp}}{c'}$	$\ln \eta_r$	$\dfrac{\ln\eta_r}{c'}$
		测量值			平均值					
		1	2	3						
溶液	$c'=1$				$t_1=$					
	$c'=1/2$				$t_2=$					
	$c'=1/3$				$t_3=$					
	$c'=1/4$				$t_4=$					
	$c'=1/5$				$t_5=$					

2. 数据处理

（1）计算下列数据，并填入表Ⅱ-17-1中。由式（Ⅱ-17-8），计算 η_r；由 $\eta_{sp}=\eta_r-1$，计算 η_{sp}；然后计算 $\dfrac{\eta_{sp}}{c'}$ 和 $\dfrac{\ln\eta_r}{c'}$。

（2）以 $\dfrac{\eta_{sp}}{c}$ 对 c' 作图，或以 $\dfrac{\ln\eta_r}{c'}$ 对 c' 作图，外推至 $c'=0$ 处，求出截距为 $c_0[\eta]$，再计算出 $[\eta]$。如果两者不一致，则以 $\dfrac{\eta_{sp}}{c}$ 对 c' 作图为准。

（3）根据式（Ⅱ-17-9），由 $[\eta]$ 和对应的常数 K、α，计算 M_η。

3. 文献值

聚乙烯醇的水溶液在 25℃ 时，$\alpha=0.76$，$K=2\times10^{-2}$；在 30℃ 时，$\alpha=0.64$，$K=6.66\times10^{-2}$。M_η 为 74800～79200。

七、结果讨论

1. 黏度计和待测液体的清洁是决定实验成功的关键之一。若是新的黏度计，应先用洗液洗，再用自来水洗三次、蒸馏水洗三次，烘干待用。

2. 实际工作中，希望简化操作，快速得到产品的分子量。采用一点法进行测定将是十分方便和快速的，一点法只要在一个浓度下测定黏度比。由式（Ⅱ-17-1）和式（Ⅱ-17-2）可得到一点法求 $[\eta]$ 的方程：

$$[\eta]=\frac{\sqrt{2c\,\eta_{sp}-\ln\eta_r}}{c}$$

用"一点法"可计算聚合物的分子量。

3. 特性黏度 $[\eta]$ 的大小受下列因素影响。

（1）分子量：线型或轻度交联的聚合物分子量增大，$[\eta]$ 增大。

（2）分子形状：分子量相同时，支化分子的形状趋于球形，$[\eta]$ 较线型分子的小。

（3）溶剂特性：聚合物在良性溶剂中，大分子较伸展，$[\eta]$ 较大，而在不良溶剂中，大分子较卷曲，$[\eta]$ 较小。

（4）温度：在良性溶剂中，温度升高，对 $[\eta]$ 影响不大，而在不良溶剂中，若温度升高使溶剂变为良性，则 $[\eta]$ 增大。

4. 使用不同生产厂家的聚乙烯醇，由于聚合度不同，其分子量会有不同。

八、思考题

1. 在黏度测定实验中，特性黏度 $[\eta]$ 是怎样测定的？

2. 在黏度测定实验中，为什么 $\lim\limits_{c\to 0}\dfrac{\eta_{sp}}{c}=\lim\limits_{c\to 0}\dfrac{\ln\eta_r}{c}$？

3. 黏度计的毛细管太粗或太细有什么缺点？

4. 用乌式黏度计测黏度时，使液体流速产生误差的因素有哪些？

5. 黏度法测分子量实验中，毛细管两端的气泡对测黏度有影响吗？为什么？

九、参考文献

[1] 东北师范大学等校. 物理化学实验. 北京：高等教育出版社，1989.

[2] 复旦大学高分子科学系高分子科学研究所. 高分子实验技术. 上海：复旦大学出版社，1996.

[3] 庄银凤，王峰. 微机处理黏度法测分子量数据程序的研究. 郑州大学学报，1998，30（4）：72-76.

[4] 耿焕同，吴华. 黏度法测定高聚物相对分子质量的数据微机处理. 安徽师范大学学报，2000，23（2）：134-136.

[5] 王亚珍，林雨露，吴天奎. 黏度法测高聚物相对分子量实验成败探讨. 江汉大学学报，2004，32（4）：58-60.

[6] 周从山，杨涛. 黏度法测定高聚物分子量实验数据处理方法探讨. 实验科学与技术，2007，6（3）：37-38.

[7] 公茂利，林秀玲，彭放. 黏度法实验数据处理程序设计. 实验室研究与探索，2008，27（2）：42-45.

[8] Maria Bercea, Simona Morariua, Daniela Rusubc. In situ gelation of aqueous solutions of entangled poly（vinyl alcohol）. Soft Matter, 2013, 9: 1244-1247.

[9] Qifeng Zheng, Zhiyong Cai, Shaoqin Gong. Green synthesis of polyvinyl alcohol (PVA) - cellulose nanofibril (CNF) hybrid aerogels and theiruse as superabsorbents. Mater. Chem., 2014, 2: 3110-3115.

[10] 李谷，麦堪成，徐文烈. 溶液黏度法测定聚环氧乙烷的黏均相对分子质量和无扰尺寸. 大学化学，2012，27（4）：60-62.

[11] 宋建华，苏育志，郭仕恒. 聚合温度对聚乙烯醇键合方式及缩醛度的影响. 实验室研究与探索，2011，30（11）：126-128.

[12] 宋建华，苏育志，李楠. 聚乙烯醇的制备及其分子链键合方式的测定. 化学教育，2014，12：26-28.

十、实例分析

将实验数据填入表Ⅱ-17-2 中。

表Ⅱ-17-2　PVA（进口分装）的相对浓度所对应的流出时间表

测定次数	相对浓度	流出时间（Ⅰ）/s	流出时间（Ⅱ）/s	流出时间（平均）/s
Ⅰ	$c'=1.0$	190.35	190.15	190.25
	$c'=1/2$	148.60	148.60	148.60
	$c'=1/3$	137.25	137.25	137.25
	$c'=1/4$	131.80	131.60	131.70
	$c'=1/5$	128.60	128.45	128.50
Ⅱ	$c'=1.0$	190.15	190.25	190.20
	$c'=1/2$	148.80	148.80	148.80
	$c'=1/3$	136.85	136.85	136.85
	$c'=1/4$	131.50	131.50	131.50
	$c'=1/5$	128.60	128.80	128.70
Ⅲ	$c'=1.0$	184.75	184.75	184.75
	$c'=1/2$	146.75	146.75	146.75
	$c'=1/3$	135.75	135.65	135.70
	$c'=1/4$	130.35	130.35	130.35
	$c'=1/5$	127.45	127.45	127.45

注：测量温度为30℃；聚乙烯醇的质量为 0.5013g，浓度为 0.5013g/100mL，水的流出时间为 117.45s。

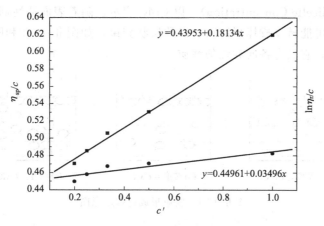

图Ⅱ-17-4　外推法求特性黏度 $[\eta]$

由图Ⅱ-17-4可以得到 $A=0.43953$，所以可得 $[\eta]=87.68cm^3 \cdot g^{-1}$。再由式（Ⅱ-17-9）可得 $M_\eta=74832$。

实验十八　电导法测定表面活性剂临界胶束浓度

一、目的要求

1. 了解表面活性剂的特性及胶束形成原理。
2. 用电导法测定十二烷基硫酸钠的临界胶束浓度。
3. 掌握电导率仪的使用方法。

二、基本原理

1. 表面活性剂的特性及胶束形成原理

能使溶液表面张力明显降低的溶质称为表面活性剂，表面活性剂分子是由亲水性的极性基团（通常是离子化）和憎水性的非极性基团（具有8～18个碳原子的直链烃或环烃）所组成的有机化合物。按离子的类型可将其分为三大类。

（1）阴离子型表面活性剂：如羧酸盐（肥皂，$C_{17}H_{35}COONa$），烷基硫酸盐［十二烷基硫酸钠，$CH_3(CH_2)_{11}SO_4Na$］，烷基磺酸盐［十二烷基苯磺酸钠，$CH_3(CH_2)_{11}C_6H_5SO_3Na$］等。

（2）阳离子型表面活性剂：主要是胺盐，如十二烷基二甲基叔胺盐酸盐［叔胺盐，$CH_3(CH_2)_{11}N(CH_3)_2HCl$］和十二烷基二甲基苄基氯化铵［季铵盐，$(C_{12}H_{23})(CH_3)_2(C_6H_5CH_2)NCl$］。

（3）非离子型表面活性剂：如聚乙二醇类［$HOCH_2(CH_2OCH_2)_nCH_2OH$］。

表面活性剂为了使自己成为溶液中的稳定分子，有可能采取两种途径：一是当它们以低浓度存在于某一体系中时，可被吸附在该体系的表面上，采取极性基团向着水，非极性基团脱离水的表面而向着空气，形成定向排列的单分子膜，从而使表面吉布斯自由能明显降低；二是当溶液浓度增大到一定值时，表面活性剂离子或分子不但在溶液表面聚集而形成单分子层，而且在溶液本体内部表面活性剂的非极性基团相互靠在一起，以减少非极性基团与水的接触面积，当溶液浓度增大到一定程度时，许多表面活性物质的分子立刻聚集成很大的基团，形成"胶束"，如图Ⅱ-18-1。表面活性物质在水中形成胶束所需的最低浓度称为临界胶束浓度（Critical Micelle Concentration），以 CMC 表示。随着表面活性剂在溶液中浓度的增加，球形胶束还有可能转变成棒形胶束，以致层状胶束，如图Ⅱ-18-2 和图Ⅱ-18-3 所示。后者可用来制作液晶，它具有各向异性的性质。

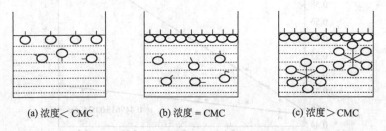

(a) 浓度＜CMC　　　　　(b) 浓度＝CMC　　　　　(c) 浓度＞CMC

图Ⅱ-18-1　胶束形成过程示意图

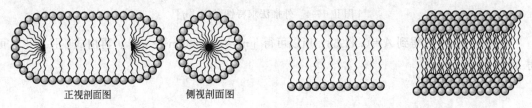

正视剖面图　　　　　侧视剖面图

图Ⅱ-18-2　胶束棒状结构示意图　　　　　图Ⅱ-18-3　胶束层状结构示意图

在 CMC 点上，由于溶液的结构改变，导致其物理化学性质（如表面张力、电导、渗透压、浊度、光学性质等）与浓度的关系曲线出现明显转折，如图Ⅱ-18-4 所示。这个现象是测定 CMC 的实验依据，也是表面活性剂的一个重要特征。

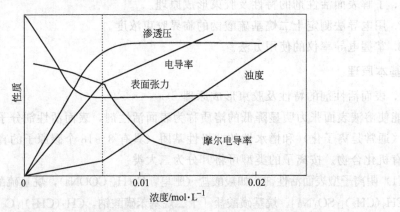

图Ⅱ-18-4　十二烷基硫酸钠水溶液的物理性质与浓度的关系

CMC 是表面活性剂的一种重要特征，CMC 越小，则表示这种表面活性剂形成胶束所需浓度越低，达到表面（界面）饱和吸附的浓度越低。只有溶液浓度稍高于 CMC 时，才能充分发挥表面活性剂的作用，如润湿、乳化、发泡、增溶、洗涤等。

2. 表面活性剂临界胶束浓度的测定原理

测定 CMC 的方法很多，原则上只要是溶液的物理化学性质随着表面活性剂溶液浓度在 CMC 处发生突变，都可以利用来测定 CMC，常用的测定方法有电导法、表面张力法、光散射法、比色法（染料吸附法）、浊度法（增溶法）等。这些方法原理上都是从溶液的物理化学性质随浓度变化关系出发求得。电导法是经典方法，简便可靠，但只限于离子型表面活性剂，此法对于有较高活性的表面活性剂准确性高，但过量无机盐存在会降低测定灵敏度，因此配制溶液应该用去离子水。

电导法测定离子表面活性剂的 CMC 相当方便，在溶液中对电导有贡献的主要是带长链烷基的表面活性剂离子和相应的反离子，而胶束的贡献则极为微小。从离子贡献大小来考虑，反离子大于表面活性剂离子。当溶液浓度达 CMC 时，由于表面活性剂离子缔合成胶束，反离子固定于胶束的表面，它们对电导的贡献明显下降，同时由于胶束的电荷被反离子部分中和，这种电荷量小、体积大的胶束对电导的贡献非常小，所以电导急剧下降。即对于离子型表面活性剂溶液，当溶液浓度很稀时，电导的变化规律也和强电解质一样；但当溶液浓度达到临界胶束浓度时，随着胶束的生成，电导率发生改变，摩尔电导率急剧下降。这就是电导法测定 CMC 的依据。

对于一般电解质溶液，有关电导、电导率、摩尔电导率之间的关系参见实验八。

本实验利用电导率仪测定不同浓度的十二烷基硫酸钠水溶液的电导率值，计算出相应的摩尔电导率 Λ_m，然后作 $\Lambda_m\text{-}c$ 图，得相应的曲线，曲线上转折点对应的浓度即为 CMC。

三、仪器与试剂

1. 仪器

DDS-11A 型电导率仪 1 台，电导电极 1 支，恒温水浴 1 套，容量瓶（1000mL）1 只，容量瓶（100mL）12 只。

2. 试剂

十二烷基硫酸钠（A.R.），去离子水。

四、实验步骤

1. 0.050mol·L^{-1} 十二烷基硫酸钠溶液配制

取适量十二烷基硫酸钠在 80℃ 干燥 3h，用去离子水准确配制成 0.050mol·L^{-1} 的原始溶液。

2. 溶液配制

分别量取 0.050mol·L^{-1} 原始溶液 4mL、8mL、12mL、14mL、16mL、18mL、20mL、24mL、28mL、32mL、36mL、40mL 稀释至 100mL。各溶液的浓度分别为 0.002mol·L^{-1}，0.004mol·L^{-1}，0.006mol·L^{-1}，0.007mol·L^{-1}，0.008mol·L^{-1}，0.009mol·L^{-1}，0.010mol·L^{-1}，0.012mol·L^{-1}，0.014mol·L^{-1}，0.016mol·L^{-1}，0.018mol·L^{-1}，0.020mol·L^{-1}。

3. 调节恒温槽温度

恒温槽恒温至（25.0±0.1）℃。

4. 电导率仪校正

电导率仪的使用方法请参阅第四部分第三章。

5. 溶液电导率的测定

用电导率仪从稀溶液到浓溶液分别测定电导率。用后一个溶液荡洗接触过前一个溶液的电导电极和容器 3 次以上，各溶液测定前必须恒温 10min，每个溶液的电导率读数 3 次，取平均值。

6. 调节恒温水浴温度至（40.0±0.1）℃。重复实验步骤 4，测定 40.0℃时各溶液的电导率。

五、注意事项

1. 配制的溶液须保证表面活性剂完全溶解。

2. 电解质溶液的电导率随温度的变化而改变，因此，在测量时应保持被测体系处于恒温条件下。

3. 使用前，先清洗电导电极，清洗时两个铂片不能有机械摩擦。可用去离子水淋洗，用滤纸轻吸，将水吸净，但不能用滤纸擦铂片。使用过程中其电极片必须完全浸入到所测的溶液中。使用完后，电极必须保持干燥。

4. 注意电导率仪应由低到高的浓度顺序测量样品的电导率。

六、数据记录与处理

1. 25.0℃时的实验数据记录于表Ⅱ-18-1。

表Ⅱ-18-1　电导法测定的数据记录表

实验温度：25.0℃；大气压：_____ Pa

编　号	1	2	3	4	5	6	7	8	9	10	11	12
$c/10^{-3}\mathrm{mol\cdot L^{-1}}$	2.00	4.00	6.00	7.00	8.00	9.00	10.0	12.0	14.0	16.0	18.0	20.0
$\kappa/\mathrm{S\cdot m^{-1}}$												
$\Lambda_{\mathrm{m}}/\mathrm{S\cdot m^2\cdot mol^{-1}}$												

40.0℃时的实验数据记录于表Ⅱ-18-2。

表Ⅱ-18-2　电导法测定的数据记录表

实验温度：40.0℃；大气压：_____ Pa

编　号	1	2	3	4	5	6	7	8	9	10	11	12
$c/10^{-3}\mathrm{mol\cdot L^{-1}}$	2.00	4.00	6.00	7.00	8.00	9.00	10.0	12.0	14.0	16.0	18.0	20.0
$\kappa/\mathrm{S\cdot m^{-1}}$												
$\Lambda_{\mathrm{m}}/\mathrm{S\cdot m^2\cdot mol^{-1}}$												

2. 以 κ-c 作图或 Λ_{m}-c 作图，由直线的转折点求出两种不同温度下的 CMC 值。

七、结果讨论

1. 作出电导率或摩尔电导率与浓度的关系图，从图中转折点得出临界胶束浓度值。

2. 查文献值，计算相对误差。十二烷基硫酸钠（SDS）的理论 CMC 值：25℃为 $8.2\times10^{-3}\mathrm{mol\cdot L^{-1}}$，40℃为 $8.7\times10^{-3}\mathrm{mol\cdot L^{-1}}$。

八、思考题

1. 试说出电导法测定临界胶束浓度的原理。

2. 实验中影响临界胶束浓度的因素有哪些？

3. 若要知道所测得的临界胶束浓度是否准确，可用什么实验方法验证之？

4. 非离子型表面活性剂能否用本实验方法测定临界胶束浓度？若不能，则可用何种方法测定？

5. 溶液的表面活性剂分子与胶束之间的平衡浓度有关，其关系式可表示为：

$$\frac{\mathrm{d}\ln c_{\mathrm{CMC}}}{\mathrm{d}T}=\frac{-\Delta H}{RT^2}$$

试问如何测出其热效应 ΔH 值？

九、参考文献

[1] 赵国玺. 表面活性剂物理化学. 北京：北京大学出版社，1984.

[2] 东北师范大学等编. 物理化学实验. 北京：高等教育出版社，1989.

[3] 段世铎，谭逸玲. 界面化学. 北京：高等教育出版社，1990.

[4] 复旦大学等编. 物理化学实验. 第3版. 北京：高等教育出版社，2004.

[5] 邹耀洪. 电导率法测定表面活性剂的临界胶束浓度. 大学化学，1997，12（6）：46.

[6] 蔡亮. 电导法测定临界胶束浓度及胶束电动力学模型的建立. 大学化学，2003，18（1）：54-56.

[7] 王明德. 临界胶束浓度与电导率的变化. 陕西师范大学学报，2005，33：76-78.

[8] 武丽艳，尚贞锋，赵鸿喜. 电导法测定水溶性表面活性剂临界胶束浓度实验的改进. 实验技术与管理，2006，23（2）：29-30.

[9] 张建华，孔凯清，何争玲等. 高斯多峰拟合用于烷基葡萄糖苷临界胶束浓度测量. 光谱学与光谱分析，2007，27（7）：1412-1415.

[10] 张志庆，王芳，任超. 电导法与最大压差法测表面活性剂临界胶束浓度实验比较. 实验技术与管理，2013，30（1）：44-45.

[11] 赵明，杨声，孙永军. 电导法测定阳离子型表面活性剂临界胶束浓度实验研究. 化学世界，2015，3：143-149.

[12] 杨锐，杨春花，王力峰. 不同方法测定两种表面活性剂的临界胶束浓度. 广州化工，2014，42（12）：116-118.

[13] 王宝仁. 表面张力法探究温度对表面活性剂临界胶束浓度的影响. 应用与研究，2014，4：72-74.

[14] 李小鸽，何少君，刘琼. 高斯多峰拟合用于混合表面活性剂十二烷基硫酸钠和吐温80临界胶束浓度的测量. 化学试剂，2011，33（6）：528-530.

[15] 骆晔媛，张永民，杜志平. 离子选择电极测定十六烷基三甲基溴化铵在水有机溶剂混合介质中临界胶束浓度. 理化检验（化学分册），2013，49（10）：1159-1162.

[16] 付文龙. 表面活性剂CMC值的测定研究. 大学化学，2014，29（1）：85-88.

十、实例分析

见表Ⅱ-18-3。

求出两种不同温度下的 CMC 值。

大气压：102.31kPa；室温：18.8℃。

（1）打开 Origin 6.0 软件，在出现的 Data1 中输入以浓度 c/mol·L^{-1} 为 X 轴、以电导率 κ/S·m^{-1} 为 Y 轴的全部实验数据。数据格式如表Ⅱ-18-3。

表Ⅱ-18-3 不同温度下不同浓度十二烷基硫酸钠溶液的电导率

浓度 c/mol·L^{-1}	$\kappa_{25.0℃}$/S·m^{-1}	$\kappa_{25.0℃}$平均值/S·m^{-1}	$\kappa_{40.0℃}$/S·m^{-1}	$\kappa_{40.0℃}$平均值/S·m^{-1}
0.002	163.7	165.0	208.7	209
	165.8		208.9	
	166.5		208.4	
…	…	…	…	…

（2）选定全部数据，在快捷键命令中选择 Scattered，分别双击"X Axis Title"和"Y Axis Title"，分别输入 c/mol·L^{-1} 和 κ/S·m^{-1}。

（3）点击 Data Selector，分段线性拟合，两直线相交所得点，即为 CMC 值。

（4）选择 Arrow Tool，画出箭头；点击 Text Tool 即"T"功能键，输入线性拟合所得 CMC 值。

（5）在 Edit 中选择 Copy Page，即得如图Ⅱ-18-5 和图Ⅱ-18-6。

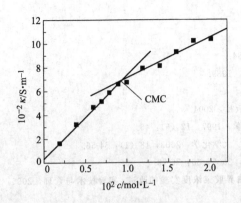

图Ⅱ-18-5　电导率与浓度的关系图（25.0℃）

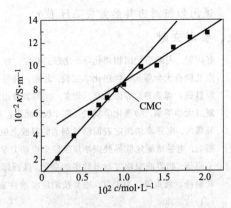

图Ⅱ-18-6　电导率与浓度关系图（40.0℃）

（6）由图可知相应温度的 CMC 值。

第五章 结构化学实验

实验十九 配合物磁化率的测定

一、目的要求

1. 掌握古埃法测定磁化率的实验原理和技术，熟练掌握磁天平的使用方法。

2. 用古埃法测定物质的磁化率，根据实验数据计算其顺磁性原子、离子或分子的未成对电子数，进而理解磁化率数据对推断未成对电子数和分子配键类型的地位和作用。

3. 通过实验巩固物质磁性特别是分子磁性的知识。

二、基本原理

1. 物质的磁性和磁化率

所谓物质的磁性是指物质在磁场中所表现出的性质。在外磁场作用下，物质会被磁化产生附加磁感应强度，物质内部的磁感应强度

$$B = B_0 + B' = \mu_0 H + B' \qquad (\text{II-19-1})$$

式中，B_0 为外磁场的磁感应强度；B' 为物质磁化产生的附加磁感应强度；H 为外磁场强度；μ_0 为真空磁导率，其数值等于 $4\pi \times 10^{-7} \mathrm{N \cdot A^{-2}}$。

物质的磁化可用磁化强度 I 来描述，I 是一个矢量，它与外磁场强度 H 成正比。

$$I = \chi H \qquad (\text{II-19-2})$$

式中，χ 称为物质的体积磁化率，是物质的一种宏观磁学性质。B' 与 I 的关系为

$$B' = \mu_0 I = \chi \mu_0 H \qquad (\text{II-19-3})$$

将式（II-19-3）代入式（II-19-1）得

$$B = (1 + \chi)\mu_0 H = \mu \mu_0 H \qquad (\text{II-19-4})$$

式中，μ 为物质的（相对）磁导率。

磁学中常用单位质量磁化率 χ_m 或摩尔磁化率 χ_M 来表示物质的磁性质，χ_m 单位为 $\mathrm{m^3 \cdot kg^{-1}}$，$\chi_M$ 的单位是 $\mathrm{m^3 \cdot mol^{-1}}$，它们的定义为

$$\chi_m = \frac{\chi}{\rho} \qquad (\text{II-19-5})$$

$$\chi_M = M \chi_m = \frac{M \chi}{\rho} \qquad (\text{II-19-6})$$

式中，ρ 为物质密度，$\mathrm{kg \cdot m^{-3}}$；M 为物质的摩尔质量，$\mathrm{kg \cdot mol^{-1}}$。

（1）逆磁性物质

某些物质本身不呈现磁性，但由于其内部原子、分子的电子轨道运动，在外磁场作用下会产生拉摩进动，感应出一个诱导磁矩来，表现为一个附加磁场，磁矩的方向与外磁场相反，其磁化强度与外磁场强度成正比，并随着外磁场的消失而消失，这类物质称为逆磁性物质，其特征是 $\mu < 1$、$\chi_M < 0$。

（2）顺磁性物质

某些物质的原子、分子或离子本身具有永久磁矩 μ_m，由于热运动，永久磁矩指向各个

方向的机会相同，所以该磁矩的统计值等于零。但在外磁场作用下，永久磁矩会顺着外磁场方向排列，其磁化方向与外磁场相同，磁化强度与磁场强度成正比，此外物质内部的电子轨道运动也会产生拉摩进动，其磁化方向与外磁场相反。具有永久磁矩的物质称为顺磁性物质。显然，此类物质的摩尔磁化率χ_M是摩尔顺磁磁化率χ_μ和摩尔逆磁磁化率χ_0之和。

$$\chi_M=\chi_\mu+\chi_0 \tag{II-19-7}$$

由于$\chi_\mu\gg|\chi_0|$，故有

$$\chi_M\approx\chi_\mu \tag{II-19-8}$$

因此，对顺磁性物质有$\mu>1$，$\chi_M>0$。

（3）铁磁性物质

当物质被磁化的强度与外磁场强度之间不存在正比关系，而是随外磁场强度的增加呈现剧烈增加，当外磁场消失后，这种物质的磁性并不消失，呈现出滞后的现象，这类物质称为铁磁性物质，本实验不讨论此类铁磁性物质。

物质磁矩与磁化率的关系遵从居里定律。磁化率是物质的宏观性质，磁矩是物质的微观性质，用统计力学的方法可以得到摩尔顺磁磁化率χ_μ和分子永久磁矩μ_m之间的关系：

$$\chi_\mu=\frac{N_A\mu_m^2\mu_0}{3k_BT}=\frac{C}{T} \tag{II-19-9}$$

物质的摩尔顺磁磁化率与热力学温度成反比关系，式（II-19-9）称为居里（P.Curie）定律，是居里首先在实验中发现的，C为居里常数。

进而

$$\chi_M=\chi_\mu+\chi_0=\chi_0+\frac{N_A\mu_m^2\mu_0}{3k_BT}\approx\frac{N_A\mu_m^2\mu_0}{3k_BT} \tag{II-19-10}$$

式中，N_A为阿伏加德罗（Avogadro）常数，$6.022\times10^{23}\ mol^{-1}$；$k_B$为玻耳兹曼（Boltzmann）常数，$1.3806\times10^{-23}\ J\cdot K^{-1}$；$T$为热力学温度。通过实验可以测定物质的$\chi_M$，代入式（II-19-9）求得$\mu_m$（因为$\chi_M\approx\chi_\mu$）。

物质的永久磁矩与未成对电子数有定量关系。原子、离子、分子中具有自旋未配对电子的物质都是顺磁性物质。这些不成对电子的自旋产生了永久磁矩μ_m，永久磁矩与未成对电子数的关系为：

$$\mu_m=\sqrt{n(n+2)}\mu_B \tag{II-19-11}$$

式中，μ_B为玻尔（Bohr）磁子，其物理意义是单个自由电子自旋所产生的磁矩。

$$\mu_B=eh/4\pi m_e=9.274\times10^{-24}J\cdot T^{-1} \tag{II-19-12}$$

式中，e、m_e分别为电子的电量和电子静止质量；h为普朗克常数。

根据式（II-19-11）求得未成对的电子数n，这对于研究配合物的中心离子的电子结构是很有意义的。

如Cr^{3+}，其外层电子构型$3d^3$，由实验测得其磁矩$\mu_m=3.77\mu_B$，则由式（II-19-11）可算得$n\approx3$，即表明有3个未成对电子。又如，测得黄血盐$K_4[Fe(CN)_6]$的$\mu_m=0$，则$n=0$，可见黄血盐中的$3d^6$电子不是如图II-19-1(a)的排布，而是如图II-19-1(b)的排布，即强场低自旋态。

2. 磁化率测定

本实验采用的古埃法测定磁化率的装置如图II-19-2所示。将装有样品的圆柱形玻

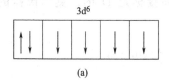
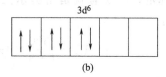

图Ⅱ-19-1　Fe^{2+}外层电子排布图

璃管悬挂在两磁极中间，使样品管的底部处于两极中心连线上，即磁场强度 H 最强的区域，样品的顶部则处于上部磁场强度 H_0 几乎

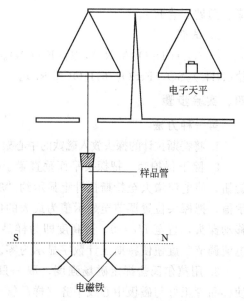

为零的区域。样品管就处于不均匀的磁场中。设样品管的截面积为 A，在不均匀磁场中单位体积样品所受的力为磁矩和磁场强度梯度的乘积：

$$f = B' \frac{dH}{dZ} \quad （Ⅱ-19-13）$$

电子天平

样品管

图Ⅱ-19-2　磁天平示意图

电磁铁

式中，B' 为一个磁子的附加磁感应强度；$\frac{dH}{dZ}$ 为磁场强度梯度。对于顺磁性物质，作用力指向磁场强度大的方向，对于逆磁性物质，则指向磁场强度小的方向。在样品管中，一个长度为 dZ，体积为 AdZ 的体积元的样品，在非均匀磁场中所受的力为：

$$dF = B' \frac{dH}{dZ} A dZ \quad （Ⅱ-19-14）$$

将式（Ⅱ-19-3）代入式（Ⅱ-19-14）得

$$dF = \chi \mu_0 HA dH \quad （Ⅱ-19-15）$$

样品管中所有样品受的力为

$$F = \int_H^{H_0=0} \chi \mu_0 HA dH = -\frac{1}{2} \chi \mu_0 AH^2 \quad （Ⅱ-19-16）$$

当样品受到磁场作用力时，在天平的另一臂上加减磁码使之平衡。设 Δm 为施加磁场前后样品的质量差，则

$$-F = \frac{1}{2} \chi \mu_0 AH^2 = g(\Delta m_{空管+样品} - \Delta m_{空管}) \quad （Ⅱ-19-17）$$

将式（Ⅱ-19-5）和式（Ⅱ-19-6）代入式（Ⅱ-19-17），并考虑 $\rho = \frac{m}{hA}$，整理得

$$\chi_M = \frac{2(\Delta m_{空管+样品} - \Delta m_{空管})ghM}{\mu_0 mH^2} \quad （Ⅱ-19-18）$$

若考虑空气的磁化率就有下式：

$$\chi_M = \frac{2(\Delta m_{空管+样品} - \Delta m_{空管})ghM}{\mu_0 mH^2} + \frac{M}{\rho}\chi_空 \quad （Ⅱ-19-19）$$

式中，h 为样品高度；m 为样品质量；g 为重力加速度；M 为样品的摩尔质量；ρ 为样品的密度；H 为磁场强度。H 可直接测量，也可以用已知单位质量磁化率（χ_m）的莫

135

尔氏盐来间接标定，本实验就是用莫尔氏盐来间接标定 H 的。莫尔氏盐的 χ_m 与温度 T（K）的关系为：

$$\chi_m = \frac{9500}{T+1} \times 4\pi \times 10^{-9} \quad (m^3 \cdot kg^{-1}) \qquad (\text{II}-19-20)$$

三、仪器与试剂

1. 仪器

CTP-II磁天平，软质玻璃样品管 4 支，装样品工具一套（包括研钵、小漏斗、玻璃棒、角匙、直尺）。

2. 试剂

$CuSO_4 \cdot 5H_2O$(A.R.)，$K_4[Fe(CN)_6] \cdot 3H_2O$(A.R.)，$FeSO_4 \cdot 7H_2O$(A.R.)，莫尔氏盐$(NH_4)_2SO_4 \cdot FeSO_4 \cdot 6H_2O$(A.R.)。

四、实验步骤

第一种方法

1. 将特斯拉计的探头放入磁铁的中心架上，套上保护套，调节特斯拉计的数字显示为"0"。

2. 除下保护套，把探头平面垂直置于磁场两极中心，打开电源，调节"励磁电流调节"旋钮，使电流增大至特斯拉计上显示约"300"mT，调节探头上下、左右位置，观察数字显示值，把探头位置调节至显示值为最大的位置，此乃探头最佳位置。沿磁铁中心垂直线向上移动探头，直至 $H_0 = 0$，该高度即为样品管内应装样品的高度。关闭电源前应调节"励磁电流调节"旋钮使特斯拉计数字显示为零。

3. 用莫尔氏盐标定磁场强度，取一只清洁的干燥的空样品管悬挂在磁天平的挂钩上，使样品管正好与磁极中心线平齐（样品管不可与磁极接触，并与探头有合适的距离）。

（1）准确称取空样品管质量（$H=0$）时，得 $m_1(H_0)$；

（2）调节"励磁电流调节"旋钮，使特斯拉计数显为"300"mT（H_1）迅速称量，得 $m_1(H_1)$；

（3）逐渐增大电流，使特斯拉计数显为"350"mT（H_2）称量得 $m_1(H_2)$；

（4）然后略微增大电流，接着退至"350"mT（H_2），称量得 $m_2(H_2)$；

（5）将电流降至数显为"300"mT（H_1）时，再称量得 $m_2(H_1)$；

（6）再缓慢降至数显为"000.0"mT（H_0），又称取空管质量得 $m_2(H_0)$。

实验进程中调节电流由小到大，再由大到小的测定方法是为了抵消实验时磁场剩磁现象的影响。

$$\Delta m_{空管}(H_1) = \frac{1}{2}[\Delta m_1(H_1) + \Delta m_2(H_1)]$$

$$\Delta m_{空管}(H_2) = \frac{1}{2}[\Delta m_1(H_2) + \Delta m_2(H_2)]$$

式中，$\Delta m_1(H_1) = m_1(H_1) - m_1(H_0)$；$\Delta m_2(H_1) = m_2(H_1) - m_2(H_0)$

$\Delta m_1(H_2) = m_1(H_2) - m_1(H_0)$；$\Delta m_2(H_2) = m_2(H_2) - m_2(H_0)$

4. 取下样品管用小漏斗装入事先研细并干燥过的莫尔氏盐，并不断将样品管底部在软垫上轻轻碰击，使样品均匀填实，直至所要求的高度并用尺准确测量，按前述方法将装有莫尔氏盐的样品管置于磁天平称量，重复称空管时的步骤，得：

$m_{1空管+样品}(H_0)$，$m_{1空管+样品}(H_1)$，$m_{1空管+样品}(H_2)$，$m_{2空管+样品}(H_2)$，$m_{2空管+样品}$

(H_1)，$m_{2空管+样品}(H_0)$。

可求出 $\Delta m_{空管+样品}(H_1)$ 和 $\Delta m_{空管+样品}(H_2)$。

5. 同一样品管中，同法分别测定 $FeSO_4 \cdot 7H_2O$，$CuSO_4 \cdot 5H_2O$ 和 $K_4Fe(CN)_6 \cdot 3H_2O$ 的 $\Delta m_{空管+样品}(H_1)$ 和 $\Delta m_{空管+样品}(H_2)$。

第二种方法

1. 同第一种方法步骤 1。

2. 同第一种方法步骤 2。

3. 用莫尔氏盐标定磁场强度，取一只清洁的干燥的空样品管悬挂在磁天平的挂钩上，使样品管正好与磁极中心线平齐。

（1）准确称取空样品管质量（$H=0$）时，得 $m_{空管}(H_0)$，重复两次取平均值。

（2）取下样品管用小漏斗装入事先研细并干燥过的莫尔氏盐，并不断将样品管底部在软垫上轻轻碰击，使样品均匀填实，直至所要求的高度（用尺准确测量），将样品管放入磁天平中称量，重复称空管时的步骤，得 $m_{空管+样品}(H_0)$，重复两次取平均值。

（3）然后调节"励磁电流调节"旋钮，使特斯拉计数显为"300"mT（H_1）迅速称量，得 $m_{空管+样品}(H_1)$，重复两次取平均值。

（4）取出样品管，倒掉样品，洗净并烘干，重新放入磁天平中称量，得 $m_{空管}(H_1)$ 则样品的质量为：$m_{样品}(H_0) = m_{空管+样品}(H_0) - m_{空管}(H_0)$

样品在加磁场前后质量变化为：

$$\Delta m_{样品} = [m_{空管+样品}(H_1) - m_{空管+样品}(H_0)] - [m_{空管}(H_1) - m_{空管}(H_0)]$$

4. 同一样品管中，同法分别测定 $FeSO_4 \cdot 7H_2O$，$CuSO_4 \cdot 5H_2O$ 和 $K_4Fe(CN)_6 \cdot 3H_2O$ 的 Δm。

五、注意事项

1. 天平称量时，必须关上磁极箱外面的玻璃门，以免空气流动影响称量。

2. 调节电流时不宜用力过大，使励磁电流的变化平稳、缓慢。加上或去掉磁场时，勿改变永磁体在磁极架上的高低位置及磁极间距，使样品管处于两磁极的中心位置，磁场强度应前后一致。切莫使样品管触碰磁铁，使称量产生过失偏差。

3. 装在样品管内的样品要均匀紧密、端面平整、高度测量准确。

六、数据记录与处理

1. 实验按第 2 种方法进行，得到的数据记录于表 Ⅱ-19-1。

表 Ⅱ-19-1 磁化率测定数据记录表

励磁电流：$I=$ _____ A 磁场强度：$H=$ _____ mT 室温：_____ ℃

样 品	摩尔质量 M /g·mol^{-1}	样品高度 h/m	空管质量 m/kg			空管+样品质量 m/kg			样品质量 m/kg
			无磁场 $m_{空管}(H_0)$	加磁场 $m_{空管}(H_1)$	平均值 $\Delta m_{空管}$	无磁场 $m_{空管+样品}(H_0)$	加磁场 $m_{空管+样品}(H_1)$	平均值 $\Delta m_{空管+样品}$	$\Delta m_{样品}$
莫尔氏盐$(NH_4)_2SO_4 \cdot FeSO_4 \cdot 6H_2O$	392.12								
$FeSO_4 \cdot 7H_2O$	278.00								

样　品	摩尔质量 M /g·mol^{-1}	样品高度 h/m	空管质量 m/kg			空管+样品质量 m/kg			样品质量 m/kg
			无磁场 $m_{空管}(H_0)$	加磁场 $m_{空管}(H_1)$	平均值 $\Delta m_{空管}$	无磁场 $m_{空管+样品}$ (H_0)	加磁场 $m_{空管+样品}$ (H_1)	平均值 $\Delta m_{空管+样品}$	
$CuSO_4·5H_2O$	249.67								
三水黄血盐 $K_4[Fe(CN)_6]·3H_2O$	422.38								

2. 数据处理（以下公式均采用 SI 单位进行计算）

（1）由莫尔氏盐的摩尔磁化率 χ_M，计算励磁电流 3A 下的 H 值。

① 根据式（Ⅱ-19-20）计算 χ_m。

② 根据式（Ⅱ-19-6）计算 χ_M。

③ 根据式（Ⅱ-19-18）计算 H。

（2）由样品的测定数据，计算它的 χ_M、n。

① 据 $FeSO_4·7H_2O$ 的测定数据 H、m、$\Delta m_{空管}$、$\Delta m_{空管+样品}$、h，利用式（Ⅱ-19-18），计算 χ_M。

② 据 T、χ_M，利用式（Ⅱ-19-10）计算 μ_m。

③ 据 μ_m，利用式（Ⅱ-19-11）计算 n。

（3）同上法，由 $CuSO_4·5H_2O$ 和 $K_4[Fe(CN)_6]·3H_2O$ 的测定数据，分别计算它们的 χ_M、μ_m 及 n。

（4）分别计算 $FeSO_4·7H_2O$、$CuSO_4·5H_2O$、$K_4[Fe(CN)_6]·3H_2O$ 的 χ_M 的相对误差。

七、结果讨论

（1）根据实验结果和文献值讨论实验的相对误差，并分析误差来源。

（2）样品管装样不实、高度不一致，会导致莫尔氏盐标定的磁场与样品实际感受的磁场不一致而产生误差。

八、思考题

1. 根据公式（Ⅱ-19-19），试分析引起 χ_M 误差的因素有哪些？

2. 根据实验结果，画出 $K_4[Fe(CN)_6]·3H_2O$ 及 $FeSO_4·7H_2O$ 中 Fe^{2+} 的外层电子结构图。

3. 在不同磁场强度下，测得的样品的摩尔磁化率是否相同？为什么？

4. 为什么实验测得各样品的 μ_m 值比理论计算值稍大些？

九、参考文献

[1] 北京大学化学系物理化学教研室. 物理化学实验. 第 3 版. 北京：北京大学出版社，1995.

[2] 夏海涛主编. 物理化学实验. 哈尔滨：哈尔滨工业大学出版社，2003.

[3] 复旦大学等编. 物理化学实验. 第 3 版. 北京：高等教育出版社，2004.

[4] 顾月姝主编. 基础化学实验（Ⅲ）——物理化学实验. 北京：化学工业出版社，2004.

[5] 高全昌，张国鼎. 法定计量单位在磁化率测定实验中的应用. 西北大学学报：自然科学版，1995，25（5）：560-562.

[6] 屠庆云，刘永江，魏金华等. CAHN-2000 磁天平的调试与数据处理系统的研制. 分析测试技术与仪器，1995，1

（4）：1-6.

[7]　韩彪. 利用差频法测量弱磁物质的磁化率. 大学物理实验，1996，9（3）：16-17.

[8]　阚锦晴，刘正铭，张国林. 磁天平稳流电源的改进. 实验室研究与探索，1997，6：85-86.

[9]　罗新，方裕勋. 古埃磁天平法研究磁流体的磁性及稳定性. 华东地质学院学报，1997，20（2）：120-125.

[10]　张普纲，樊行昭，霍俊杰. 磁性参数的环境指示意义. 太原理工大学学报，2003，34（3）：301-304.

[11]　王潇，侯向阳，唐龙等. 无磁化率测定实验的误差分析和实验改进. 延安大学学报，2008，27（4）：64-67.

[12]　王力峰，梁军，宋伟明等. 络合物磁化率测定方法研究. 宁夏工程技术，2008，7（4）：344-346.

[13]　师唯，徐娜，王庆伦. 过渡金属配合物磁化率的测定与分析. 大学化学，2013，28（1）：30-36.

[14]　袁汝明，傅钢，韩国彬. 浅析物质在磁场中的受力. 大学化学，2012，27（2）：10-13.

[15]　肖锋，杜晓娟. 便携式磁化率仪 SM-30 在实验教学中的新应用. 实验科学与技术，2014，12（6）：127-130.

十、实例分析

（1）用第一种方法处理数据如表Ⅱ-19-2 所示。

样品高度：<u>10.0cm</u>　室温：<u>25.1℃</u>

表Ⅱ-19-2　磁化率测定数据记录（第一种方法）

样品	摩尔质量 /g·mol^{-1}	空管质量 m/g					
		$H_0=0$mT		$H_1=300$mT		$H_2=350$mT	
		$m_{1(H_0)}$	$m_{2(H_0)}$	$m_{1(H_1)}$	$m_{2(H_1)}$	$m_{1(H_2)}$	$m_{2(H_2)}$
莫尔氏盐	392.12	12.0104	12.0103	12.0063	12.0060	12.0053	12.0064
$FeSO_4 \cdot 7H_2O$	278.00	12.6190	12.6186	12.6141	12.6139	12.6126	12.6125
$CuSO_4 \cdot 5H_2O$	249.67	12.7605	12.7600	12.7550	12.7551	12.7540	12.7538
三水黄血盐	422.38	11.0469	11.0474	11.0431	11.0430	11.0426	11.0422

样品	摩尔质量 /g·mol^{-1}	空管质量＋样品 m/g						样品质量 m/g
		$H_0=0$mT		$H_1=300$mT		$H_2=350$mT		
		$m'_{1(H_0)}$	$m'_{2(H_0)}$	$m'_{1(H_1)}$	$m'_{2(H_1)}$	$m'_{1(H_2)}$	$m'_{2(H_2)}$	
莫尔氏盐	392.12	22.0052	22.0047	22.0985	22.0987	22.1326	22.1331	9.9946
$FeSO_4 \cdot 7H_2O$	278.00	21.8972	21.8972	22.0212	22.0210	22.0664	22.066	9.2784
$CuSO_4 \cdot 5H_2O$	249.67	24.3801	24.3788	24.3970	24.3965	24.4042	24.4037	11.6192
三水黄血盐	422.38	21.274	21.2715	21.2683	21.2672	21.2683	21.2668	10.2256

根据数据以及公式：$\Delta m_1(H_1)=m_1(H_1)-m_1(H_0)$　$\Delta m_2(H_1)=m_2(H_1)-m_2(H_0)$
$$\Delta m_{空管}(H_1)=1/2[\Delta m_1(H_1)+\Delta m_2(H_1)]$$

同理可算得 $\Delta m_{空管}(H_2)$、$\Delta m_{空管＋样品}(H_1)$、$\Delta m_{空管＋样品}(H_2)$ 整理得表Ⅱ-19-3。

表Ⅱ-19-3　磁化率测定数据处理（第一种方法）

样品	空管质量 m/g					
	$H_1=300$mT			$H_2=350$mT		
	Δm_1	Δm_2	$\Delta m_{空}$	Δm_1	Δm_2	$\Delta m_{空}$
莫尔氏盐	−0.0041	−0.0043	−0.0042	−0.0051	−0.0039	−0.0045
$FeSO_4 \cdot 7H_2O$	−0.0049	0.0047	−0.0048	−0.0064	−0.0061	−0.0063
$CuSO_4 \cdot 5H_2O$	−0.0055	−0.0049	−0.0052	−0.0065	−0.0062	−0.0064
三水黄血盐	−0.0038	−0.0044	−0.0041	−0.0043	−0.0052	−0.0048

样品	空管质量＋样品 m/g					
	$H_1=300\text{mT}$			$H_2=350\text{mT}$		
	$\Delta m_{1'}$	$\Delta m_{2'}$	$\Delta m_{空'}$	$\Delta m_{1'}$	$\Delta m_{2'}$	$\Delta m_{空'}$
莫尔氏盐	0.0933	0.094	0.0937	0.1274	0.1284	0.1279
$FeSO_4 \cdot 7H_2O$	0.124	0.1238	0.1239	0.1692	0.1688	0.169
$CuSO_4 \cdot 5H_2O$	0.0169	0.0177	0.0173	0.0241	0.0249	0.0245
三水黄血盐	−0.006	−0.0068	−0.0063	−0.0057	−0.0047	−0.0052

附：

$$1\text{m}^3 \cdot \text{kg}^{-1}(\text{SI}) = \frac{1}{4\pi} \times 10^3 \text{cm}^3 \cdot \text{g}^{-1}(\text{CGS 电磁制})$$

$$1\text{m}^3 \cdot \text{mol}^{-1}(\text{SI}) = \frac{1}{4\pi} \times 10^6 \text{cm}^3 \cdot \text{mol}^{-1}(\text{CGS 电磁制})$$

文献值：

在 293K 时：样品 1 为莫尔氏盐，样品 2 为 $CuSO_4 \cdot 5H_2O$，样品 3 为三水黄血盐，样品 4 为 $FeSO_4 \cdot 7H_2O$

$$\chi_{样品1} = 1.240 \times 10^{-3} \text{cm}^3 \cdot \text{mol}^{-1} \quad \chi_{样品2} = 1.460 \times 10^{-3} \text{cm}^3 \cdot \text{mol}^{-1}$$

$$\chi_{样品3} = -1.724 \times 10^{-4} \text{cm}^3 \cdot \text{mol}^{-1} \quad \chi_{样品4} = 1.120 \times 10^{-2} \text{cm}^3 \cdot \text{mol}^{-1}$$

根据公式（Ⅱ-19-20），莫尔氏盐 $\chi_m = 9500/(T+1) \times 4\pi \times 10^{-9} = 9500/(298+1) \times$

$$4\pi \times 10^{-9} \text{m}^3 \cdot \text{kg}^{-1}$$

$$= 3.977 \times 10^{-7} \text{m}^3 \cdot \text{kg}^{-1}$$

则 $\quad \chi_M = M \cdot \chi_m = 392.12 \times 10^{-10} \text{m}^3 \cdot \text{mol}^{-1} = 1.56 \times 10^{-7} \text{m}^3 \cdot \text{mol}^{-1}$

根据公式（Ⅱ-19-18），当 $H_1 = 300\text{mT}$,

$$\chi_M = 2 \times (\Delta m_{空管 + 样品} - \Delta m_{空管})ghM/(\mu_0 mH^2)$$

$$= 2 \times (0.0937 + 0.0042) \times 9.8 \times 0.10 \times 392.12 \times 10^{-6}/(4\pi \times 10^{-7} \times$$

$$9.9946 \times H_1'^2 \times 10^{-3})$$

得 $\qquad\qquad H_1' = 1.960 \times 10^5 \text{A} \cdot \text{m}^{-1}$

同理， $\qquad\qquad H_2 = 350\text{mT}, H_2' = 2.279 \times 10^5 \text{A} \cdot \text{m}^{-1}$

根据上述方法，分别将 H_1'、H_2' 代入公式（Ⅱ-19-18），得到 χ_{M_1}、χ_{M_2}，求得：

$FeSO_4 \cdot 7H_2O$： $H_1 = 300\text{mT}$

$$\chi_{M_1} = 2 \times (\Delta m_{空管 + 样品} - \Delta m_{空管})ghM/(\mu_0 mH_1'^2)$$

$$= 2 \times (0.1239 + 0.0048) \times 9.8 \times 0.10 \times 278 \times 10^{-6}/(4\pi \times 10^{-7} \times 9.2748 \times 1.96^2 \times 10^{10} \times 10^{-3})$$

$$= 1.566 \times 10^{-7} \text{m}^3 \cdot \text{mol}^{-1}(\text{SI 单位})$$

$$= 1.246 \times 10^{-2} \text{cm}^3 \cdot \text{mol}^{-1}(\text{CGS 单位})$$

同理，$H_2 = 350\text{mT}$, $\chi_{M_2} = 1.577 \times 10^{-7} \text{m}^3 \cdot \text{mol}^{-1}$（SI 单位）$= 1.255 \times 10^{-2} \text{cm}^3 \cdot \text{mol}^{-1}$（CGS 单位）

两次取平均：$\chi_M = 0.5(\chi_{M_1} + \chi_{M_2}) = 1.572 \times 10^{-7} \text{m}^3 \cdot \text{mol}^{-1}$（SI 单位）$= 1.251 \times 10^{-2} \text{cm}^3 \cdot \text{mol}^{-1}$（CGS 单位）

由公式 $3k_B T\chi_M/(N_A\mu_0) = n(n+2)\mu_B^2$，得

$$n = 4.40 \approx 4$$

同理，对 $CuSO_4 \cdot 5H_2O$： $H_1 = 300\text{mT}$

$$\chi_{M_1}=1.963\times10^{-8}\,\mathrm{m^3\cdot mol^{-1}}(\text{SI 单位})=1.562\times10^{-3}\,\mathrm{cm^3\cdot mol^{-1}}(\text{CGS 单位})$$

$$H_2=350\mathrm{mT}\quad \chi_{M_2}=1.974\times10^{-8}\,\mathrm{m^3\cdot mol^{-1}}(\text{SI 单位})$$

$$=1.570\times10^{-3}\,\mathrm{cm^3\cdot mol^{-1}}(\text{CGS 单位})$$

取平均：$\chi_M=1.969\times10^{-8}\,\mathrm{m^3\cdot mol^{-1}}(\text{SI 单位})=1.567\times10^{-3}\,\mathrm{cm^3\cdot mol^{-1}}(\text{CGS 单位})$

$$n=1.176\approx1$$

$\mathrm{K_4[Fe(CN)_6]\cdot3H_2O}$：$H_1=300\mathrm{mT}\quad \chi_{M_1}=-3.690\times10^{-9}\,\mathrm{m^3\cdot mol^{-1}}(\text{SI 单位})$

$$=-2.936\times10^{-4}\,\mathrm{cm^3\cdot mol^{-1}}(\text{CGS 单位})$$

$$H_2=350\mathrm{mT}\quad \chi_{M_2}=-0.496\times10^{-9}\,\mathrm{m^3\cdot mol^{-1}}(\text{SI 单位})$$

$$=-0.395\times10^{-4}\,\mathrm{cm^3\cdot mol^{-1}}(\text{CGS 单位})$$

取平均：$\chi_M=-2.093\times10^{-9}\,\mathrm{m^3\cdot mol^{-1}}(\text{SI 单位})$

$$=-1.666\times10^{-4}\,\mathrm{cm^3\cdot mol^{-1}}(\text{CGS 单位})$$

$$n=0$$

相对误差：$\mathrm{FeSO_4\cdot7H_2O}$：$E=(1.251\times10^{-2}-1.120\times10^{-2})/1.120\times10^{-2}\times100\%$

$$=11.70\%$$

同理 $\mathrm{CuSO_4\cdot5H_2O}$：$E=7.33\%$　$\mathrm{K_4[Fe(CN)_6]\cdot3H_2O}$：$E=-3.31\%$

（2）用第二种方法处理数据如下（表 Ⅱ-19-4）：$T=298\mathrm{K}$，样品高度 h 均为 10.0cm。

表 Ⅱ-19-4　磁化率测定数据记录（第二种方法）

样品	摩尔质量 $M/\mathrm{g\cdot mol^{-1}}$	空管质量 m/g			空管+样品质量 m/g			样品质量
		无磁场 $m_{空}$	加磁场 $m'_{空}$	平均值 $\Delta m_{空}$	无磁场 $m_{空+样}$	加磁场 $m'_{空+样}$	平均值 $\Delta m_{空+样}$	
莫尔氏盐	392.12	12.0384	12.0353	−0.0036	22.5337	22.7428	0.2033	10.4954
		12.0384	12.0343		22.5338	22.7312		
$\mathrm{FeSO_4\cdot7H_2O}$	278.00	10.9043	10.9007	−0.0038	21.9101	22.1940	0.2835	11.0056
		10.9048	10.9009		21.9101	22.1932		
$\mathrm{CuSO_4\cdot5H_2O}$	249.67	11.6262	11.6209	−0.0053	23.7815	23.8256	0.0418	12.1555
		11.6259	11.6207		23.7816	23.8210		
$\mathrm{K_4[Fe(CN)_6]\cdot3H_2O}$	422.38	11.6252	11.6208	−0.0048	20.6252	20.6186	−0.0069	8.9999
		11.6257	11.6205		20.6254	20.6183		

对莫尔氏盐，由式（Ⅱ-19-20），有

$$\chi_m=9500/(T+1)\times4\pi\times10^{-9}=9500/(298+1)\times4\pi\times10^{-9}\,\mathrm{m^3\cdot kg^{-1}}=3.979\times10^{-7}\,\mathrm{m^3\cdot kg^{-1}}$$

则　　　　　　　　　　　$\chi_M=M\chi_m=1.56\times10^{-7}\,\mathrm{m^3\cdot mol^{-1}}$

算得　　　　　　　　　　$H=2.80793\times10^5\,\mathrm{A\cdot m^{-1}}$

根据上述方法，将 H 带入公式，求得：

$$\mathrm{FeSO_4\cdot7H_2O}：\chi_M=1.47\times10^{-7}\,\mathrm{m^3\cdot mol^{-1}}(\text{SI 单位})$$

由 $3k_BT\chi_M/(N_A\mu_0)=n(n+2)\mu_B^2$ 算得

$$n=4.24\approx4$$

同理，对 $\mathrm{CuSO_4\cdot5H_2O}$：$\chi_M=1.95\times10^{-8}\,\mathrm{m^3\cdot mol^{-1}}(\text{SI 单位})$

$$n=1.10\approx1$$

对 $K_4[Fe(CN)_6] \cdot 3H_2O$：$\chi_M = -1.94 \times 10^{-9} m^3 \cdot mol^{-1}$（SI 单位）

$$n = 0$$

相对误差：$FeSO_4 \cdot 7H_2O$，$E = 3.57\%$

$CuSO_4 \cdot 5H_2O$，$E = 6.16\%$　$K_4[Fe(CN)_6] \cdot 3H_2O$，$E = -8.99\%$

两种方法比较，第二种方法数据处理较为简便，误差也较小，操作方便省时。

实验二十　偶极矩的测定

一、目的要求

1. 掌握溶液法测定偶极矩的实验方法和实验技术。

2. 学会用溶液法测定乙醇在环己烷中的介电常数和偶极矩。

3. 了解偶极矩与分子电性质的关系。

二、基本原理

1. 偶极矩与极化度

分子结构可以近似地看作由电子云和分子骨架（原子核及内层电子）所构成。由于其空间构型的不同，其正、负电荷中心可以重合，也可以不重合。前者称为非极性分子，后者称为极性分子。

1912 年德拜提出"偶极矩"的概念来度量分子极性的大小，如图Ⅱ-20-1 所示，其定义是：

$$\vec{\mu} = qd \qquad (Ⅱ\text{-}20\text{-}1)$$

式中，q 是正、负电荷中心所带的电量；d 为正、负电荷中心之间的距离；$\vec{\mu}$ 是一个矢量，其方向规定为从正到负。因分子中原子间距离的数量级为 10^{-10} m，电荷的数量级为 10^{-20} C，所以偶极矩的数量级是 10^{-30} C·m。

通过偶极矩的测定，可以了解分子结构中有关电子云的分布和分子的对称性，可以用来鉴别几何异构体和分子的立体结构等。

极性分子具有永久偶极矩，但由于分子的热运动，偶极矩指向某个方向的机会均等。所以偶极矩的统计值等于零。若将极性分子置于均匀的电场 E 中，则偶极矩在电场的作用下，如图Ⅱ-20-2 所示趋向电场方向排列。这时我们称这些分子被极化了，极化的程度可用摩尔转向极化度 $P_{转向}$ 来衡量。

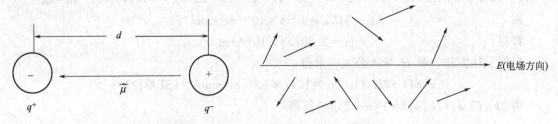

图Ⅱ-20-1　偶极矩示意图　　　　　　图Ⅱ-20-2　极性分子在电场作用下的定向

$P_{转向}$ 与永久偶极矩 μ^2 的值成正比，与热力学温度 T 成反比：

$$P_{转向} = \frac{4}{9}\pi N_A \times \frac{\vec{\mu}^2}{k_B T} \tag{II-20-2}$$

式中，k_B 为玻耳兹曼常数；N_A 为阿伏加德罗常数。

在外电场作用下，不论极性分子或非极性分子，都会发生电子云对分子骨架的相对移动，分子骨架也会发生变形，称为诱导极化或变形极化，可用摩尔诱导极化度 $P_{诱导}$ 来衡量。显然 $P_{诱导}$ 可分为两项，即电子极化度 $P_{电子}$ 和原子极化度 $P_{原子}$，因此

$$P_{诱导} = P_{电子} + P_{原子} \tag{II-20-3}$$

$P_{诱导}$ 与外电场强度成正比，与温度无关。

如果外电场是交变场，极性分子的极化情况则与交变场的频率有关。当处于频率小于 $10^{10}\,s^{-1}$ 的低频电场或静电场中，极性分子所产生的摩尔极化度 P 是转向极化、电子极化和原子极化的总和：

$$P = P_{转向} + P_{电子} + P_{原子} \tag{II-20-4}$$

当频率增加到 $10^{12} \sim 10^{14}\,s^{-1}$ 的中频（红外频率）时，电子的交变周期小于分子偶极矩的弛豫时间，极性分子的转向运动跟不上电场的变化，即极性分子来不及沿电场方向定向，故 $P_{转向} = 0$，此时极性分子的摩尔极化度等于摩尔诱导极化度 $P_{诱导}$。

当交变电场的频率进一步增加到大于 $10^{15}\,s^{-1}$ 的高频（可见光和紫外频率）时，极性分子的转向运动和分子骨架变形都跟不上电场的变化。此时极性分子的摩尔极化度等于电子极化度 $P_{电子}$。

因此，原则上只要在低频电场下测得极性分子的摩尔极化度 P，在红外频率下测得极性分子的摩尔诱导极化度 $P_{诱导}$，式（II-20-4）与式（II-20-3）相减得到极性分子摩尔转向极化度 $P_{转向}$，然后代入式（II-20-2）就可算出极性分子的永久偶极矩 $\vec{\mu}$。

2. 极化度的测定

克劳修斯（Clausius）、莫索蒂（Mosotti）和德拜（Debye）从电磁场理论得到了摩尔极化度 P 与介电常数 ε 之间的关系式：

$$P = \frac{\varepsilon - 1}{\varepsilon + 2} \times \frac{M}{\rho} \tag{II-20-5}$$

式中，M 为被测物质的摩尔质量；ρ 为该物质的密度；ε 可以通过实验测定。

但式（II-20-5）是假定分子与分子间无相互作用而推导得到的，所以它只适用于温度不太低的气相体系；但某些物质在常温下无法获得气相状态，因此后来提出了用溶液法来解决这一困难。溶液法的基本想法是，在无限稀释的非极性溶剂的溶液中，溶质分子所处的状态和气相时相近，于是无限稀释溶液中溶质的摩尔极化度 P_2^∞ 就可以看作式（II-20-5）中的 P。

海德斯特兰（Hedestran）首先利用稀溶液的近似公式：

$$\varepsilon_{溶} = \varepsilon_1(1 + \alpha x_2) \tag{II-20-6}$$

$$\rho_{溶} = \rho_1(1 + \beta x_2) \tag{II-20-7}$$

再根据溶液的加和性，推导出无限稀释时溶质摩尔极化度的公式：

$$P = P_2^\infty = \lim_{x_2 \to 0} P_2 = \frac{3\alpha\varepsilon_1}{(\varepsilon_1 + 2)^2} \times \frac{M_1}{\rho_1} + \frac{\varepsilon_1 - 1}{\varepsilon_1 + 2} \times \frac{M_2 - \beta M_1}{\rho_1} \tag{II-20-8}$$

上述式（II-20-6）～式（II-20-8）中，$\varepsilon_{溶}$、$\rho_{溶}$ 分别是溶液的介电常数和密度；M_2、x_2

分别是溶质的摩尔质量和摩尔分数；ε_1、ρ_1、M_1 分别是溶剂的介电常数、密度和摩尔质量；α、β 分别是与 $\varepsilon_溶$-x_2 和 $\rho_溶$-x_2 直线斜率有关的常数。

上面已经提到，在红外频率的电场下，可以测得极性分子的摩尔诱导极化度，即式（Ⅱ-20-3）。

但是在实验上由于条件的限制，很难做到这一点。所以一般总是在高频电场下测定极性分子的电子极化度 $P_电子$。

根据光的电磁理论，在同一频率的高频电场作用下，透明物质的介电常数 ε 与折射率 n 的关系为：

$$\varepsilon = n^2 \tag{Ⅱ-20-9}$$

习惯上用摩尔折射率 R_2 来表示高频区测得的极化度，而此时，$P_转向 = 0$，$P_原子 = 0$，则

$$R_2 = P_电子 = \frac{n^2-1}{n^2+2} \times \frac{M}{\rho} \tag{Ⅱ-20-10}$$

在稀溶液情况下，还存在近似公式：

$$n_溶 = n_1(1+\gamma x_2) \tag{Ⅱ-20-11}$$

同样，从式（Ⅱ-20-10）可以推导出无限稀释时，溶质的摩尔折射率的公式：

$$R_2^\infty = \lim_{x_2 \to 0} R_2 = \frac{n_1^2-1}{n_1^2+2} \times \frac{M_2-\beta M_1}{\rho_1} + \frac{6n_1^2 M_1 \gamma}{(n_1^2+2)^2 \rho_1} \tag{Ⅱ-20-12}$$

式（Ⅱ-20-11）、式（Ⅱ-20-12）中，$n_溶$ 是溶液的折射率；n_1 是溶剂的折射率；γ 是与 $n_溶$-x_2 直线斜率有关的常数。

3. 偶极矩的测定

考虑到原子极化度通常只有电子极化度的 5%～15%，而且 $P_转向$ 又比 $P_原子$ 大得多，故常常忽视原子极化度。

从式（Ⅱ-20-2）、式（Ⅱ-20-4）、式（Ⅱ-20-8）和式（Ⅱ-20-12）可得

$$P_转向 = P_2^\infty - R_2^\infty = \frac{4}{9}\pi N_A \frac{\vec{\mu}^2}{k_B T} \tag{Ⅱ-20-13}$$

上式把物质分子的微观性质偶极矩和它的宏观性质介电常数、密度、折射率联系起来，分子的永久偶极矩就可用下面的简化式计算：

$$\vec{\mu} = 0.04274 \times 10^{-30} \sqrt{(P_2^\infty - R_2^\infty)T} \tag{Ⅱ-20-14}$$

在某种情况下，若需要考虑 $P_原子$ 影响时，只需对 R_2^∞ 作部分修正就行了。

上述测求极性分子偶极矩的方法称为溶液法。溶液法测溶质偶极矩与气相测得的真实值间存在偏差。造成这种现象的原因是由于非极性溶剂与极性溶质分子相互间的作用——"溶剂化"作用。这种偏差现象称为溶剂法测量偶极矩的"溶剂效应"。

此外测定偶极矩的方法还有多种，如温度法、分子束法、分子光谱法及利用微波谱的斯诺克法等。这里就不一一介绍了。

4. 介电常数的测定

介电常数是通过测定电容计算而得的。

我们知道，如果在电容器的两个极板间充以某种电解质，电容器的电容量就会增大。如果维持极板上的电荷量不变，那么充上电解质的电容器两极板间的电势差就会减少。设 C_0 为极板间处于真空时的电容量，C 为充以电解质时的电容量，则 C 与 C_0 之比 ε 称为该电解

质的介电常数：

$$\varepsilon = \frac{C}{C_0} \qquad （\text{II-20-15}）$$

法拉第在 1837 年就解释了这一现象，认为这是由于电解质在电场中极化而引起的。极化作用形成一反向电场，如图 II-20-3 所示，因而抵消了一部分外加电场。

测定电容的方法一般有电桥法、拍频法和谐振法，后二者为测定介电常数所常用，抗干扰性能好，精度高，但仪器价格较贵。本实验中采用电桥法，选用的仪器为 PCM-1A 型小电容测定仪。

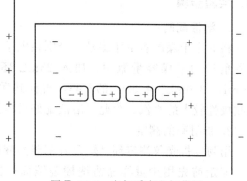

图 II-20-3　电解质在电场作用下极化而引起的反向电场

但小电容测量仪所测之电容 C_x 包括了样品的电容 $C_样$ 和整个测试系统中的分布电容 C_d 之和，即

$$C_x = C_样 + C_d \qquad （\text{II-20-16}）$$

显然，$C_样$ 值随介质而异，而 C_d 对同一台仪器而言是一个定值，称为仪器的本底值。如果直接将 C_x 值当作 $C_样$ 值来计算，就会引进误差。因此，必须先求出 C_d 值，并在以后的各次测量中给予扣除。

测定 C_d 的方法如下。用一个已知介电常数的标准物质测得电容 $C'_标$：

$$C'_标 = C_标 + C_d \qquad （\text{II-20-17}）$$

再测电容池中不放样品时的电容：

$$C'_空 = C_空 + C_d \qquad （\text{II-20-18}）$$

上述式（II-20-17）、式（II-20-18）中 $C_标$、$C_空$ 分别为标准物质和空气的电容。近似地可认为 $C_空 \approx C_0$，则

$$C'_标 - C'_空 = C_标 - C_0 \qquad （\text{II-20-19}）$$

因为

$$\varepsilon_标 = \frac{C_标}{C_0} \approx \frac{C_标}{C_空} \qquad （\text{II-20-20}）$$

式中，$\varepsilon_标$ 为标准物质的介电常数。由式（II-20-18）～式（II-20-20）可得

$$C_0 = \frac{C'_标 - C'_空}{\varepsilon_标 - 1} \qquad （\text{II-20-21}）$$

$$C_d = C'_空 - C_0 = C'_空 - \frac{C'_标 - C'_空}{\varepsilon_标 - 1} \qquad （\text{II-20-22}）$$

三、仪器与试剂

1. 仪器

小电容测定仪 1 台，阿贝折光仪 1 台，容量瓶（10mL）5 个，称量瓶（10mL）5 个，电吹风 1 个，电容池 1 只，超级恒温水浴 1 台，移液管（5mL）1 只，干燥器 1 只，电子天平 1 台。

2. 试剂

环己烷（A.R.），乙醇（A.R.）。

四、实验步骤

1. 溶液配制

将 5 个干燥的容量瓶编号，分别在电子天平称量，读数稳定后归零。在这 5 个 50mL 的已称量过的干燥容量瓶中，加入 25mL 环己烷，称重。然后分别加入 0.5mL、1.0mL、2.0mL、3.0mL、4.0mL 的乙醇，再称其质量。操作时应注意防止溶质、溶剂的挥发以及吸收极性较大的水汽。为此，溶液配好后应迅速盖上瓶塞，并置于干燥器中。

2. 折射率的测定

用阿贝折光仪测定环己烷及各配制溶液的折射率。

测定前先用少量样品清洗棱镜镜面两次，用洗耳球吹干镜面。测定时滴加的样品应均匀分布在镜面上，迅速闭合棱镜，调节反射镜，使视场明亮。转动上边的消色散旋钮，使镜筒内呈现一条清晰的明暗分界线。转动下边的调节旋钮，使分界线移动至准丝交点上，此时可在目镜内读取折射率读数。每个样品要求测定 2 次，2 次数据之差不能超过 0.0003。

3. 介电常数的测定

电容 C_0 和 C_d 的测定本实验采用环己烷作为标准物质。其介电常数的温度公式为：

$$\varepsilon_{环己烷} = 2.052 - 1.55 \times 10^{-3} t \qquad (\text{II-20-23})$$

式中，t 为测定时的温度，℃。

插上小电容测量仪的电源插头，打开电源开关，预热 10min。

用配套的测试线将数字小电容测量仪上的"电容池座"插座与电容池上的"II"插座相连，将另一根测试线的一端插入数字小电容测量仪的"电容池"插座，另一端暂时不接。

待数显稳定后，按下校零按钮，数字表头显示为零。

在电容池样品室干燥、清洁的情况下（电容池不清洁时，可用乙醚或丙酮冲洗数次，并用电吹风吹干），将测试线未连接的一端插入电容池上的"I"插座，待数显稳定后，数字表头指示的便为空气电容值 $C'_{空}$。

拔出电容池"I"插座一端的测试线，打开电容池的上盖，用移液管量取 1mL 环己烷注入电容池样品室（注意样品不可多加，样品过多会腐蚀密封材料），每次加入的样品量必须相同。待数显稳定后，按下校零按钮，数字表头显示为零。将拔下的测试线的一端插入电容池上的"I"插座，待数显稳定后，数字表头显示的便为环己烷的电容值。吸去电容池内的环己烷（倒在回收瓶中），重新装样，再次测量电容值，两次测量电容的平均值即为 $C'_{环己烷}$。

用吸管吸出电容池内的液体样品，用电吹风对电容池吹气，使电容池内液体样品全部挥发，至数显的数字与 $C'_{空}$ 的值相差无几（<0.05pF），才能加入新样品，否则须再吹。

将 $C'_{空}$、$C'_{环己烷}$ 值代入式（II-20-21）、式（II-20-22），可解出 C_0 和 C_d 值。

溶液电容的测定与测纯环己烷的方法相同。重复测定时，不但要吸去电容池内的溶液，还要用电吹风将电容池样品室和电极吹干。然后复测 $C'_{空}$ 值，以检验样品室是否还有残留样品。再加入该浓度溶液，测出电容值。两次测定数据的差值应小于 0.05pF，否则要继续复测。所测电容读数取平均值，减去 C_d，即为溶液的电容值 $C_溶$。

五、注意事项

1. 本实验所用试剂均易挥发，配制溶液时动作应迅速，以免影响浓度，由于溶液浓度会因试剂易挥发而改变，故加样时动作要迅速。

2. 测折射率时，样品滴加要均匀，用量不能太少，滴管不要触及棱镜，以免损坏镜面。

3. 电容池各部件的连接应注意绝缘。

六、数据记录与处理

1. 计算环己烷的密度 ρ_1、溶液的密度 $\rho_溶$ 及溶质的摩尔分数 x_2，填入表Ⅱ-20-1。

$M_{环己烷}=84.6$

$M_{乙醇}=46$

表Ⅱ-20-1　密度和摩尔分数的测定值

项 目	编 号				
	1	2	3	4	5
瓶容积/mL	10	10	10	10	10
乙醇质量/g					
环己烷质量/g					
溶液质量/g					
密度ρ/g·mL^{-1}					
摩尔分数x_2					

2. 环己烷及各溶液的折射率 n，填入表Ⅱ-20-2。

3. 根据表Ⅱ-20-3的测定数据，计算 C_0、C_d 及各溶液的介电常数 ε_r。

表Ⅱ-20-2　溶液折射率的测定值

折射率	编 号				
	1	2	3	4	5
n_1					
n_2					
n					

表Ⅱ-20-3　溶液相对介电常数的测定值

电容及介电常数	空 气	编 号				
		1	2	3	4	5
C_1'						
C_2'						
C'						
ε_r						

$C_0=$

$C_d=$

4. 作 $\varepsilon_溶$-x_2 图，由直线斜率求得 α。

作 $\rho_{溶}$-x_2 图，由直线斜率求得 β。

作 $n_{溶}$-x_2 图，由直线斜率求得 γ。

5. 将 ρ_1、ε_1、α、β 值代入式（Ⅱ-20-8），求得 P_2^{∞}。

将 ρ_1、ε_1、β、γ 值代入式（Ⅱ-20-12），求得 R_2^{∞}。

6. 将 P_2^{∞}、R_2^{∞} 值代入式（Ⅱ-20-14），计算乙醇的永久偶极矩 $\vec{\mu}$。

七、思考题

1. 试分析本实验中误差的主要来源，如何改进？

2. 试说明溶液法测量极性分子永久偶极矩的要点，有何基本假定，推导公式做了哪些近似？

3. 准确测定溶质摩尔极化度和摩尔折射度时，为什么要外推至无限稀释？

4. 偶极矩是如何定义的？

5. 属于什么点群的分子有偶极矩？

八、参考文献

[1] 复旦大学等编. 物理化学实验. 第3版. 北京：高等教育出版社，2004.

[2] 常光洁，贾玉珍. 怎样做好"偶极矩的测定"实验. 化学教育，1984，2：36-38.

[3] 王骊，赵洁. 偶极矩测定的改进. 大学化学，1987，2（6）：36-38.

[4] 何玉尊，李浩钧，罗开容. 溶液法测定分子偶极矩的简化处理. 化学通报，1989，4：54-56.

[5] 刘先昆，张骏，潘虹兵，徐健健. 偶极矩测定实验中介电常数的锁定测量法. 实验技术与管理，2002，19（1）：75-77.

[6] 李瑞英，陈六平，余小岚. "偶极矩测定"实验的改进. 中山大学学报论丛，2003，23（3）：26-28.

[7] 玉占君，任庆云，张婷婷. 溶液法测定极性分子偶极矩的数据处理方法. 实验技术与管理，2007，24（8）：32-34.

[8] 赵长春，廖立兵，沈恋. 热处理对铁-镁电气石中固有电偶极矩的影响. 矿物学报，2011，31（1）：108-112.

第三部分　综合性和设计性实验

第一章　综合性实验

实验二十一　$FeCl_3/FeCl_2$ 和 $K_3Fe(CN)_6/K_4Fe(CN)_6$ 体系的电极过程比较研究

一、目的要求

1. 掌握电位扫描法、计时安培法、计时库仑法及圆盘电极的实验技术。

2. 利用上述技术研究 $FeCl_3/FeCl_2$ 和 $K_3Fe(CN)_6/K_4Fe(CN)_6$ 体系电极过程动力学，并测定相关参数。

3. 通过比较研究，讨论络合剂对 Fe^{3+}/Fe^{2+} 氧化还原对的影响。

二、综合知识点

1. 本实验内容主要涉及物理化学中电化学与分析化学中络合反应。

2. 本实验使用多种电化学测试方法：电位扫描法、计时安培法、计时库仑法及圆盘电极的实验技术。

三、基本原理

旋转圆盘电极的中心是一根金属棒，棒的下端是研究电极的圆形光亮表面，如图Ⅲ-21-1。棒外用聚四氟乙烯绝缘。当电极经马达带动以一定速度旋转时，在电极附近的液体必定会发生流动，如图Ⅲ-21-2所示。

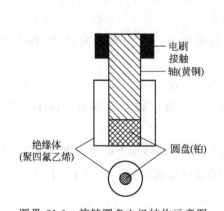

图Ⅲ-21-1　旋转圆盘电极结构示意图

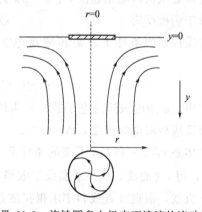

图Ⅲ-21-2　旋转圆盘电极表面溶液的流动过程

在一定条件下，旋转圆盘电极附近的液体处于层流状态时，液体的流动可以分解成三个方向：一是由于电极旋转而产生的离心，使流体在径向以 $v_{径}$ 速度向外流动；二是由于流体的黏滞性，在圆盘电极的平面以一定角速度转动时，流体就以 ω 速度向圆盘切线方向流动；三是由于电极附近流体向外流动，使电极中心区液体的压力下降，从而使离电极表面较远的

液体以 $v_{轴}$ 速度向中心流动。因此，旋转圆盘电极表面给出均匀的轴向速度，在整个电极表面上扩散层的厚度是均匀的。

电化学反应过程通常由反应物和产物的传质步骤或电荷转移步骤所控制。为了测定电化学反应的动力学参数，必须通过测量技术和数学处理，突出某一控制步骤，忽略另一个控制步骤。例如，为了测量传质过程的动力学参数、扩散系数，必须使电化学反应过程受传质步骤控制。反之，为了测量电极反应过程的动力学参数，如交换电流密度 i_0、电子转移系数 α 和标准反应动力学常数 k_0，必须使整个电化学反应过程由电荷转移步骤控制。旋转圆盘电极由于其电极转速可以准确控制，可以通过测量不同转速下的伏安曲线，通过相应的数学处理，突出某一步骤，求得动力学参数。此外，在一定转速下，旋转圆盘电极反应的极限电流和反应物浓度存在线性关系。因此，旋转圆盘电极是一种常用的、稳定的电化学分析方法。

1. 电极过程可逆性测定

在电化学体系中，如电子转移反应非常快，则能斯特方程成立。同时，通过电位扫描方法测定的研究体系的循环伏安曲线，有如下特征：曲线中的氧化还原峰与扫描速率无关，以 φ 对 $\lg \dfrac{i_p - i}{i}$ 作图为一直线，此时满足下列条件：$\varphi_p - \varphi_{p/2} = \dfrac{2.2RT}{nF}$（mV）。

2. 电极表面吸附

利用计时安培法与计时库仑法可以研究氧化还原对的化学稳定性及可逆性，同时还可测定氧化还原物质在电极表面的吸附情况，测定整个电化学反应的电子转移数及氧化还原物在电解质中的扩散系数。

3. 在传质控制条件下氧化还原体系扩散系数 D_R、D_O 的测定

Levich 的流体力学理论指出，在旋转圆盘电极体系中，扩散层厚度（δ_d）与旋转圆盘的角速度（ω）的关系为：

$$\delta_d = 1.61 D^{1/3} \nu^{1/6} \omega^{-1/2} \qquad (\text{III-21-1})$$

式中，D 为溶液中物质的扩散系数，$cm^2 \cdot s^{-1}$；ν 为溶液的动力学黏度，$cm^2 \cdot s^{-1}$；ω 为旋转圆盘电极转动角速度，s^{-1}；δ_d 为扩散层厚度，cm。

对于阴极反应 $\qquad\qquad\qquad O + ne^- \longrightarrow R$

传质控制的条件下，旋转圆盘电极反应的极限电流（i_d）与转动角速度（ω）的关系为：

$$i_d = 0.62 nF D_O^{2/3} \nu^{-1/6} \omega^{1/2} c_O^* \qquad (\text{III-21-2})$$

式中，n 为电极反应电子数；F 为法拉第常数；c_O^* 为反应物 O 的浓度，$mol \cdot L^{-1}$；i_d 为电极反应极限电流密度，$A \cdot cm^{-2}$。

在体系 c_O^*、ν 和 D_O 不变的条件下，测量一组溶液在不同转速下的反应电流密度 i 和超电位 η，得 $i\text{-}\eta$ 曲线。从 $i\text{-}\eta$ 曲线中取得不同转速下的极限电流密度 i_d，以 i_d 对 $\omega^{1/2}$ 作图得 $i_d\text{-}\omega^{1/2}$ 直线，根据该直线斜率求得扩散系数 D_R、D_O。

4. 体系交换电流 i_0、电子转移系数 α 和标准反应速率常数 k_0 的测定（传质过程和电极反应过程混合控制条件下）

对于一个简单的一级反应

$$O + ne^- \Longleftrightarrow R \qquad (\text{III-21-3})$$

电极反应电流方程为：

$$\frac{1}{i}=\frac{1}{i_0\left[\exp\left(\dfrac{\alpha nF}{RT}\eta\right)-\exp\left(\dfrac{-\beta nF}{RT}\eta\right)\right]}+\lambda\omega^{-1/2} \tag{Ⅲ-21-4}$$

式中，i_0 为电极反应交换电流密度，$A\cdot cm^{-2}$；η 为电极反应超电势，V；α 为电子转移系数。

若令 $i_{L,c}=i_0\left[\exp\left(\dfrac{\alpha nF}{RT}\eta\right)-\exp\left(\dfrac{-\beta nF}{RT}\eta\right)\right]$ 为电极电活化控制电流，则方程式可写为：

$$\frac{1}{i}=\frac{1}{i_{L,c}}+\lambda\omega^{-1/2} \tag{Ⅲ-21-5}$$

在未达到极限的条件下，取 5 个不同超电位下的一组 $\omega^{-1/2}$ 和 $1/i$ 的对应值作 $1/i$-$\omega^{1/2}$ 图，并外推至 $\omega^{-1/2}$ 为零，由截距可以求得该超电位下电极活化控制电流 $i_{L,c}$。

若将 $i_{L,c}=i_0\left[\exp\left(\dfrac{\alpha nF}{RT}\eta\right)-\exp\left(\dfrac{-\beta nF}{RT}\eta\right)\right]$ 两边取对数，并将 $\alpha+\beta=1$ 的条件代入可得：

$$\ln\left[\frac{i_{L,c}}{1-\exp\left(-\dfrac{nF}{RT}\eta\right)}\right]=\ln i_0+\frac{\alpha nF}{RT}\eta \tag{Ⅲ-21-6}$$

以 $\ln\left[\dfrac{i_{L,c}}{1-\exp\left(-\dfrac{nF}{RT}\eta\right)}\right]$ 对 η 作图。由直线在 $\eta=0$ 处的纵坐标数值的反对数求得 i_0 值，由直线的斜率求得 α，再从方程

$$i_0=nFk_0(c_O^*)^{1-\alpha}(c_R^*)^\alpha \tag{Ⅲ-21-7}$$

求得 k_0。

5. 极限电流与反应物浓度线性关系曲线的测定

在传质控制的极限条件下，根据 Levich 方程式（Ⅲ-21-2），若旋转圆盘电极的角速度 ω 固定，又将 n、F、D 和 ν 视为常数，则电极反应的极限电流密度 i_d 与反应物的浓度 c_O 成正比。测定一组不同浓度下体系的极限电流密度，可以作出氧化还原电对浓度与极限电流关系的工作曲线。

6. 半峰电位 $E_{1/2}$ 的测定

对于一个氧化态和还原态均为离子形式的可逆过程，其半峰电位可以下列方程表示。

$$\varphi_c=\varphi_{1/2}+\frac{RT}{nF}\ln\frac{(i_d)_c-i}{i} \tag{Ⅲ-21-8}$$

$$\varphi_a=\varphi_{1/2}+\frac{RT}{nF}\ln\frac{i}{i-(i_d)_a} \tag{Ⅲ-21-9}$$

因此，通过测定阳极过程或阴极过程半峰电流对应的电位可以求得该氧化/还原体系的半峰电位。

四、仪器与试剂

1. 仪器

CHI760C 电化学工作站，三电极电解槽系统，旋转圆盘电极（铂盘电极）为工作电极，饱和甘汞电极为参比电极，铂片或铂丝为辅助电极。

2. 试剂

不同浓度的 $FeCl_3$、$FeCl_2$、$K_4Fe(CN)_6$ 和 $K_3Fe(CN)_6$ 溶液。

五、实验步骤

1. 电化学动力学参数的测定

(1) 配制 $1.0 \times 10^{-2} mol \cdot L^{-1}$ $K_4Fe(CN)_6$ + $1.0 \times 10^{-2} mol \cdot L^{-1}$ $K_3Fe(CN)_6$ 的 $1.0 mol \cdot L^{-1}$ KCl 溶液 100mL 置于电解槽中。

(2) 选定 6 个不同的转速,打开 CHI760C 电化学工作站的 Setup 下拉菜单,在 Technique 项选择 Tafel Plot 方法,在 Parameters 项内选择参数:扫描速率为 $10mV \cdot s^{-1}$,扫描范围为 $-0.1 \sim 0.5V$ (vs. SCE)。测定一组不同转速下旋转圆盘电极在 $1.0 \times 10^{-2} mol \cdot L^{-1}$ $K_4Fe(CN)_6$ + $1.0 \times 10^{-2} mol \cdot L^{-1}$ $K_3Fe(CN)_6$ 的线性扫描伏安曲线。

(3) 由上述极化曲线获得的数据作图并进行数据处理,求得 $K_3Fe(CN)_6$ 的扩散系数 D_O 和 $K_4Fe(CN)_6$ 扩散系数 D_R、电子转移系数 α、电极反应交换电流密度 i_0 和标准反应速率常数 k_0。

2. 极限电流与浓度关系的测量及半峰电位的测量

(1) 分别配制 $2.0 \times 10^{-4} mol \cdot L^{-1}$ $K_4Fe(CN)_6$ + $2.0 \times 10^{-4} mol \cdot L^{-1}$ $K_3Fe(CN)_6$、$4.0 \times 10^{-4} mol \cdot L^{-1}$ $K_4Fe(CN)_6$ + $4.0 \times 10^{-4} mol \cdot L^{-1}$ $K_3Fe(CN)_6$、$6.0 \times 10^{-4} mol \cdot L^{-1}$ $K_4Fe(CN)_6$ + $6.0 \times 10^{-4} mol \cdot L^{-1}$ $K_3Fe(CN)_6$ 和 $8.0 \times 10^{-4} mol \cdot L^{-1}$ $K_4Fe(CN)_6$ + $8.0 \times 10^{-4} mol \cdot L^{-1}$ $K_3Fe(CN)_6$ 的 $1mol \cdot L^{-1}$ KCl 溶液各 100mL。

(2) 选定一个转速,扫描速率和扫描范围设定同步骤 1,测定上述各溶液在旋转圆盘电极上的极化曲线。

(3) 取上述各浓度体系所得的极限电流密度对浓度作图,绘制极限电流密度与 $K_4Fe(CN)_6$ 和 $K_3Fe(CN)_6$ 的浓度关系曲线。

(4) 求上述各曲线上半峰电流对应的电位。

3. 电极过程可逆性测定

以 $5mV \cdot s^{-1}$、$10mV \cdot s^{-1}$、$20mV \cdot s^{-1}$、$50mV \cdot s^{-1}$、$100mV \cdot s^{-1}$ 及 $200mV \cdot s^{-1}$ 扫描速率,测定上述溶液的氧化还原全过程、氧化过程、还原过程的循环伏安曲线,分析其电极过程可逆性情况。

4. 电极表面吸附测定

利用计时电流反向技术及计时库仑反向技术,研究体系的电化学过程。

5. 按以上各个步骤对 $FeCl_3/FeCl_2$ 氧化还原对进行同样的研究。

六、注意事项

1. 先在等效电路上熟悉仪器后再进行实际系统测量。仪器先预热 30min 后才能测量,电极的正负与电化学工作站不能接错。

2. 调整好旋转圆盘电极、参比电极、辅助电极及电解槽的相对位置,以免电极在旋转过程中受损坏。

3. $K_4Fe(CN)_6$ 溶液易发生氧化,操作过程应注意。

4. 数据处理时,电子反应数 $n=1$,溶液运动黏度 $\nu = 10^{-2} cm^2 \cdot s^{-1}$,反应物浓度的单位为 $mol \cdot L^{-1}$。

七、数据记录与处理

1. 不同转速下的极限电流密度 i_d 与旋转圆盘电极转速 $\omega^{-1/2}$ 的关系。

2. 取 5 个不同超电位 η 下的一组 $\omega^{-1/2}$ 和 $1/i$ 的对应值作图，并求外推至 $\omega^{-1/2}$ 为零时的 $1/i$ 值。

3. 求某一转速下旋转圆盘电极的极限电流密度 i_d 与 $K_4Fe(CN)_6$ 与 $K_3Fe(CN)_6$ 及 $FeCl_2$ 与 $FeCl_3$ 的浓度关系。

4. 按实验步骤 3 测定半峰电位 $\varphi_{1/2}$。

5. 两氧化还原对的电极可逆性分析。

6. 氧化物、还原物在电极表面上的吸附分析。

八、思考题

1. 比较测得的 $K_3Fe(CN)_6$、$FeCl_3$ 扩散系数 D_O 和 $K_4Fe(CN)_6$、$FeCl_2$ 的扩散系数 D_R 值的大小，并说明理由？

2. 应分别选择什么电位区的电流数据来测定扩散系数 D 和电子转移数 α 及交换电流 i_0？为什么？

3. 研究电极在静止时和旋转时的平衡电位相同吗？为什么？

4. 分析所测的极化曲线，从中可以得出什么结论？

5. 转速对极化过程有何影响？

九、参考文献

[1] 复旦大学等编. 物理化学实验. 第 3 版. 北京：高等教育出版社，2004.

[2] 孙尔康，张剑荣主编. 物理化学实验. 南京：南京大学出版社，2009.

[3] 苏国钧，刘恩辉主编. 综合化学实验. 湘潭：湘潭大学出版社，2008.

[4] 刘永辉编著. 电化学测试技术. 北京：北京航空学院出版社，1987.

[5] Bard A J，Faulkner L R 编著. 电化学原理方法和应用. 第 2 版. 邵元华等译. 北京：化学工业出版社，2005.

实验二十二　黏度法测定聚乙烯醇的相对分子质量及其分子构型的确定

一、目的要求

1. 以乙酸乙烯酯（VAc）为原料制备聚乙酸乙烯酯（PVAc），然后在碱性条件下醇解制备聚乙烯醇（PVA）。

2. 用乌氏黏度计测定自制 PVA 被高碘酸盐降解前后的黏均相对分子质量。

3. 计算 PVA 分子链中"头碰头"键合方式的比率。

二、综合知识点

1. 主要涉及高分子化学中聚合物的制备方法和物理化学中关于高分子溶液黏度的测定方法。

2. PVA 不能直接通过烯类单体聚合得到，而是 PVAc 经醇解反应获得的。

3. 利用乌氏黏度计测定 PVA 溶液在降解前后的黏度，从而确定分子构型。

三、基本原理

1. 聚乙酸乙烯酯的制备原理

以乙酸乙烯酯（VAc）为原料，以甲醇为溶剂，以偶氮二异丁腈（AIBN）为引发剂，通过自由基聚合，得到聚乙酸乙烯酯，反应式为：

$$n\text{CH}_2=\underset{\underset{\text{OCOCH}_3}{|}}{\text{CH}} \xrightarrow[60\sim65℃]{\text{AIBN}} +\text{CH}_2-\underset{\underset{\text{OCOCH}_3}{|}}{\text{CH}}\cdot_n$$

2. 聚乙烯醇的制备原理

聚乙烯醇（PVA）不能直接通过烯类单体聚合得到，而是经过聚乙酸乙烯酯（PVAc）的高分子反应获得的。与水解法相比，经醇解法生成的聚乙烯醇精制容易，纯度较高，产品性能较好，因而工业上多采用醇解法。本实验采用甲醇为醇解剂、氢氧化钠为催化剂进行醇解反应，并在较为缓和的醇解条件下进行，以适应教学要求。PVAc 在 NaOH/CH$_3$OH 溶液中的醇解的主要反应为：

$$-\text{CH}_2-\underset{\underset{\text{OCOCH}_3}{|}}{\text{CH}}- + \text{CH}_3\text{OH} \xrightarrow{\text{NaOH}} -\text{CH}_2-\underset{\underset{\text{OH}}{|}}{\text{CH}}- + \text{CH}_3\text{COOCH}_3$$

在主反应中 NaOH 仅起催化作用，但是 NaOH 还可能参加反应（副反应）：

$$\text{CH}_3\text{COOCH}_3 + \text{NaOH} \longrightarrow \text{CH}_3\text{COONa} + \text{CH}_3\text{OH}$$

$$-\text{CH}_2-\underset{\underset{\text{OCOCH}_3}{|}}{\text{CH}}- + \text{NaOH} \longrightarrow -\text{CH}_2-\underset{\underset{\text{OH}}{|}}{\text{CH}}- + \text{CH}_3\text{COONa}$$

当反应体系含水量较大时，这两个副反应明显增加，消耗大量的氢氧化钠，从而降低对主反应的催化效能，使醇解反应进行不完全。因此为了避免这些副反应，对物料的含水量应严格控制，一般在 5% 以下。

3. 高分子稀溶液黏度的测定原理

参见第二部分第四章实验十七。

4. PVA 分子链中键合形式的测定原理

在聚乙烯醇中，一个"头碰头"的键合是一个 1,2-乙二醇结构，而乙二醇能被高碘酸或高碘酸盐分解。通过黏度法来测定被高碘酸钾处理前后两种物质的分子量，从而求出"头碰头"键合方式的概率。

因为"头碰头"键合的概率 Δ＝分子数的增加数目/体系中总的单体数目。又因为分子数的增加数目和体系中总的单体数目与分子量成反比，所以

$$\Delta = \frac{\left(\dfrac{1}{M_n'} - \dfrac{1}{M_n}\right)}{\dfrac{1}{M_0}} \tag{Ⅲ-22-1}$$

式中，M_n 和 M_n' 分别为降解前后的平均数均分子量；M_0 为单体的分子量，$M_0 = 44\text{g·mol}^{-1}$，所以

$$\Delta = 44 \times (1/M_n' - 1/M_n) \tag{Ⅲ-22-2}$$

对于单分散性的高聚物就有 $M_n = M_\eta$，可是对于多分散性的高聚物则有 $M_n < M_\eta$。因为聚乙烯醇是一个多分散性的高聚物，所以就不能用实验所测得的 M_η 直接代入公式（Ⅲ-22-2）计算聚乙烯醇的"头碰头"键合概率。但是 M_n 和 M_η 之间存在着以下的关系：

$$\frac{M_\eta}{M_n} = [\alpha\Gamma(\alpha+1)]^{\frac{1}{\alpha}} \tag{Ⅲ-22-3}$$

其中，当温度是 30℃ 时，$\alpha=0.64$。Γ 为广函数。

154

$$M_\eta/M_n=1.82 \tag{III-22-4}$$

所以式（III-22-2）可以改写为

$$\Delta=80.08\left(\frac{1}{M'_\eta}-\frac{1}{M_\eta}\right) \tag{III-22-5}$$

通过式（III-22-5）就可以用实验所测得的平均黏均分子量计算聚乙烯醇的"头碰头"键合概率。

四、仪器与试剂

1. 仪器

乌氏黏度计，超声波清洗机，恒温水浴，秒表，铁架台，夹子，烧杯（50mL），三颈瓶（250mL），锥形瓶（100mL），移液管（2mL、5mL、10mL），机械搅拌器。

2. 试剂

正丁醇（A.R.），高碘酸钾（A.R.），NaOH（A.R.），乙酸乙烯酯（VAc），甲醇（A.R.），偶氮二异丁腈（AIBN）（A.R.）。

五、实验步骤

1. 聚醋酸乙烯酯的制备

在装有冷凝管和机械搅拌器的250mL三颈瓶中，先加入0.1g引发剂偶氮二异丁腈（AIBN）和10mL甲醇，然后放入水浴锅中，开动搅拌，加热，当引发剂全溶后，加入20mL乙酸乙烯酯VAc，回流反应2h，生成黏稠的聚醋酸乙烯酯（PVAc），停止反应，冷却至室温，再加入适量的甲醇配成约为30%的PVAc溶液，倒入恒压滴液漏斗中待下一步用。

2. 聚乙烯醇的制备

向另一装有机械搅拌器的250mL三颈瓶中加入提前新配好的6% NaOH甲醇溶液，开启搅拌，控制冷水浴在30℃下，缓慢滴入上述30% PVAc溶液，在40min左右滴完，继续反应2h，得到白色聚乙烯醇（PVA）沉淀产物，抽滤，用10mL甲醇溶液分三次洗涤，放进65℃烘箱中，烘干称量计算产率。

3. 降解前聚乙烯醇溶液流出时间的测定

参见第二部分第四章实验十七。

4. 用高碘酸钾降解PVA及降解后PVA溶液流出时间的测定

在恒温槽内装好黏度计（垂直，刻度清晰可见），把恒温槽调节到（30.0±0.1）℃。称取高碘酸钾0.25～0.3g，用移液管移取原溶液50mL于200mL烧杯中，加入已称取的高碘酸钾于70～80℃氧化降解1h，然后冷却到室温。用移液管将降解后的溶液10mL加到黏度计中，通过胶管用洗耳球吸取溶液到基准刻度，释放，并开始计时，记录溶液流出的时间，用一组试液，操作2～3次，再把溶液稀释到原溶液的2/3、1/2、2/5、1/3测定流出时间，每次操作2～3次。

5. 实验完毕，黏度计应洗净（尤其是毛细管部分，若有残留的高聚物溶液，特别容易堵塞），然后用洁净的蒸馏水浸泡或倒置使其晾干。

六、注意事项

1. 黏度计必须洁净。如毛细管壁挂有水珠，需用洗液浸泡（洗液经2#砂芯漏斗过滤除去微粒杂质）。

2. 玻璃砂芯漏斗用后立即洗涤。玻璃砂芯漏斗要用含 30％硝酸钠的硫酸溶液洗涤，再用蒸馏水抽滤，烘干待用。

3. 高聚物在溶剂中溶解缓慢，配制溶液时必须保证其完全溶解，否则会影响起始浓度，而导致结果偏低。试样溶液浓度一般在 $0.01\text{g}\cdot\text{mL}^{-1}$ 以下，使 η_r 值在 $1.05\sim2.50$ 之间较为适宜。

4. 本实验中溶液的稀释是直接在黏度计中进行的，用移液管准确量取并充分混合后方可测定。

5. 测定时黏度计需要垂直放置，否则影响结果的准确性。实验过程中不要振动黏度计。

6. 温度的波动可直接影响到溶液的黏度，所以应在恒温条件下进行实验，将清洁干燥的乌氏黏度计垂直放入恒温水槽内，使水面完全浸没小球。

7. 实验完毕后，黏度计一定要用蒸馏水洗干净，尤其是毛细管部分。

七、数据记录与处理

1. 数据记录

见表Ⅲ-22-1。

2. 数据处理

参见第二部分第四章实验十七。

根据式(Ⅲ-22-5)，计算 PVA 分子中"头碰头"的键合概率。

表Ⅲ-22-1 PVA 降解前实验数据记录表

项 目		流出时间			η_r	η_{sp}	$\dfrac{\eta_{sp}}{c}$	$\ln\eta_r$	$\dfrac{\ln\eta_r}{c'}$
		测量值		平均值					
		1	2	3					
溶剂									
溶液	$c'=1$								
	$c'=1/2$								
	$c'=1/3$								
	$c'=1/4$								
	$c'=1/5$								

3. 文献值

聚乙烯醇的水溶液在 25℃时，$\alpha=0.76$，$K=2\times10^{-2}$；在 30℃时，$\alpha=0.64$，$K=6.66\times10^{-2}$。

下面是学生做的实验结果（表Ⅲ-22-2、表Ⅲ-22-3）。

表Ⅲ-22-2 不同聚合温度聚乙烯醇降解前后的相对分子质量

温度/℃	降解前相对分子质量				降解后相对分子质量			
	Ⅰ	Ⅱ	Ⅲ	平均	Ⅰ	Ⅱ	Ⅲ	平均
50	28408.82	28491.67	28604.53	28501.67	1974.92	1432.73	1721.33	1709.66
60	26405.37	21561.26	25575.16	24513.93	692.09	706.47	664.86	687.81
70	14249.25	14785.72	13132.97	14055.98	531.15	533.85	561.10	542.03
80	3316.98	3041.98	3734.19	3364.38	396.82	451.69	419.90	422.80

表Ⅲ-22-3　不同聚合温度对聚乙烯醇分子构型——"头碰头"键合概率的影响

温度/℃	降解前相对分子质量	降解后相对分子质量	Δ/%
50	28501.67	1709.66	4.40
60	24513.93	687.81	11.32
70	14055.98	542.03	14.20
80	3364.38	422.80	16.56

　　从表Ⅲ-22-2可以看出，聚合温度不同，得到的聚乙烯醇降解前后分子量也不同，聚合时温度越高，黏均分子量越低。从表Ⅲ-22-3可以看出，聚合温度越高，PVA分子构型中"头碰头"键合概率越高。

八、结果讨论

　　1. 黏度计和待测液体的清洁是决定实验成功的关键之一。若是新的黏度计，应先用洗液洗，再用自来水洗三次、蒸馏水洗三次，烘干待用。

　　2. 降解时间、温度、氧化剂（高碘酸钾）的量均对测定结果有影响。

　　3. 特性黏度 [η] 的大小受下列因素影响。

　　(1) 分子量：线型或轻度交联的聚合物分子量增大，[η] 增大。

　　(2) 分子形状：分子量相同时，支化分子的形状趋于球形，[η] 较线型分子的小。

　　(3) 溶剂特性：聚合物在良溶剂中，大分子较伸展，[η] 较大，而在不良溶剂中，大分子较卷曲，[η] 较小。

　　(4) 温度：在良溶剂中，温度升高，对 [η] 影响不大，而在不良溶剂中，若温度升高使溶剂变为良好，则 [η] 增大。

　　4. 在相同的条件下，聚合温度越高，聚乙烯醇的分子量越小，黏度越小；在相同的条件下，聚合温度越高，聚乙烯醇分子中"头碰头"键合概率越大。

　　5. 制备聚乙烯醇纤维，即制备缩醛度大的聚乙烯醇缩甲醛的最佳方法是采用"头碰头"键合概率小的聚乙烯醇作为原料。也就是说，采用聚合温度低的聚乙烯醇作为原料。

　　6. 制备胶水，即制备缩醛度小的聚乙烯醇缩甲醛的最佳方法是采用"头碰头"键合概率大的聚乙烯醇作为原料。也就是说，采用聚合温度高的聚乙烯醇作为原料。

九、思考题

　　1. 在黏度测定实验中，特性黏度 [η] 是怎样测定的？

　　2. 在黏度测定实验中，为什么 $\lim\limits_{c\to 0}\dfrac{\eta_{sp}}{c}=\lim\limits_{c\to 0}\dfrac{\ln\eta_r}{c}$？

　　3. 不同醇解度的PVA对"头碰头"键合概率有何影响？

　　4. 降解时间与温度对PVA分子中"头碰头"键合概率有何影响？

十、参考文献

[1] 庄银凤，王峰. 微机处理黏度法测分子量数据程序的研究. 郑州大学学报，1998，30 (4)：72-76.
[2] 耿焕同，吴华. 黏度法测定高聚物相对分子质量的数据微机处理. 安徽师范大学学报，2000，23 (2)：134-136.
[3] 王亚珍，林雨露，吴天奎. 黏度法测高聚物相对分子量实验成败探讨. 江汉大学学报，2004，32 (4)：58-60.
[4] 周从山，杨涛.《Ⅲ黏度法测定高聚物分子量》实验数据处理方法探讨. 实验科学与技术，2007，6 (3)：37-38.
[5] 公茂利，林秀玲，彭放. 黏度法实验数据处理程序设计. 实验室研究与探索，2008，27 (2)：42-45.
[6] 复旦大学高分子科学系，高分子科学研究所. 高分子实验技术. 上海：复旦大学出版社，1996：222.
[7] 东北师范大学等校. 物理化学实验. 北京：高等教育出版社，1989：256-258.

[8] Carl W Garland, Joseph W Nibler, David P Shoemaker. Experiments in Physical Chemistry. New York: Mcgraw Hill, 1996: 318-327.

[9] 张毅, 汪明礼. 聚乙烯醇及其应用. 黄山学院学报, 2004, 6 (3): 71-74.

[10] 许东颖, 李月凤, 苏涛. 聚醋酸乙烯酯的醇解研究. 广西师范学院学报, 2003, 20 (4): 57-60.

[11] 张晓芳, 朱立军. 测定聚乙烯醇的注意事项及其分析. 聚氯乙烯, 2005, (9): 39-41.

实验二十三 二茂铁对柴油的助燃消烟作用及尾气成分测定

一、目的要求

1. 掌握利用氧弹量热计测量燃油燃烧热的操作技术。

2. 学会评价二茂铁及其衍生物对柴油的助燃消烟作用。

3. 了解二茂铁及其衍生物的应用,特别是作为一种优良的燃料助燃催化剂,了解其重要的经济价值与环保价值。

二、综合知识点

1. 利用氧弹量热计测量燃油燃烧所产生的热量。

2. 研究二茂铁对柴油的助燃消烟作用。

3. 学会用分光光度法测定燃油燃烧尾气的二氧化硫和二氧化氮含量。

三、基本原理

1. 燃油添加剂的作用

据统计,大气污染物中的 60%～70% 是车辆排放的有害物质。因此对能源的有效利用与对燃油燃烧尾气成分的测定与技术处理方法,是当今社会备受关注的有关能源和环境的两大热点问题。

本实验选择二茂铁作为燃油添加剂,利用氧弹量热计测定燃油在没有和有添加剂存在下的燃烧热,了解和比较添加剂对柴油燃烧效率与速率的影响,从而鉴定添加剂的节能助燃效应。

二茂铁的学名为二环戊二烯基铁,它具有特殊的夹心结构和稳定的性能,是由两个环戊二烯基阴离子和一个二价铁阳离子组成的夹心型化合物,化学式为 $Fe(C_5H_5)_2$。其外观为橙黄色针状或粉末状结晶,具有类似樟脑的气味,熔点 173～174℃,沸点 249℃。100℃ 以上能升华,不溶于水,溶于甲醇、乙醇、乙醚、石油醚、汽油、煤油、柴油、氯甲烷、苯等有机溶剂。在化学性质上,二茂铁与芳香族化合物相似,不易发生加成反应,容易发生亲电取代反应,可进行金属化、酰基化、烷基化、磺化、甲酰化等反应,可制备一系列用途广泛的衍生物。二茂铁及其衍生物作为油类消烟剂,具有消烟助燃功能。此外,还可以促进 CO 转化为 CO_2,从而提高燃烧效率及燃烧速率,减少污染,具有经济价值和环保作用。

二茂铁作为节能消烟剂,国外自 20 世纪 50 年代以来,就进行了广泛的研究,在节能、消烟、减少积炭、抗爆、提高辛烷值等方面已有很多报道。据文献介绍,二茂铁及其衍生物已被广泛用作燃料助燃剂,以改善燃料的燃烧性能,还可作为汽油的抗震剂。例如,可代替四乙基铅制取无铅汽油,提高汽油辛烷值(效能约为四乙基铅的 80%);可作为燃油助燃剂,促进燃油的完全燃烧,使动力机械燃烧室的积炭量减少,延长机械使用寿命,并可提高燃料利用率，减少烟尘对大气的污染。有文献报道，在车用柴油中加入二茂铁，可节约燃料油 $10\%\sim14\%$，车速增加 10%，提高功率 $10\%\sim13\%$，尾气中烟度下降 $30\%\sim80\%$。

2. 实验设计

（1）技术路线

本实验以二茂铁作为燃油添加剂，利用氧弹量热计测定燃油在完全燃烧及不完全燃烧的情况下，及添加剂含量不同的情况下的燃烧热，来比较燃油添加剂的浓度对柴油燃烧效率与速率的影响以及添加剂的节能助燃效应。

通过对燃烧尾气的测定、称量燃烧后残渣的质量来比较二茂铁添加剂对柴油燃烧程度的影响。

① 通过氧弹的排气装置将燃烧尾气灌入装有不同气体吸收液的多孔玻板吸收瓶中。利用吸收液与气体的显色反应，通过分光光度法测定所吸收气体含量。并用每克柴油燃烧放出的气体量衡量燃烧的完全程度。

② 燃烧后残渣的质量与燃烧的完全程度有关，实验中可称量不同燃烧条件下柴油燃烧后的残渣质量，比较柴油燃烧的完全程度。

（2）方法与手段

① 完全燃烧条件下，二茂铁添加剂对燃油燃烧效率与燃烧速率的影响　在 0.5000g 的柴油中加入二茂铁添加剂，分别形成 0%、1.0% 两种配比的添加剂和柴油的混合体系，利用氧弹量热计测定柴油燃烧热，研究添加剂对燃烧速率与燃烧效率的影响。

② 利用甲醛缓冲溶液吸收-盐酸副玫瑰苯胺分光光度法测定 SO_2 气体的浓度，和盐酸萘乙二胺分光光度法测定 NO_2 气体浓度的分析方法，或气相色谱测定方法，分别测定 0%、1.0% 两种配比的二茂铁添加剂和柴油的混合体系燃烧后尾气中二氧化硫和二氧化氮的含量。

③ 每一个样品燃烧结束后，若有残渣都要称量其质量，以衡量柴油燃烧的程度。

3. 燃烧热的测量原理

参见第二部分第一章实验一。

4. 衡量柴油燃烧速率与燃烧效率的大小

用图解法求出在指定的燃烧条件下，添加二茂铁的柴油混合体系燃烧时温度变化值，计算恒容燃烧热 Q_V，并计算每克柴油燃烧所引起的温度变化值 ΔT，即柴油的燃烧效率 $\Delta T/W$；同时，计算该体系的燃烧速率 $\Delta T/\Delta t$，研究添加剂对燃油燃烧速率的影响规律。其中，W 为柴油的质量；Δt 为燃烧时间，即氧弹内点火至温度最高的时间。

5. SO_2 气体的测定——甲醛法

二氧化硫被甲醛缓冲溶液吸收后，生成稳定的羟基甲磺酸加成化合物，在样品溶液中加入氢氧化钠使加成化合物分解，释放出的二氧化硫与盐酸副玫瑰苯胺、甲醛作用，生成紫红色化合物，可在 577nm 处用分光光度法进行测定。此方法适宜的浓度范围为 $0.003\sim1.07\mathrm{mg\cdot m^{-3}}$，最低检出限为 $0.02\mu\mathrm{g\cdot mL^{-1}}$。

通过氧弹排气孔收集燃油燃烧后的尾气到装有甲醛缓冲吸收液的无色多孔玻板吸收瓶中，利用甲醛缓冲溶液吸收-盐酸副玫瑰苯胺分光光度法测定尾气中 SO_2 气体的浓度。以每克柴油放出二氧化硫气体的质量（μg）表示燃烧尾气中 SO_2 气体的含量。

6. NO_2 气体的测定方法——盐酸萘乙二胺分光光度法

空气中的二氧化氮与吸收液中的氨基磺酸钠进行重氮反应，再与 N-(1 萘基）乙二胺盐酸作用，生成粉红色的偶氮染料，在波长 540nm 处，用分光光度法测定吸光度。

此方法的检出限为 $0.012\mu g\cdot mL^{-1}$，空气中二氧化氮的最低检出浓度为 $0.005 mg\cdot m^{-3}$。

燃烧后残渣的质量与燃烧的完全程度有关，在实验中可通过称量不同燃烧条件下柴油燃烧后的残渣质量，来比较柴油燃烧的完全程度。

以上气体分析的操作方法，详见国家环保总局编《空气和废气监测分析方法（第四版）》。

四、仪器与试剂

1. 仪器

氧弹量热计，数字式精密温差测量仪，水银温度计，压片机，电子天平，秒表，万用电表，紫外分光光度计，比色管，多孔玻板吸收瓶，量筒，容量瓶，移液管，烧杯，玻璃棒。

2. 试剂

苯甲酸(A.R.)，二茂铁(A.R.)，柴油，高压氧气钢瓶，引燃铁丝，甲醛缓冲吸收液（二氧化硫标准吸收液），$1.5 mol\cdot L^{-1}$ NaOH，0.05%盐酸副玫瑰苯胺（PRA，二氧化硫显色液），0.06%氨基磺酸钠，N-(1-萘基)乙二胺盐酸（二氧化氮显色液）。

五、实验步骤

1. 氧弹量热计的使用与 Q_V 的测量

利用氧弹量热计测定样品的恒容燃烧热 Q_V，以 $\Delta T/W$、$\Delta T/\Delta t$ 作为柴油燃烧效率与燃烧速率的评价指标。

2. 完全燃烧条件下，二茂铁对柴油燃烧热和燃烧速率的影响

在氧弹充氧压力 1.2MPa、柴油质量小于 1.3g 的条件下，柴油可完全燃烧。

（1）称取柴油 0.5000g，配制二茂铁含量为 0.0%、1.0%（质量分数）的样品，测量燃烧反应温度随时间的变化曲线，经雷诺作图法求出 ΔT。

（2）求取 $\Delta T/W$、Q_V，并注意坩埚灰渣情况和排出气体气味，称量灰渣质量（即称量干燥的坩埚在燃烧前后的质量变化）。

（3）通过燃烧反应曲线，从燃烧时温度上升的速率比较不同配比的柴油燃烧速率的差异，求取 $\Delta T/\Delta t$。

3. 不完全燃烧条件下，二茂铁对柴油燃烧热和燃烧速率的影响

在氧弹充氧压力 1.2MPa、柴油质量多于 1.3g 的条件下，柴油不完全燃烧。

（1）称取柴油 1.5000g，配制二茂铁含量为 0.0%、1.0%的样品，分别测量燃烧反应的温度随时间变化曲线，经雷诺作图法求出 ΔT；计算出 $\Delta T/W$、Q_V，并注意坩埚灰渣情况和排出气体气味，称量灰渣质量。

（2）通过燃烧反应曲线，从燃烧时温度上升的速率比较不同配比的柴油其燃烧速率的差异，求取 $\Delta T/\Delta t$。

（3）用多孔玻板吸收瓶收集废气，分别测定含量为 0.0%、1.0%的样品燃烧反应后，尾气排放中二氧化硫和二氧化氮的含量。

4. 二氧化硫气体的测定方法

（1）二氧化硫标准曲线的绘制

① 取 12 支 10mL 比色管，分 A、B 两组对应编号，A 组按表Ⅲ-23-1 配制标准系列溶液。

表Ⅲ-23-1 二氧化硫标准系列（标准使用液浓度 1.00μg·mL⁻¹）

管 号	0	1	2	3	4	5
二氧化硫标准液/mL	0	0.50	1.00	2.00	5.00	8.00
甲醛吸收液/mL	10.00	9.50	9.00	8.00	5.00	2.00
二氧化硫含量/μg	0	0.50	1.00	2.00	5.00	8.00

② B 组各管中加入 0.05％PRA 溶液 1.00mL。

③ A 组各管中分别加入 0.06％氨基磺酸钠溶液 0.50mL 1.50mol·L⁻¹氢氧化钠溶液 0.50mL，混匀。

④ 迅速将 A 管溶液倒入对应编号的 B 管中，具塞摇匀后显色。5min 后以蒸馏水为参比液，调节仪器零点和 100％透光率后，在 577nm 处测定样品的吸光度。

⑤ 将扣除空白试样的吸光度与二氧化硫含量作图，可得二氧化硫的标准曲线。

（2）样品测定

将 3.00mL 甲醛缓冲吸收液加入吸收瓶中，用于吸收氧弹中的燃烧尾气。然后将吸收瓶中的样品全部移入 10mL 比色管中，用少量甲醛缓冲液洗涤吸收管，倒入比色管中，并用吸收液稀释至 5.00mL。加入 0.060％氨基磺酸钠溶液 0.50mL，摇匀。放置 10min，除去氮氧化物干扰，加入 1.50mol·L⁻¹氢氧化钠溶液 0.50mL，混匀。再将此管中溶液倒入已装入 PRA 液 1.00mL 的比色管中，具塞摇匀，在室温下显色 5min 后测定二氧化硫吸光度，据样品吸光度在二氧化硫标准曲线上查得相应二氧化硫浓度，进一步计算排放的二氧化硫总量，并以每克柴油放出二氧化硫的质量（μg）衡量样品燃烧的完全程度。

5. 二氧化氮气体的测定方法——盐酸萘乙二胺分光光度法

（1）标准曲线的绘制

① 取六支 10mL 比色管，按表Ⅲ-23-2 配制成亚硝酸钠标准系列。

② 将各管摇匀，于暗处放置 20min（室温低于 20℃时显色 40min 以上），用 1cm 比色皿，在波长 540nm 处以蒸馏水为参比液测定吸光度。

③ 将扣除空白试样的吸光度与二氧化氮含量作图，可得二氧化氮的标准曲线。

表Ⅲ-23-2 亚硝酸钠标准溶液（标准使用液浓度 2.5μg·mL⁻¹）

管 号	0	1	2	3	4	5
亚硝酸钠标准液/mL	0	0.40	0.80	1.20	1.60	2.00
蒸馏水/mL	2.00	1.60	1.20	0.80	0.40	0
显色液/mL	8.00	8.00	8.00	8.00	8.00	8.00
亚硝酸浓度/μg·mL⁻¹	0	0.10	0.20	0.30	0.40	0.50

（2）样品测定

将 5.00mL N-(1-萘基)乙二胺盐酸溶液（二氧化氮显色液）放入吸收瓶中，用于吸收氧弹中的燃烧尾气。然后将吸收瓶中的样品在暗处放置 20min（室温低于 20℃时显色 40min 以上），用 1cm 比色皿，在波长 540nm 处以蒸馏水为对比液测定吸光度，据测得的样品吸光度，在二氧化氮标准曲线上查得相应二氧化氮浓度，进一步计算排放二氧化氮总量，并以每克柴油燃烧放出二氧化氮的质量（μg）衡量燃烧的完全程度。

六、数据记录与处理

1. 用图解法分别求出完全燃烧和不完全燃烧的条件下，燃油与添加剂不同配比的混合体系燃烧时，所引起量热计温度变化的差值，计算恒容燃烧热 Q_V、燃烧速率 $\Delta T/\Delta t$ 及燃烧效率 $\Delta T/W$。记录表格式见表Ⅲ-23-3。

表Ⅲ-23-3　燃油与添加剂混合体系完全燃烧（或不完全燃烧）时燃烧效率及燃烧速率

编号	柴油质量/g	二茂铁质量/g	二茂铁质量(g)/柴油质量(g)	ΔT/K	Δt/s	Q_V/J·g^{-1}	$\Delta T/W$/K·g^{-1}	$\Delta T/\Delta t$/K·s^{-1}	灰渣质量/g

2. 在完全和不完全燃烧的条件下，测定柴油和添加剂混合体系燃烧后尾气中 SO_2 和 NO_2 的含量，记录表格式见表Ⅲ-23-4。

表Ⅲ-23-4　燃油与添加剂混合体系不完全燃烧时尾气成分分析

编号	柴油质量/g	二茂铁质量/g	二茂铁质量(g)/柴油质量(g)	SO_2/μg·g^{-1}	NO_2/μg·g^{-1}	Q_V/J·g^{-1}	灰渣质量/g

本实验的雷诺作图方法参见第二部分第一章实验一。

七、结果讨论

根据实验结果，对二茂铁在燃烧过程中所起的作用，以及柴油在完全燃烧和不完全燃烧条件下，燃烧尾气的比较，进行分析与讨论。

八、思考题

1. 燃油添加剂的作用是什么？
2. 二茂铁助燃消烟作用的原理是什么？
3. 本实验如何测定燃烧后尾气中二氧化硫和二氧化氮的含量？

九、参考文献

[1] 华南师范大学化学实验教学中心组织编写. 物理化学实验. 北京：化学工业出版社，2008.

[2] 金培嵩，谢树真. 消烟节能添加剂二茂铁的合成与试用. 精细石油化工，1991，2：36-38.

[3] 王国伟，邓春森，林世雄. 催化裂化原料油恒压燃烧热的实验研究. 石油大学学报，1993,4.

[4] 杨继红，马衡. 重质燃料油燃烧热计算的探讨. 有色金属设计，1994,1.

[5] 刘天晴. 液体燃烧热测定方法的改进. 大学化学，1994,4.

[6] 闫学海，朱红. 液体试样燃烧热的测定方法. 化学研究，2000,4.

[7] 何广平，章伟光. CACE系统用于二茂铁对柴油燃速和燃烧效率的影响规律的研究. 计算机与应用化学，2002，19(3)：332-335.

[8] 国家环境保护总局编. 空气和废气监测分析方法. 第4版. 北京：中国环境科学出版社，2003.

第二章 设计性实验

实验二十四 导电聚苯胺的合成及其性能测试

一、目的要求

1. 掌握聚苯胺的合成方法及其原理。
2. 了解 RTS-9 型双电测四探针测量仪的原理与使用方法。
3. 通过查阅文献，设计整个实验。

二、基本原理

1. 概述

20 世纪 70 年代以前，人们一直认为高分子材料是绝缘体，直到美国的 MacDiarmid、Heeger 及日本的白川英澍发现经过 I_2 和 AsF_5 掺杂的聚乙炔，其电导率增加了 $10\sim12$ 个数量级，达到 $10^3 S\cdot cm^{-1}$ 的水平，接近于金属导体，并于 1977 年报道了这一结果，从而打破了高分子材料是绝缘体的传统观念。到 1980 年前后，人们认识到聚乙炔的电导率很高，但稳定性的问题难以解决，于是，逐步地把注意力转到化学稳定性较好的共轭聚合物，于是出现后来的聚对苯（PPP）、聚吡咯（PPY）、聚噻吩（PTH）、聚苯胺（PAN）和聚苯基乙炔（PPV）等聚合物。其中聚苯胺自从 1984 年，被美国宾夕法尼亚大学的化学家 MacDiarmid 等重新开发以来，以其良好的热稳定性、化学稳定性和电化学可逆性，优良的电磁微波吸收性能，潜在的溶液和熔融加工性能，原料易得，合成方法简便，还有独特的掺杂现象等特性，成为现在研究进展最快的导电高分子材料之一。因此，聚苯胺已成为最有实用前途的一类高聚物材料，并在许多领域显示出了广阔的应用前景。如全塑金属防腐技术、船舶防污技术、太阳能电池、电磁屏蔽技术、抗静电技术、电致变色、传感器元件、催化材料和隐身技术等。

2. 聚苯胺的合成方法

（1）化学合成法

聚苯胺的化学合成是在酸性水溶液中用氧化剂使苯胺单体氧化聚合。化学合成法能够制备大批量的聚苯胺，也是最常用的一种制备聚苯胺的方法。化学合成法合成聚苯胺主要受反应介质酸的种类及浓度、氧化剂的种类及浓度、单体浓度和反应温度、反应时间等因素的影响。质子酸是影响苯胺氧化聚合的重要因素，它主要起两方面的作用：提供反应介质所需要的 pH 值和以掺杂剂的形式进入聚苯胺骨架赋予其一定的导电性。苯胺化学合成常用的氧化剂有过氧化氢、重铬酸盐、过硫酸盐、氯化铁等，所得聚苯胺性质基本相同。也有用过硫酸铵和碳酸酯类过氧化物组成复合氧化剂制备聚苯胺的相关报道。过硫酸铵不含金属离子，后处理简便，氧化能力强，是最常用的氧化剂。苯胺聚合是放热反应，且聚合过程有一个自加速过程。如果单体浓度过高，则会发生暴聚，一般单体浓度在 $0.25\sim0.5 mol\cdot L^{-1}$ 为宜。在一定的酸浓度范围内，聚合温度与聚苯胺的电导率无关，但与聚苯胺的分子质量有关。随着聚合温度的降低，聚苯胺的分子量升高，并且结晶度增加。

（2）电化学合成法

电化学法制备聚苯胺是在含苯胺的电解质溶液中，选择适当的电化学条件，使苯胺在阳极上发生氧化聚合反应，生成黏附于电极表面的聚苯胺薄膜或是沉积在电极表面的聚苯胺粉末。电化学方法合成的聚苯胺纯度高，反应条件简单且易于控制。但电化学法只适宜于合成小批量的聚苯胺。主要的电化学聚合法有动电位扫描法、恒电位法、恒电流法和脉冲极化法。最普遍采用的是动电位扫描法，其特点是成膜较为均匀，膜与电极黏着较好。恒电流聚合也能达到这一目的，其特点是成膜快，操作方便。用脉冲极化法可以得到较厚的膜。影响聚苯胺的电化学法合成的因素有：电解质溶液的酸度、溶液中阴离子种类、苯胺单体的浓度、电极材料、电极电位、聚合反应温度等。电解质溶液酸度对苯胺的电化学聚合影响最大，当溶液 pH<1.8 时，聚合可得到具有氧化还原活性并有多种可逆颜色变化的聚苯胺膜；当溶液 pH>1.8 时，聚合则得到无电活性的惰性膜。反应过程中，电极电位控制氧化程度，聚合电位和聚合电流都不宜过大，聚合电压高于 0.18V 时，则引起膜本身不可逆的氧化反应，使其活性下降。

3. 聚苯胺的结构与性能

聚苯胺是典型的有机导电聚合物，结构中的 π 电子虽具有离域能力，但它并不是自由电子，分子中的共轭结构使 π 电子体系增大，电子离域性增强，可移动范围增大，当共轭结构达到足够大时，化合物即可提供自由电子，从而能够导电。MacDiarmid 等将聚苯胺的化学结构表示如下：

$$\left[\left(\!-\!\!\left\langle\bigcirc\right\rangle\!\!-\!NH\!-\!\!\left\langle\bigcirc\right\rangle\!\!-\!NH\!-\!\!\right)_{y}\left(\!-\!\!\left\langle\bigcirc\right\rangle\!\!-\!N\!=\!\!\left\langle\bigcirc\right\rangle\!\!=\!N\!-\!\right)_{1-y}\right]$$

聚苯胺可看作是苯二胺与醌二亚胺的共聚物，y 值用于表征聚苯胺的氧化还原程度，不同的 y 值对应于不同的结构、组分及电导率。完全还原型（$y=1$）和完全氧化型（$y=0$）都为绝缘体；在 $0<y<1$ 的任一状态都能通过质子酸掺杂，从绝缘体变为导体，且当 $y=0.5$ 时，其电导率最大。y 值大小受聚合时氧化剂种类、浓度等条件影响。当用质子酸进行掺杂时，质子化优先发生在分子链的亚胺氮原子上，质子酸发生离解后，生成的氢质子（H^+）转移至聚苯胺分子链上，使分子链中亚胺上的氮原子发生质子化反应，生成荷电元激发态极化子。因此，半氧化半还原态的聚苯胺经质子酸掺杂后，分子内的醌环消失，电子云重新分布，氮原子上的正电荷离域到大共轭 π 键中，从而使聚苯胺呈现出高的导电性。

$$\left[\!-\!\!\left\langle\bigcirc\right\rangle\!\!-\!\!\overset{H}{\underset{}{N}}\!-\!\!\left\langle\bigcirc\right\rangle\!\!-\!\!\overset{H}{\underset{}{N}}\!-\!\right]_{n}\xrightarrow[+2ne^-]{-2ne^-}\left[\!-\!\!\left\langle\bigcirc\right\rangle\!\!-\!N\!=\!\!\left\langle\bigcirc\right\rangle\!\!=\!N\!-\!\right]_{n}\xrightarrow[-H^+]{+H^+}\left[\!-\!\!\left\langle\bigcirc\right\rangle\!\!-\!\!\overset{H}{\underset{+}{N}}\!-\!\!\left\langle\bigcirc\right\rangle\!\!-\!\!\overset{H}{\underset{+}{N}}\!-\!\right]_{n}$$

聚苯胺有许多优异的性能，如导电性、氧化还原性、催化性能、电致变色行为、质子交换性质及光电性质等，而最重要的是聚苯胺材料的优异的导电性及电化学性能。将聚苯胺进行掺杂后与各种材料进行混用，表现出更多的优异性，如可作为纳米传感器和纳米器件等。

三、仪器与试剂

1. 仪器

减压蒸馏装置，CHI760C 型电化学工作站与计算机联用采集数据，不锈钢，ITO 导电玻璃，Pt 为工作电极，Pt 为辅助电极，饱和甘汞电极为参比电极，粉末压片机，RTS-9 型双电测四探针测试仪。

2. 试剂

苯胺（A.R.），氧化剂（过硫酸铵、重铬酸钾、碘酸钾、氯化铁、过氧化氢、高锰酸钾均为 A.R.），酸（盐酸、硫酸、高氯酸、磷酸、硝酸、乙酸均为 A.R.），去离子水。

四、实验步骤

1. 苯胺的提纯

二次减压蒸馏至无色后使用。

2. 化学合成法

（1）酸的种类及其浓度对合成聚苯胺性能的影响

苯胺聚合常用的酸有 HCl，HBr，H_2SO_4，$HClO_4$，HNO_3，CH_3COOH，HBF_4 及对甲苯磺酸等。

（2）氧化剂种类及其浓度对合成聚苯胺性能的影响

苯胺聚合常用的氧化剂有 $(NH_4)_2S_2O_8$，$K_2Cr_2O_7$，KIO_3，H_2O_2，$FeCl_3$ 等。也有用 $(NH_4)_2S_2O_8$ 和碳酸酯类过氧化物组成复合氧化剂制备聚苯胺。以 Fe^{2+} 为催化剂和 H_2O_2 为氧化剂可合成高溶解性的聚苯胺。

（3）反应温度及单体浓度对合成聚苯胺性能的影响

研究不同的反应温度条件下，对合成的聚苯胺产率与电导率的影响。

3. 电化学合成法

利用不同的电化学聚合法（动电位扫描法、恒电位法、恒电流法和脉冲极化法）合成聚苯胺，并仔细观察动作电极上形成膜的颜色变化。

4. 聚苯胺的电导率测试

利用 RTS-9 型双电测四探针测试仪测量样品的电导率。

五、注意事项

1. 本实验为设计性实验项目，要求学生 3～5 人一组，以组为单位，完成本实验项目。

2. 指导教师与项目组讨论并修改实验设计方案。

3. 利用开放实验室条件，与实验技术人员预约实验室的使用时间、设备与房间等。

4. 按实验报告、实验预习报告（实验设计报告）、参考文献复印件、原始数据装订成册提交给指导教师。

实验二十五　溶胶-凝胶法制备甲基丙烯酸甲酯/正硅酸乙酯杂化材料及性能研究

一、目的要求

1. 以正硅酸乙酯为前驱体与甲基丙烯酸甲酯（MMA）、γ-(甲基丙烯酰氧基)丙基三甲氧基硅烷（KH-570）反应，用过氧化苯甲酰（BPO）引发聚合，在酸催化下通过溶胶-凝胶法制备 $PMMA/SiO_2$ 杂化材料。

2. 用红外光谱表征杂化材料的结构；同时研究其硬度、耐磨性、热稳定性等问题。

3. 关键词：溶胶-凝胶法、正硅酸乙酯、有机-无机杂化材料。

二、知识背景

溶胶-凝胶法（Sol-Gel）是指金属的有机或无机化合物经溶液、溶胶、凝胶而固化，再经热处理而制成溶胶-凝胶材料的一种新技术。采用溶胶-凝胶法可以通过材料中有机组分和无机组分含量的改变，实现材料性能的"裁剪"。对于制备出的杂化材料不仅具有良好的化学性能、高的稳定性和透光性，同时溶胶-凝胶过程还具有纯度高、均匀性强、反应条件易于控制并易于实现多产品构型等优点。由于溶胶-凝胶法工艺独特的优点，日益受到人们的重视，其应用十分广泛，已在气敏、湿敏、超导、光导、吸收、电压、光电子、隐身、磁性、增韧陶瓷等方面获得应用。例如，在 1984 年，Philip 等开始采用溶胶-凝胶法，以含环氧端基硅烷与正硅酸乙酯为原料制备特殊功能的目镜材料；此后 Yen Wei 等制备了聚苯乙烯(PS)/SiO$_2$ 复合材料；Pope 等制备了 PMMA/SiO$_2$ 纳米复合材料。

溶胶-凝胶法（Sol-Gel）制备的杂化材料都是以正硅酸乙酯或甲酯为前驱体，然后与 KH-570、MMA 在一定条件下复合经水解缩合得到有机/无机分子水平杂化材料。其通过分子水平的复合即有机组分和无机组分之间生成化学键力，所以其制品的稳定性和热性能均有很大提高。

三、设计内容

1. 制定出用溶胶-凝胶法制备甲基丙烯酸甲酯/正硅酸乙酯杂化材料的实验方案。
2. 研究酸 HCl、前驱体 TEOS 的用量对杂化材料性能的影响。
3. 研究单体 KH-570 和 MMA 及其引发剂的用量对杂化材料性能的影响。
4. 研究温度、时间对杂化材料性能的影响。

四、实验步骤

1. 以正硅酸乙酯为前驱体制备有机/无机杂化材料

将正硅酸乙酯（TEOS）、KH-570 和稀盐酸按一定比例加入塑料烧杯中，薄膜封口，将烧杯置于磁力搅拌器上剧烈搅拌 30min，将薄膜扎孔，然后将烧杯置于室温下预水解 2h，再向其中加入 MMA 和 BPO，搅拌混合均匀。用扎有针孔的薄膜封口，将烧杯置于 80℃水浴中，恒温 24h 后，即得到无色透明的固体，然后将此无色透明固体置于真空干燥箱中，缓慢升温到 100℃，保温 2h，即得试样。实验的原材料组成见表Ⅲ-25-1。

表Ⅲ-25-1 实验的原材料组成

原料	0.16mol·L^{-1} HCl	TEOS	KH-570	THF	MMA	BPO	复合材料中 SiO$_2$ 的含量/%
质量/g	5.70	14.70	2.55	2.10	25.5	0.81	15

2. 正硅酸乙酯的水解

$$\text{H}_3\text{CH}_2\text{CO}-\underset{\underset{\text{OCH}_2\text{CH}_3}{|}}{\overset{\overset{\text{OCH}_2\text{CH}_3}{|}}{\text{Si}}}-\text{OCH}_2\text{CH}_3 + 4\text{H}_2\text{O} \xrightarrow{\text{H}^+} \text{HO}-\underset{\underset{\text{OH}}{|}}{\overset{\overset{\text{OH}}{|}}{\text{Si}}}-\text{OH} + 4\text{CH}_3\text{CH}_2\text{OH}$$

3. KH-570 的水解

$$\text{CH}_2=\underset{\underset{}{}}{\overset{\overset{\text{CH}_3}{|}}{\text{C}}}-\overset{\overset{\text{O}}{\|}}{\text{C}}-\text{O}-\text{CH}_2\text{CH}_2\text{CH}_2-\text{O}-\text{Si}(\text{OCH}_3)_3 + 3\text{H}_2\text{O} \xrightarrow{\text{H}^+}$$

$$\text{CH}_2=\overset{\overset{\text{CH}_3}{|}}{\text{C}}-\overset{\overset{\text{O}}{\|}}{\text{C}}-\text{O}-\text{CH}_2\text{CH}_2\text{CH}_2-\text{O}-\underset{\underset{\text{OH}}{|}}{\overset{\overset{\text{OH}}{|}}{\text{Si}}}-\text{OH} + 3\text{CH}_3\text{OH}$$

4. 上述两种产物缩合后与甲基丙烯酸甲酯的聚合反应

上述得到的缩合产物在 BPO 的引发下进一步与甲基丙烯酸甲酯（MMA）聚合得到有机/无机杂化材料。所得材料外观透明，均匀致密。可能的方程式为：

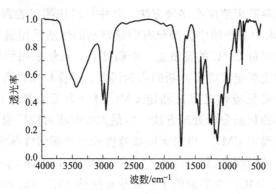

五、结果与讨论

1. 材料的红外光谱

由图 Ⅲ-25-1 可知，3438.9cm^{-1} 是—OH 的伸缩振动吸收峰，2997.1cm^{-1} 和 2952.3cm^{-1} 是—CH$_3$ 和—CH$_2$—的 C—H 伸缩振动吸收峰；1389.0cm^{-1} 是 C—H 面内弯曲振动峰；1731.3cm^{-1} 是 C=O 的伸缩振动吸收峰；1062.8cm^{-1} 是 Si—O—C 的伸缩振动吸收峰，842.8cm^{-1} 是 Si—O—C 的弯曲振动吸收峰。而在 1633.4cm^{-1} 处的吸收峰微弱证明两反应物（C=C）已经基本聚合完全。在 $1400 \sim 650 \text{cm}^{-1}$ 低频区域吸收带特别密集主要是 C—C、C—O 单键的伸缩振动和各种弯曲振动。结果表明，我们所设计的产物结构式的主要官能团在红外光谱图中都有相应的吸收峰。

图 Ⅲ-25-1 以 TEOS 为前驱体杂化材料的红外光谱

2. 材料的热重分析

由图Ⅲ-25-2可知，TEOS杂化材料在275℃时开始失重；在350℃出现最大失重，还剩下58.1%；在500℃时只剩下17.2%，有机部分基本失去；最后在650℃还剩下15.9%，是SiO_2的残留量，而计算所得杂化材料中SiO_2的质量分数为15.0%，与结果基本相符。

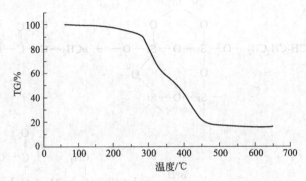

图Ⅲ-25-2　以TEOS为前驱体的杂化材料热重分析

3. 材料的硬度分析

TEOS（含$SiO_2$15%）的洛氏硬度（HK）为31N·mm^{-2}。

实验二十六　可见吸收光谱线型参数分析法测定十二烷基硫酸钠临界胶束浓度

一、目的要求

1. 掌握用分光光度法测定和研究表面活性剂聚集状态的原理和方法。

2. 掌握光谱吸收峰的高斯多峰拟合技术，并学会用积分强度、半峰宽、波长位移等光谱线型参数表征表面活性剂聚集状态。

3. 通过查阅文献，根据研究问题设计实验方法。

二、知识背景

1. 知识背景

测定表面活性剂临界胶束浓度有多种方法。其中染料法测定表面活性剂的临界胶束浓度（CMC）是利用染料在水中和胶团中的颜色有明显差别的性质采用滴定方式进行的。由于颜色变化不够明显，致使测量CMC的灵敏度、准确度差。虽然采用紫外可见吸收光谱法跟踪染料颜色变化过程可避免滴定法终点判断的人为误差，但操作条件苛刻，仅适用于有限的几种染料。目前采用紫外可见吸收光谱法测定CMC可分为无染料探针和有染料探针两种作法。后者又有三种具体的数据分析处理方法：以最大吸收峰对应的吸光度对表面活性剂浓度作图，从图形突变点处确定CMC；以最大吸收峰波长对表面活性剂浓度作图求得CMC；用二阶或四阶导数紫外可见吸收光谱（Second or Fourth Derivative Spectra）与表面活性剂浓度的增强变化关系确定CMC；本实验的十二烷基硫酸钠-结晶（SDS-CV）水溶液体系，CV单体吸收峰570～592nm和二聚体吸收峰520～556nm叠合在一起，并且CV在SDS胶团表面吸附过程中，吸收峰位移量很小，突变点不太明确，无论是从峰高（吸光度）还是从频移

（最大吸收峰波长）对表面活性剂浓度图形上都很难准确判断 CMC，测量遇到了困难。为了克服上述困难，使染料法或紫外可见吸收光谱法测量 CMC 具有普适性和准确性，本实验采用 Origin 软件频谱分析工具包中的高斯多峰拟合技术（Multi-Peaks Gaussian Fit）实现了体系可见光谱吸收叠合峰的分峰拟合，并计算了峰面积（积分吸光度）、频移及半高宽；由 CV 染料单体和二聚体峰面积比（相对积分吸光度）、频移及半高宽等谱线线型参数与 SDS 浓度关系图确定 CMC。实验发现染料单体和二聚体峰面积比（相对积分吸光度）、半高宽对表面活性剂 CMC 极为敏感，从而扩展了染料法及分光光度法在表面活性剂临界胶束浓度（CMC）测量及聚集行为研究中的应用。

2. 实验设计原理

在 SDS-CV（2.5000×10^{-5} mol·L^{-1}）水溶液体系中，当浓度很小时，SDS 以分子状态存在，胶团尚未形成。这时 CV 因为浓度小主要以单分子状态存在于溶液中，紫外可见吸收光谱特征基本上表现为单体吸收峰（586nm）[图Ⅲ-26-1(a)]。若固定 CV 浓度，在体系 SDS 浓度逐渐增加过程中，胶团逐步形成，CV 也逐步在胶团的亲水端吸附富集并形成染料分子二聚体；光谱特征明显发生变化即二聚体（520～556nm 附近）吸收峰强度逐步增大，单体吸收峰（570～592nm）逐步减弱 [图Ⅲ-26-1(b)]。SDS 浓度高低两种极端情况的紫外可见光谱及由 Origin 软件频谱分析软件包中的高斯多峰拟合技术处理结果如图Ⅲ-26-1。拟合光谱线型满足下列关系式：

$$y = y_0 + \frac{A_1}{w_1\sqrt{\pi/2}}\exp\{-2[(x-x_{c_1})/w_1]^2\} + \frac{A_2}{w_2\sqrt{\pi/2}}\exp\{-2[(x-x_{c_2})/w_2]^2\}$$

式中，y_0 为基线；A_1、A_2 分别为两峰的峰面积即积分吸光度；w_1、w_2 分别为两峰的半峰宽；x_{c_1}、x_{c_2} 分别为两峰的最大吸收波长即峰位置。

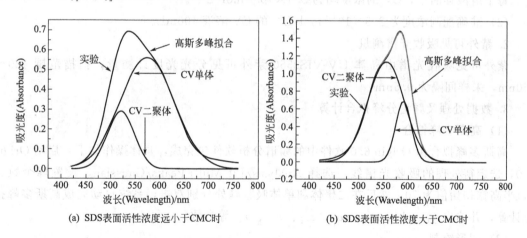

(a) SDS表面活性浓度远小于CMC时　　(b) SDS表面活性浓度大于CMC时

图Ⅲ-26-1 分峰拟合结果

紫外可见吸收光谱吸收峰基本都是高斯线型，多峰拟合残差小于 10^{-4}，准确度极高，重复性好。拟合结果由计算机输出。随着胶团浓度逐步增大，二聚体峰强度 A_1 随之增大，并且其他光谱特征如半高宽、频移量也随之发生变化，这种变化必然会体现在单体和二聚体峰强度比 A_2/A_1，半高宽 w_1、w_2，频移量与 SDS 浓度关系图上。

三、实验设计内容和综合研究问题

1. 本实验的目的就是利用光谱线型参数分析的方法测定 SDS 的临界胶束浓度（CMC）。

2. 学生自主扩展研究 1：研究临界胶束浓度（CMC）与温度的关系。

3. 学生自主扩展研究 2：临界胶束浓度（CMC）与其他影响因素的关系如加溶物浓度等。

4. 学生自主扩展研究 3：1～4 阶导数光谱与临界胶束浓度（CMC）的关系。

5. 学生自主扩展研究 4：其他混合表面活性剂光谱特征。

6. 学生自主扩展研究 5：非离子表面活性剂体系的光谱线型特征。

7. 学生自主扩展研究 6：荧光光谱线型参数分析研究表面活性剂聚集行为。

四、实验内容和综合知识点

综合实验知识点

1. 化学光谱学测量：紫外可见光谱学、光谱测量。

2. 表面与界面化学：表面活性剂及其聚集行为。

3. 频谱分析技术法：用高斯多峰拟合的方法，由实验数据计算光谱线型数据如积分吸光度、半峰宽、波长位移、峰面积比等准确确定各种研究体系的 CMC。

4. 数据拟合精度：相关系数、拟合优度或残差。

五、实验方法及过程举例

1. 溶液配制

(1) 准确配制下列浓度（单位：$mol \cdot L^{-1}$）的 SDS 溶液各 50mL：0.0005，0.0010，0.0030，0.0055，0.0068，0.0072，0.0073，0.0074，0.0075，0.0076，0.0077，0.0078，0.0079，0.0080，0.0081，0.0082，0.0083，0.0085，0.0090，0.0098，0.015，0.020，0.040。

每个溶液样品中，CV 的浓度均为 $2.5 \times 10^{-5} mol \cdot L^{-1}$。

(2) 准确配制浓度为 $2.5 \times 10^{-5} mol \cdot L^{-1}$ 的 CV 溶液 100mL。

2. 紫外可见吸收光谱测量

紫外可见吸收光谱由岛津 UV-VIS2550 紫外可见分光光度计测量，扫描范围 420～760nm，采样间隔为 0.5nm。

3. 数据处理及频谱分峰拟合计算

(1) 高斯多峰拟合

高斯多峰拟合由 Origin 6.0 软件中的频谱分析软件包完成，具体操作如下：启动 Origin 6.0，选定待处理的吸收光谱线，选择 Analysis/Fit Multi-Peaks/Gaussian，设置峰个数为 2，半高宽初始值为 70，然后在二聚体和单体吸收峰处分别双击，系统自动完成高斯多峰拟合计算，并输出 y_0、A_1、A_2、w_1、w_2、x_{c1}、x_{c2} 等参数。

(2) 图形绘制

以 CV 单体吸收峰面积和二聚体吸收峰面积之比 A_2/A_1（相对积分吸光度）对 SDS 浓度作图。

用样①中各样品的吸收峰波长减去空白 CV 相应吸收峰波长得 $\Delta\lambda_1$、$\Delta\lambda_2$，然后对 SDS 浓度作图。

以单体吸收峰和二聚体吸收峰半高宽 w_1、w_2 分别对 SDS 浓度作图。

可以研究下列内容：

① 结晶紫分子单体和二聚体吸收峰强度比 A_2/A_1 与 SDS 浓度关系；

② 频移与 SDS 浓度的关系；
③ 半高宽与 SDS 浓度的关系。

实验二十七　染料废水的脱色实验研究

一、目的要求

1. 了解絮凝剂处理染料废水的基本原理。
2. 了解 Fenton 试剂处理染料废水的基本原理。
3. 学习测试脱色率和化学需氧量（COD）的方法。

二、基本原理

随着染料和印染工业的迅速发展，其产生的染料废水量也越来越多，给环境带来了严重的污染。染料废水若不经过处理直接排放将给生态环境带来严重危害。通过本综合实验让学生掌握处理染料废水的最基本实验技术和知识。

三、仪器与试剂

1. 仪器

分光光度计。

2. 试剂

阳离子型聚丙烯酰胺（PAM），硫酸亚铁，聚合氯化铝（PAC），聚合硫酸铁（PFS），甲基橙等染料，过氧化氢（30%），重铬酸钾等。

四、实验步骤

1. 查阅文献资料，依据实验室提供的条件，设计处理染料废水的实验方案，比较不同实验方案的优缺点。
2. 研究不同絮凝剂处理染料废水的对脱除率的影响、优化复合型絮凝剂中无机/有机高分子絮凝剂的比例。
3. 研究微波、太阳光、温度、pH 值对 Fenton 试剂处理染料废水脱除率的影响。
4. 写出脱色率随时间等因素的变化曲线图、写出染料脱色机理。
5. 写出研究报告。

五、思考题

1. 有机高分子絮凝剂的电荷类型如何选择？
2. 为啥选择无机/有机高分子复合型絮凝剂？

实验二十八　十二烷基硫酸钠表面活性剂的制备及性能研究

一、目的要求

1. 了解表面活性剂的基本性质及应用。
2. 学习表面活性剂的分离纯化技术。

3. 学习表面活性剂性质的测试方法。

二、基本原理

十二烷基硫酸钠，别名为月桂醇硫酸钠，是阴离子硫酸酯类表面活性剂的典型代表，由于它具有良好的乳化性、起泡性、可生物降解、耐酸、耐碱及耐硬水等特点，广泛应用于化工、纺织、印染、制药、造纸、石油、化妆品和洗涤用品制造等各种工业部门。表面活性剂的开发与应用已成为一个非常重要的行业，通过本综合实验让学生掌握表面活性剂研究的最基本实验技术和知识。

三、仪器与试剂

1. 仪器

三口烧瓶，搅拌装置，分液漏斗，旋转蒸发器，抽滤装置，容量瓶（50mL），红外光谱分析仪，核磁共振，表面张力测定仪等。

2. 试剂

正十二醇，氨基磺酸，尿素，浓硫酸，无水乙醇，氢氧化钠，乙醚，氯化钠，重蒸水等。

四、实验步骤

1. 查阅文献资料，依据实验室提供的条件，设计制备十二烷基硫酸钠的实验方案，比较不同制备方法的优缺点。

2. 提出产物鉴定方法，并与商业产品进行性质比较。

3. 提出测定表面活性剂表面张力、临界胶束浓度的方法，并比较不同方法的优缺点。

4. 研究不同无机盐、醇等有机物、温度、pH 值对十二烷基硫酸钠表面活性剂的性能影响。

5. 初步研究十二烷基硫酸钠作为表面活性剂在实际生活中的应用，如对液体有机物增溶作用以及疏水物质在水中的分散。

6. 写出研究报告。

五、思考题

1. 采用氨基磺酸进行磺化反应的优点是什么？

2. 盐的加入对表面张力及临界胶束浓度有什么影响？

实验二十九　电催化氧化法处理有机染料废水

一、目的要求

1. 理解并掌握电催化氧化法的基本原理与操作方法。

2. 了解电催化氧化装置的基本结构并掌握搭建的基本方法。

3. 了解电催化氧化法中的一些基本技术参数的意义，学习自主设计实验方案，探究各种不同因素对实验的影响并优化技术参数。

二、基本原理

电催化氧化法是工业上处理有机废水的一种常用方法，其降解有机物的过程较为复杂。

一般认为，该过程中，在高析氧电位的阳极表面可以形成具有强氧化性的羟基自由基（·OH），其标准电极电势为 2.80V，氧化能力接近 F_2（2.87V）。羟基自由基在反应中可以作为链引发剂，诱导自由基反应发生，将难降解的有机污染物氧化成 CO_2、H_2O 和其他产物。该方法具有氧化能力强、操作简便、易于控制、无二次污染等优点，在现代工业废水处理中具有广阔的应用前景。

在电催化氧化技术中，影响电催化效果的主要因素有催化剂材料、催化剂用量、电流密度、辅助电解质浓度等。电解效果可以通过槽电压、有机污染物的转化率等技术指标来反映。

本实验采用电催化氧化法处理甲基橙溶液，阳极和阴极均采用石墨电极，主要探讨电流密度、电解时间、辅助电解质浓度对电解槽压和甲基橙转化率的影响。本技术通常采用恒电流法，电流密度可通过仪器控制，槽压可由直流稳压电源实时监测。由于甲基橙为有色物质，故其转化率可采用分光光度法测定。

三、仪器与试剂

1. 仪器

恒电流仪，可见光分光光度计，电子天平，恒温磁力搅拌器，电解槽等。

2. 试剂

TiO_2 纳米颗粒，Fe_3O_4 纳米颗粒，SnO_2 纳米颗粒，活性炭，无水硫酸钠（A.R.），甲基橙等。

四、实验步骤

1. 查阅文献资料，依据实验室提供的条件，设计电催化氧化法处理甲基橙模拟废水的实验方案。

2. 依据实验室提供的条件，搭建处理甲基橙模拟废水的电解装置。

3. 研究不同催化剂材料对处理甲基橙模拟废水的影响，比较其优缺点。

4. 研究催化剂用量、电流密度、电解时间、辅助电解质浓度等参数对电解槽压和甲基橙转化率的影响，并优化出最佳处理参数。

5. 撰写实验报告。

五、思考题

1. 采用电催化氧化法处理染料废水的优缺点有哪些？

2. 如何通过实验探究电催化氧化法处理甲基橙模拟废水的机理？

实验三十　红绿蓝三基色荧光粉的制备

一、目的要求

1. 掌握高温固相法、溶胶凝胶法、燃烧法等合成荧光粉的常用方法。

2. 学习三基色原理并学习识别 CIE 色度图。

3. 通过查阅文献，设计整个实验。

二、知识背景

1. 三基色原理

将适当选择的三基色按不同比例合成，可以得到不同的色彩，合成的彩色光的亮度决定于三基色亮度之和，其色度决定于三基色成分的比例，三种基色彼此独立，任一种基色不能由其他两种基色配出。国际照明协会（CIE）规定三基色的波长分别为：R（红色）$=700nm$、G（绿色）$=546.1nm$、B（蓝色）$=435.8nm$。

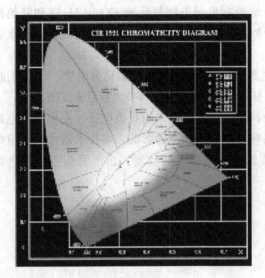

图Ⅱ-30-1　CIE色度图

2. CIE 色度图

由国际照明协会 1931 年制定的目前最为广泛使用的色度图，如图Ⅱ-30-1 所示。色度图中的每个点都对应一个坐标，称这个坐标为这种光的色坐标。用色坐标来表征颜色非常方便，自然界中每一种可能的颜色在色度图中都有其相应的位置，如标准白光色坐标（0.333，0.333）。越靠近曲线的边缘，颜色越纯，色饱和度越好，中心部分为白光区。

3. 稀土发光

稀土元素由于具有丰富的电子能级，具有几千种不同的跃迁，基本涵盖整个可见光区，被誉为"发光的宝库"。常见的如发红光的 Eu^{3+}，发绿光的 Tb^{3+} 以及随着基质环境的不同发光随之发生变化的 Eu^{3+} 和 Ce^{3+}。

三、仪器与试剂

1. 仪器

马弗炉，恒温磁力搅拌器，电炉，蒸发皿，手持式紫外灯，荧光光谱仪，研钵等。

2. 试剂

氧化铕，氧化铈，氧化铽，氧化钇，氧化铝，氧化镁，碳酸钡，柠檬酸，尿素等。

四、实验步骤

1. 设计方案

选择易于制备、成本低廉的红绿蓝三基色荧光粉为研究对象并查阅其制备方法，设计实验方案，至少包含三种合成方法，交由指导教师审阅，教师批准后方可开始实验。

2. 合成材料

根据教师批准后的实验方案，选择合适的实验药品和仪器，进行三基色荧光粉的合成。

3. 表征材料

将所合成的荧光粉置于手持式紫外灯下检验其发光效果，如能观察到明显的红绿蓝色光，表明基本达成目标。每组选择发光亮度最强的样品在教师指导下进行荧光光谱测试，计算出其色坐标，在色度图中标出其对应的位置。

五、思考题

1. 最近市场上出现了"宽色域"的电视机，请查阅资料，结合本实验的理论知识，解释什么是"宽色域"。

2. 简述三种合成方法的优缺点及在实验结果中的体现。

实验三十一　液体接界电势的测定

一、目的要求

1. 掌握原电池电动势的测定方法。
2. 了解浓差电池、液体接界电势、离子迁移数、电化学势的概念及物理意义。
3. 根据实验结果得出 $E_总$、$E_无$、E_j 之间的关系。

二、基本原理

液体接界电势存在于不同溶质界面或两种溶质相同而浓度不同的溶液界面上。在液/液界面上存在的电势差，用 E_j 表示，液体接界电势属于热力学不可逆过程，所以应尽量避免。在不可避免时，要采用盐桥，尽量降低液体接界电势。液体接界电势产生的主要原因是离子迁移率不同。

例如对于浓差电池：

$$(-)Pt, H_2(p) \mid HCl(c_1) \parallel HCl(c_2) \mid H_2(p), Pt(+)$$

式中，c_1、c_2 为 HCl 的浓度，且 $c_2 > c_1$。

由于 $c_2 > c_1$，H^+ 和 Cl^- 将自动由溶液 2 向溶液 1 扩散。因为 H^+ 的扩散速度大于 Cl^- 的扩散速度，使界面处溶液 1 侧面出现过剩的 H^+ 而带正电；溶液 2 侧面出现过剩的 Cl^- 而带负电，于是在界面处产生了电势差。电势差的产生使 H^+ 的扩散速度减慢，同时加快了 Cl^- 的扩散速度，最后形成了稳定的双电层。此时的电势差就是液体接界电势，也称扩散电势。根据规定，E_j 等于界面右侧的电位减去左侧的电位，因此在电池中，E_j 是一个有符号的量。而许多物理化学教材都认为电池总电动势等于无液接时的电动势与液体接界电势代数和，即 $E_总 = E_无 + E_j$，我们认为应该是 $E_总 = E_无 - E_j$。究竟公式是加还是减，请同学们自己设计电池验证公式。

三、仪器与试剂

甘汞电极为上海精密科学仪器有限公司制作，盐桥为自制。

SDS-Ⅱ型数字电位差为长沙电工仪表厂制作。

四、实验步骤

1. 测定浓差电池：$Hg(l), Hg_2Cl_2(s) \mid NaCl(c_1) \parallel NaCl(c_2) \mid Hg_2Cl_2(s), Hg(l)$ 在有无盐桥的条件下的电动势。

由于 $c_1 > c_2$，$t_+ < t_-$，根据液体接界电势的公式 $E_j < 0$，即液体接界电势为负。

(1) 分别配制 $3mol \cdot L^{-1}$、$1mol \cdot L^{-1}$、$0.3mol \cdot L^{-1}$、$0.03mol \cdot L^{-1}$、$0.001mol \cdot L^{-1}$ NaCl 溶液。

(2) 分别取 30mL $3mol \cdot L^{-1}$、$0.3mol \cdot L^{-1}$ NaCl 溶液，加入两个 100mL 烧杯中，分别插入甘汞电极，两个烧杯之间以盐桥相连，达到平衡后，用 SDS-Ⅱ型数字电位差计测定无液体接界电势时的电动势 $E_无$。

(3) 分别取 30mL $3mol \cdot L^{-1}$、$0.3mol \cdot L^{-1}$ NaCl 溶液，加入两个 100mL 烧杯中，分别插入甘汞电极，两个烧杯之间不加盐桥，仅以湿润的滤纸相连，达到平衡后，用 SDS－Ⅱ型数字电位差计测定有液体接界电势时的电动势 $E_总$。

同理当 $c_1 = 3\text{mol} \cdot \text{L}^{-1}$ NaCl, $c_2 = 0.03\text{mol} \cdot \text{L}^{-1}$ NaCl; $c_1 = 1\text{mol} \cdot \text{L}^{-1}$ NaCl, $c_2 = 0.001\text{mol} \cdot \text{L}^{-1}$ NaCl 时测定其 $E_无$、$E_总$，测定方法同（2）、（3）。测定结果见表Ⅲ-31-1。

表Ⅲ-31-1 浓差电池 Hg(l)，Hg_2Cl_2(s)$=|$NaCl$(c_1)\|$NaCl$(c_2)|Hg_2Cl_2$(s)，Hg(l)的 $E_无$、$E_总$ 的测定

实验(1)温度:26.5℃ $t_+ = 0.363$, $t_- = 0.637$		实验(2)温度:26.5℃		实验(3)温度:31.5℃	
$c_1 = 3\text{mol} \cdot \text{L}^{-1}$, $r_\pm = 0.706$; $c_2 = 0.3\text{mol} \cdot \text{L}^{-1}$, $r_\pm = 0.719$		$c_1 = 3\text{mol} \cdot \text{L}^{-1}$, $r_\pm = 0.706$; $c_2 = 0.03\text{mol} \cdot \text{L}^{-1}$, $r_\pm = 0.876$		$c_1 = 1\text{mol} \cdot \text{L}^{-1}$, $r_\pm = 0.657$; $c_2 = 0.001\text{mol} \cdot \text{L}^{-1}$, $r_\pm = 0.965$	
$E_{无,理论} = 59.96\text{mV}$ $E_{j理论} = -16.10\text{mV}$ $E_{总,理论,教科书} = 42.86\text{mV}$		$E_{无,理论} = 86.88\text{mV}$ $E_{j理论} = -23.80\text{mV}$ $E_{总,理论,教科书} = 63.08\text{mV}$		$E_{无,理论} = 171.26\text{mV}$ $E_{j理论} = -46.90\text{mV}$ $E_{总,理论,教科书} = 124.36\text{mV}$	
$E_无$/mV	$E_总$/mV	$E_无$/mV	$E_总$/mV	$E_无$/mV	$E_总$/mV
60.80	72.20	109.50	122.50	168.40	187.90
60.20	72.60	108.20	115.10	169.70	181.00
60.30	70.20	109.40	116.50	169.20	182.00
60.90	69.20	112.60	115.90	174.00	180.00
61.80	71.90	110.30	118.10	174.30	183.00
62.00	67.20	109.90	118.00	173.30	180.20
$E_无$/mV(平均)	$E_总$/mV(平均)	$E_无$/mV(平均)	$E_总$/mV(平均)	$E_无$/mV(平均)	$E_总$/mV(平均)
61.00	70.60	110.00	117.70	171.50	182.40
$E_无$ = 61.00mV $E_j = -9.60\text{mV}$ $E_总 = 70.60\text{mV}$ ($E_{总理论,本文} = 75.06\text{mV}$; $E_{总,理论,教科书} = 42.86\text{mV}$)		$E_无$ = 110.00mV $E_j = -7.70\text{mV}$ $E_总 = 117.70\text{mV}$ ($E_{总理论,本文} = 110.68\text{mV}$; $E_{总,理论,教科书} = 63.08\text{mV}$)		$E_无$ = 171.50mV $E_j = -10.90\text{mV}$ $E_总 = 182.40\text{mV}$ ($E_{总理论,本文} = 218.16\text{mV}$; $E_{总,理论,教科书} = 124.36\text{mV}$)	

从 3 次实验结果均可以看出，$E_总$ 的实验结果与本文提出的理论值更为接近，与教科书的相差较远。事实上，通电后，Na^+ 向阴极移动，Cl^- 向阳极移动，此时液体接界电势的建立对离子在界面的迁移具有促进作用，从而增大了总的电动势，即我们导出的公式 $E_总 = E_无 - E_j$ 是成立的。

2. 测定浓差电池：Cu(s)｜$CuSO_4(c_1)\|CuSO_4(c_2)$｜Cu(s)的电动势

由于 $t_+ < t_-$，$c_1 < c_2$，所以 $E_j > 0$，即液体接界电势为正。

配制 $1\text{mol} \cdot \text{L}^{-1}$、$0.1\text{mol} \cdot \text{L}^{-1}$、$0.01\text{mol} \cdot \text{L}^{-1}$、$0.001\text{mol} \cdot \text{L}^{-1}$、$0.0001\text{mol} \cdot \text{L}^{-1}$ $CuSO_4$ 溶液。当 c_1 和 c_2 分别为 $1\text{mol} \cdot \text{L}^{-1}$，$0.1\text{mol} \cdot \text{L}^{-1}$；$1\text{mol} \cdot \text{L}^{-1}$，$0.01\text{mol} \cdot \text{L}^{-1}$；$1\text{mol} \cdot \text{L}^{-1}$，$0.001\text{mol} \cdot \text{L}^{-1}$；时测定其 $E_无$、$E_总$，测定方法同上。测定结果见表Ⅲ-31-2。

表Ⅲ-31-2 浓差电池 Cu(s)｜$CuSO_4(c_1)\|CuSO_4(c_2)$｜Cu(s)的 $E_无$、$E_总$ 的测定

实验(1)温度:26.0℃ $t_+ = 0.304$, $t_- = 0.696$		实验(2)温度:26.0℃		实验(3)温度:26.0℃	
$c_1 = 0.1\text{mol} \cdot \text{L}^{-1}$, $r_\pm = 0.16$ $c_2 = 1\text{mol} \cdot \text{L}^{-1}$, $r_\pm = 0.0423$		$c_1 = 0.01\text{mol} \cdot \text{L}^{-1}$, $r_\pm = 0.41$; $c_2 = 1\text{mol} \cdot \text{L}^{-1}$, $r_\pm = 0.0423$		$c_1 = 0.001\text{mol} \cdot \text{L}^{-1}$, $r_\pm = 0.74$; $c_2 = 1\text{mol} \cdot \text{L}^{-1}$, $r_\pm = 0.0423$	

实验(1)温度:26.0℃ $t_+=0.304, t_-=0.696$		实验(2)温度:26.0℃		实验(3)温度:26.0℃	
$E_{无,理论}=12.52mV$ $E_{j理论}=4.91mV$ $E_{总,理论,教科书}=17.43mV$		$E_{无,理论}=30.06mV$ $E_{j理论}=11.79mV$ $E_{总,理论,教科书}=41.85mV$		$E_{无,理论}=52.14mV$ $E_{j理论}=20.43mV$ $E_{总,理论,教科书}=72.57mV$	
$E_无/mV$	$E_总/mV$	$E_无/mV$	$E_总/mV$	$E_无/mV$	$E_总/mV$
11.20	5.30	30.70	20.80	50.20	44.00
11.10	5.00	30.60	20.70	50.30	43.30
11.10	4.90	30.00	20.00	50.30	43.20
11.10	4.10	30.40	20.10	50.40	43.00
11.10	5.00	30.60	21.70	50.50	42.70
11.00	4.90	30.70	21.60	50.50	45.90
$E_无/mV$(平均)	$E_总/mV$(平均)	$E_无/mV$(平均)	$E_总/mV$(平均)	$E_无/mV$(平均)	$E_总/mV$(平均)
11.10	4.90	30.50	20.80	50.40	43.70
$E_无=11.10mV$ $E_j=6.20mV$ $E_总=4.90mV$ ($E_{总,理论,本文}=7.61mV$; $E_{总,理论,教科书}=17.43mV$)		$E_无=30.50mV$ $E_j=9.70mV$ $E_总=20.80mV$ ($E_{总,理论,本文}=18.27mV$; $E_{总,理论,教科书}=41.85mV$)		$E_无=50.40mV$ $E_j=6.70mV$ $E_总=43.70mV$ ($E_{总,理论,本文}=31.71mV$; $E_{总,理论,教科书}=72.57mV$)	

从 3 次实验结果可以看出，$E_总$ 的实验结果与本文提出的理论值更为接近，与教科书的相差较远。事实上，通电后，Cu^{2+} 向阴极移动，SO_4^{2-} 向阳极移动，液体接界电势的建立对离子在界面处的迁移具有阻碍作用，从而削弱了总电动势，即我们导出的公式 $E_总=E_无-E_j$ 总是成立的。

从实验结果可以看出实验值与理论值有一定的误差，主要因为计算理论值时用的活度系数是温度为 25℃ 时的值，迁移数则用 18℃ 时的值，而温度和浓度都会影响离子的迁移数和活度系数；且仪器存在系统误差。但总的趋势符合我们所提出的公式。

五、思考题

1. 为什么要消除液体接界电势？

2. 从测定结果推导公式究竟是 $E_总=E_无+E_j$，还是 $E_总=E_无-E_j$（E_j 是个有符号量）？

3. 还可以如何设计浓差电池来测定液体接界电势？

第四部分　测量技术及仪器

第一章　热化学测量技术及仪器

第一节　温度的测量与控制

一、温标的确定

温度是描述体系宏观状态的一个基本参量，是体系内部分子、原子平均动能大小的量度。根据热力学第零定律，两个互为热平衡体系的温度相等是温度测量的基础，当温度计与被测体系之间达到热平衡时，与温度有关的物理量才能用来表征体系的温度。而温度的量值与温标的选取有关。

温标是温度量值的表示方法。确定一种温标应包括以下三个因素。

① 选择测温物质　作为测温物质，它的某种物理性质（如体积、电阻、温差电势以及辐射电磁波的波长等）与温度有依赖关系而又有良好的重现性。

② 确定基准点　通常以某些高纯物质的相变温度（如凝固点、沸点等）作为温标的基准点。

③ 划分温度值　基准点确定后，还需确定基准点之间的间隔。如摄氏温标是以 101.325kPa 下水的冰点（0℃）和沸点（100℃）为两个定点，分为 100 等份，每一份为 1℃。

二、温标的种类

目前最常用的温标有以下四种。

① 摄氏温标（℃）　在 101.325kPa 下水的冰点（0℃）和沸点（100℃）之间划分为 100 等份，每一份为 1℃。

② 华氏温标（℉）　在 101.325kPa 下冰的熔点（32 ℉）和沸点（212 ℉）之间划分为 180 等份，每一份为 1 ℉。

③ 热力学温标（绝对温标 T/K）　1848 年开尔文（Kelvin）提出了热力学温标。它是建立在卡诺循环基础上，与任何待测物质性质无关。热力学温标规定水的三相点的热力学温度为 273.16K（1K 为水的三相点热力学温度的 1/273.16）。

④ 国际温标　国际温标是一个国际协议性温标，与热力学温标相接近，而且复现精度高，使用方便。

摄氏温标（℃）、华氏温标（℉）、热力学温标（K）三者相互关系为：

$$t/℃ = \left(32 + \frac{9}{5}t\right)/℉ = (t + 273.15)/K \qquad (\text{IV-1-1})$$

三、温度计

下面介绍几种常见的温度计。

1. 水银温度计

水银温度计的范围 238.15～633.15K，水银的熔点是 234.45K，沸点为 629.85K，如果用石英玻璃做管壁，充入氮气或氩气，最高使用温度可达 1073.15K。常用的温度计间隔有：2℃、1℃、0.5℃、0.2℃、0.1℃等，与温度计的量程范围有关。

（1）水银温度计的零点校正

校正方法是：以纯物质的熔点或沸点作为标准进行校正，也可以用标准水银温度计为标准，与待校正的温度计同时测定某一体系的温度，将对应值一一记录，做出校正曲线。

标准水银温度计由多支温度计组成，各支温度计的测量范围不同，交叉组成 −10～360℃范围，每支都经过计量部门的鉴定，读数准确。

（2）露茎校正

水银温度计有"全浸"和"非全浸"两种。非全浸式水银温度计常刻有校正时浸入量的刻度，在使用时若室温和浸入量均与校正时一致，所示温度是正确的。

全浸式水银温度计使用时应当将水银全部浸入被测体系中，如图Ⅳ-1-1 所示，达到热平衡后才能读数。全浸式水银温度计中的水银如不能全部浸没在被测体系中，则因露出部分与体系温度不同，必然存在读数误差，因此必须进行校正。这种校正称为露茎校正。如图Ⅳ-1-2所示。其校正公式为：

$$\Delta t = kh(t_{测} - t_{环})/(1 - kh) \tag{Ⅳ-1-2}$$

式中，$\Delta t = t_{实} - t_{测}$，为读数校正值；$t_{实}$ 为温度的正确值；$t_{测}$ 为温度计的读数值；$t_{环}$ 为露出待测体系外水银柱的有效温度（从放置在露出一半位置处的另一支辅助温度计读出）；h 为露出待测体系外部的水银柱长度，称为露茎高度，以温度差值表示；k 为水银相对于玻璃的膨胀系数，使用摄氏度时，$k = 0.00016$。在上式中，$kh \ll 1$，所以 $\Delta t \approx kh(t_{测} - t_{环})$。

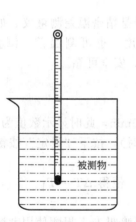

图Ⅳ-1-1　全浸式水银温度计使用

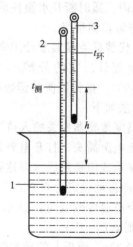

图Ⅳ-1-2　温度计露茎校正

1—被测体系；2—测量温度计；3—辅助温度计

2. 贝克曼温度计

（1）构造和特点

贝克曼温度计是一种移液式的内标温度计，测量范围 −20～150℃，专用于测量温差。它的最小刻度为 0.01℃，可以估读到 0.002℃，测量精度较高；还有一种最小刻度为 0.002℃，可以估计读准到 0.0004℃。它一般只有 5℃量程，其结构（图Ⅳ-1-3）与普通温度计不同，在它的毛细管 2 上端，加装了一个水银储管 4，用来调节水银球 1 中的水银量。因此虽然量程只有 5℃，却可以在不同范围内使用。一般可以在 −6～120℃使用。由于水银球 1 中的水银量是可变的，因此水

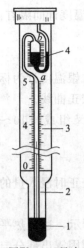

图Ⅳ-1-3 贝克曼
温度计
1—水银球；
2—毛细管；
3—温度标尺；
4—水银储管；
a—最高刻度；
b—毛细管末端

银柱的刻度值不是温度的绝对值，只是在量程范围内的温度相对值。

（2）使用方法

介绍两种调节方法，第一种是恒温水浴调节法，操作步骤如下。

① 寻找恒温水浴温度　首先估计从实验需要的温度所对应的刻度位置到上端毛细管一段之间所相当的刻度数值，设为 $R/℃$，则恒温水浴温度为 $t+R$（t 为实验所需要的温度值）。

② 连接水银柱　直接用手捂住下面的水银球，水银柱快速从毛细管上升至顶点，并在球形出口处形成滴状（若手温低，也可在较热的水浴中连接），然后将贝克曼温度计倒置，使它与储汞槽中的水银连接。然后重新正置，并将其放入恒温水浴中恒温 5min。

③ 震断水银柱　快速取出温度计，用右手紧握它的中部，使它垂直，用左手轻击右手腕，水银柱即可在顶点处断开。

④ 验证所调温度计　将调好的温度计置于待测体系中，若水银面接近刻度尺要求的位置，则调节成功。调好的温度计放置时，应将其上端垫高，以免毛细管中的水银与储汞槽中的水银相连接。

第二种是经验调节法，操作步骤如下。

首先把温度计放入待测体系中，若毛细管内的水银面在所要求的刻度之上，说明水银球内的水银量过多，在此情况下，可以用手握温度计的水银球，使水银柱从毛细管上升到顶点，形成小球，并将其震掉；若水银量过少，则同样需要将水银柱连接，连接后正置温度计，利用重力作用使水银槽中的水银自动流入水银球内。适时断开水银柱后，在待测体系中验证温度计的刻度是否合适。

3. 精密温差测量仪

目前，代替贝克曼温度计用来测量微小温度差的仪器是精密温差测量仪。如 SWC-Ⅱ 数字贝克曼温度计。它的分辨率为 0.001℃，既可测温度，也可测温差。测量温差的范围 -50~150℃。操作简便，读数准确，并消除了汞污染，安全可靠。

使用方法如下：

① 将温度传感器探头插入待测介质中；

② 插上电源插头，打开电源开关，显示器亮，预热 5min，此时显示数值为一任意值；

③ 待显示数值稳定后（即达到操作者拟设定的数值时），按下"设定"按键并保持 2s，参考值 T_0 即自动设定为 0.000℃；

④ 当介质温度改变时，显示器显示的温度值为 T_1，便得 $\Delta T = T_1 - T_0$，因为 $T_0 = 0.000℃$，则 $\Delta T = T_1$；

⑤ 每隔 30s，面板上的指示灯闪烁一次，同时蜂鸣器鸣叫 1s，提醒使用者读数。

4. 热电阻温度计

电阻温度计的测温原理是利用金属或半导体的电阻值随温度变化的特性。一般是当温度每升高 1℃，电阻值增加 0.4%~0.6%。半导体材料则具有负的温度系数，其值为（以 20℃ 为参考点）温度每升高 1℃，电阻值降低 2%~6%。利用金属导体和半导体电阻的温度函数关系制成的传感器，称为电阻温度计。

电阻丝式热电阻温度计材料选择基本要求：

① 在使用温度范围内，物理化学稳定性好；

② 电阻温度系数要尽量大，即要求有较高的灵敏度；

③ 电阻率要尽量大，以便在同样灵敏度的情况下，尺寸应尽可能小；

④ 电阻与温度之间的函数关系尽可能是线性的；

⑤ 材料容易提纯，复制性要好；

⑥ 价格便宜。

按照上述要求，比较适用的材料为：铂、铜、铁和镍。

铂纯度高，其电阻性能非常稳定，它对低温的测量更为精确，因此在 1968 年国际温标（IPTS—68）中规定在 -259.34（13.81K）~630.74℃温度范围内以铂电阻温度计作为标准仪器。除此而外，铂也用来做标准热电阻及工业用热电阻，也是实验室最常用的温度传感器。

铜丝可用来制成 $-50\sim150$℃范围内的工业电阻温度计，其特点为价格便宜，易于提纯因而复制性好。在上述温度范围内线性度极好，其电阻温度系数比铂高，但电阻率较铂小。缺点是易于氧化，只能用于 150℃以下的较低温度，体积也较大。所以一般只可用于对敏感元件尺寸要求不高之处。铁和镍的电阻温度系数较高，电阻率也较大，因此，可以制成体积较小而灵敏度高的热电阻。但它们容易氧化，化学稳定性差，不易提纯，复制性差，线性较差。

5. 热电偶温度计

热电偶是目前工业测温中最常用的传感器，这是由于它具有以下优点：准确度高，传感速率快；品种规格多，测温范围广，在 $-270\sim2800$℃范围内有相应产品可供选用，结构简单，使用维修方便，可作为自动控温检测器等。

（1）工作原理

把两种不同的导体或半导体接成图Ⅳ-1-4所示的闭合回路，如果将它的两个接点分别置于温度各为 T 及 T_0（假定 $T>T_0$）的热源中，则在其回路内就会产生热电动势（简称热电势），这个现象称作热电效应。

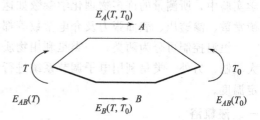

图Ⅳ-1-4　热电偶回路热电势分布

在热电偶回路中所产生的热电势由两部分组成：接触电势和温差电势。

每种热电偶都有它的分度表（参考端温度为 0℃），分度值一般取温度每变化 1℃所对应的热电势之电压值。

（2）热电偶的校正及使用

图Ⅳ-1-5 示出热电偶的校正、使用装置。使用时一般是将热电偶的一个接点放在待测物

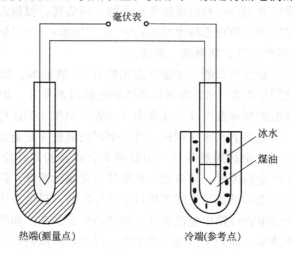

毫伏表

冰水

煤油

热端(测量点)　　冷端(参考点)

图Ⅳ-1-5　热电偶的校正、使用装置

体中（热端），而将另一端放在储有冰水混合物的保温瓶中（冷端），这样可以保持冷端的温度恒定。校正一般是通过用一系列温度恒定的标准体系，测得热电势和温度的对应值来得到热电偶的工作曲线。表Ⅳ-1-1列出常见热电偶基本参数。

表Ⅳ-1-1　热电偶基本参数

热电偶类别	材质与组成	新分度号	旧分度号	使用范围/℃	热电势系数/mV·K^{-1}
廉价金属	铁-康铜(CuNi40)		FK	0～800	0.0540
	铜-康铜	T	CK	−200～300	0.0428
	镍铬10-考铜(CuNi43)		EA-2	0～800	0.0695
	镍铬-考铜		NK	0～800	
	镍铬-镍硅	K	EU-2	0～1300	0.0410
	镍铬-镍铝(NiAl2Si1Mg2)			0～1100	0.0410
贵金属	铂铑10-铂		LB-3	0～1600	0.0064
	铂铑30-铂铑6	S	LL-2	0～1800	0.00034
难熔金属	钨铼5-钨铼20	B	WR	0～200	

<h2 align="center">第二节　温度的控制</h2>

在科学实验中，除了需要进行温度测量外，还常常需要维持某一恒定的温度。在物理化学实验中，所测量的许多物理化学参数如速率常数、旋光度、电导率、折射率、电动势、平衡常数、渗透压、表面张力及介电常数等都与温度有关，要求恒定在某一温度下进行测量。

恒温控制可分为两类，一类是利用物质的相变点温度来获得恒温，但温度的选择受到很大限制；另外一类是利用电子调节系统进行温度控制，此方法控温范围宽、可以任意调节设定温度。

一、液氮浴

正常沸点（77.3K）下的液氮提供一种很方便的低温浴。

二、冰浴

0℃时的冰-水平衡可维持一个很好的恒温浴。

三、电接点温度计温度控制

1. 恒温槽装置原理

恒温槽是实验工作中常用的一种以液体为介质的恒温装置，根据温度控制范围，可用以下液体介质：−60～30℃用乙醇或乙醇水溶液；0～90℃用水；80～160℃用甘油或甘油水溶液；70～300℃用液体石蜡、汽缸润滑油、硅油。

恒温槽一般由浴槽、温度调节器（水银接点温度计）、继电器、加热器、搅拌器和温度计组成。具体装置示意图见图Ⅳ-1-6。继电器必须和电接点温度计、加热器配套使用。电接点温度计是一支可以导电的特殊温度计，又称为导电表，图Ⅳ-1-7是它的结构示意图。它有两个电极，一个固定，与底部的水银球相连，另一个可调电极5是金属丝，由上部伸入毛细管内。顶端有一磁铁，可以旋转螺旋丝杆，用以调节金属丝的高低位置，从而调节设定温度。当浴槽的温度低于恒定温度时，导电表中水银柱与金属丝断开，温度调节器通过继电器的作用，使加热器加热；当浴槽的温度高于所恒定的温度时，导电表中水银柱上升与金属丝接触，两电极导通，使继电器线圈中电流断开，加热器停止加热。如此，不断反复，使浴槽温度在一微小的区间内波动，而置于浴槽中的系统，温度也被限制在相应的微小区间内而达到恒温的目的。

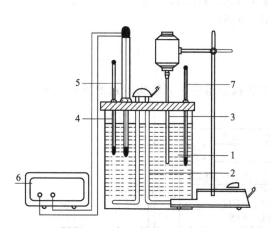

图Ⅳ-1-6　恒温槽装置示意图

1—浴槽；2—加热器；3—搅拌器；4—温度计；
5—电接点温度计；6—继电器；7—贝克曼温度计

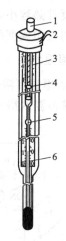

图Ⅳ-1-7　电接点温度计

1—磁性螺旋调节器；2—电极引出线；3—上标尺；
4—指示螺母；5—可调电极细丝；6—下标尺

2. 恒温槽灵敏度控制

恒温槽的温度控制装置属于"通"-"断"类型，当加热器接通后，恒温介质温度上升，热量的传递使水银温度计中的水银柱上升。但热量的传递需要时间，因此常出现温度传递的滞后，往往是加热器附近介质的温度超过设定温度，所以恒温槽的温度超过设定温度；同理，降温时也会出现滞后现象。由此可知，恒温槽控制的温度有一个波动范围，并不是控制在某一固定不变的温度。控温效果可以用灵敏度 ΔT 表示：

$$\Delta T = \pm \frac{t_1 - t_2}{2} \qquad （Ⅳ-1-3）$$

式中，t_1 为恒温过程中水浴的最高温度；t_2 为恒温过程中水浴的最低温度。

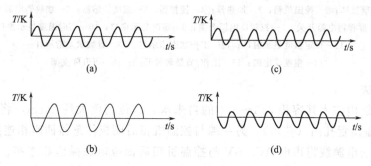

图Ⅳ-1-8　控温灵敏度曲线

图Ⅳ-1-8是温度-时间曲线，可以看出：曲线（a）表示恒温槽灵敏度较高；（b）表示恒温槽灵敏度较差；（c）表示加热器功率太大；（d）表示加热器功率太小或散热太快。影响恒温槽灵敏度的因素很多，大体有以下几点：

① 恒温介质流动性好、传热性能好，控温灵敏度就高；

② 加热器功率适宜、热容量小，控温灵敏度就高；

③ 搅拌器搅拌速度要适当大，保证恒温槽内温度均匀；

④ 继电器电磁吸引电键，后者发生机械作用的时间愈短，断电时线圈中的铁芯剩磁愈小，控温灵敏度就高；

⑤ 电接点温度计热容小，对温度的变化敏感，则灵敏度高；

⑥ 环境温度与设定温度的差值越小，控温效果越好。

四、SYP-Ⅲ玻璃恒温水浴

1. SYP-Ⅲ玻璃恒温水浴构造

SYP-Ⅲ型玻璃恒温水浴主要由玻璃缸体和控温机箱组成，其结构示意图见Ⅳ-1-9。

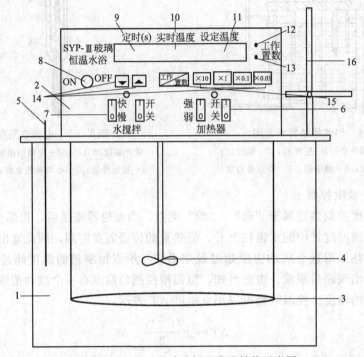

图Ⅳ-1-9 SYP-Ⅲ玻璃恒温水浴结构示意图

1—玻璃缸体；2—控温机箱；3—加热器；4—搅拌器；5—温度传感器；6—加热器电源开关；

7—搅拌器电源开关；8—控制器电源开关；9—定时显示窗口；10—实时温度显示窗口；

11—设定温度显示窗口；12—工作状态指示灯；13—置数状态指示灯；

14—温度设定键；15—工作/置数转换开关；16—可升降支架

2. 使用方法

① 向玻璃缸内注入其容积 2/3～3/4 的自来水，水位高度大约 25cm，将温度传感器插入玻璃缸塑料盖预置孔内（左边），另一端与控温机箱后面板传感器插座相连接。

② 用配备的电源线将市电 AC220V 与控温机箱后面板电源插座相连接。先将加热器电源开关、搅拌器开关置于 OFF 位置，后按下电源开关，此时显示器和指示灯均有显示。初始状态如图Ⅳ-1-10。其中实时温度显示为水温，置数指示灯亮。

图Ⅳ-1-10 SYP-Ⅲ玻璃恒温水浴初始状态示意图

③ 设置控制温度：按"工作/置数"钮至置数灯亮。依次按"×10"、"×1"、"×0.1"、"×0.01"键，设置"设定温度"的十位、个位及小数位的数字，每按动一次，数码显示由

0～9依次递增，直至调整到所需"设定温度"的数值。设置完毕，再按"工作/置数"钮，系统自动转换到工作状态，工作指示灯亮。此时，实时温度显示窗口的显示值为水浴的实时温度值。当达到此设置温度时，由PID调节，将水浴温度自动准确地控制在所需的温度范围内。一般均可稳定、可靠地控制在设定温度的±0.02℃以内。注意：置数工作状态时，仪器不对加热器进行控制，即不加热。

④ 定时报警的设置。需定时观测、记录，按"工作/置数"钮，至置数灯亮，用定时增、减键设置所需定时的时间，有效设置范围为10～90s。报警工作时，定时递减，时间至零，蜂鸣器即鸣响5s，尔后，按设定时间周期循环反复报警。无需定时提醒功能时，只需将报警时间设置在0s即可。报警时间设置完毕，再按"工作/置数"组，系统自动切换工作状态，工作指示灯亮。

⑤ 根据实际控制温度需要，调节搅拌速度开关"快""慢"和加热器电源开关"强""弱"。一般开始加热时，为使升温速度尽可能快，故需将加热电源开关置于"强"的位置。当温度接近设定温度的2～3℃时，将加热器电源开关置于"弱"的位置，可达到较为理想的控温目的。为使水浴内温度均匀，波动小，需接通搅拌开关，同理，开始时设置在"快"挡，当温度接近设定温度2～3℃时，转换为"慢"挡。

⑥ 升降支架，根据实际需要调节高低。调节时只需松开螺丝，调整高度再拧紧螺丝线即可。

⑦ 工作完毕，关闭加热器电源、搅拌电源、控制器电源开关。

第三节 热分析测量技术与仪器

热分析技术是在程序温度（指等速升温、等速降温、恒温或步级升温等）控制下测量物质的物理性质随温度变化，用于研究物质在某一特定温度时所发生的热学、力学、声学、光学、电学、磁学等物理参数的变化。由此进一步研究物质的结构和性能之间的关系，研究反应规律，制定工艺条件等。

从热分析技术的应用来看，19世纪末到20世纪初，差热分析法主要用来研究黏土、矿物以及金属合金方面。到20世纪中期，热分析技术才应用于化学领域中，起初应用于无机物领域，而后才逐渐扩展到络合物、有机化合物和高分子领域中，现在已成为研究高分子结构与性能关系的一个相当重要的工具。在20世纪70年代初，又开辟了对生物大分子和食品工业方面的研究。现在，热分析技术已渗透到物理、化学、化工、石油、冶金、地质、建材、纤维、塑料、橡胶、有机、无机、低分子、高分子、食品、地球化学、生物化学等各个领域。所以，有人说热分析技术并不是某一行业或几个行业专用的，几乎所有行业都可以用得上，这不是没有道理的。因为，任何物质从超低温到超高温的程序温度控制下，总是有热效应的，而且还不止一个，这就成了表征物质变化过程的特征图谱。

一、差热分析（DTA）

许多物质在加热或冷却过程中会发生熔化、凝固、晶型转变、分解、化合、吸附、脱附等物理化学变化。这些变化必将伴随有体系焓的改变，因而产生热效应。其表现为该物质与外界环境之间有温度差。选择一种对热稳定的物质作为参比物，将其与样品一起置于可按设定速率升温的电炉中。分别记录参比物的温度以及样品与参比物间温度差。以温差对温度作图就可得到一条差热分析曲线，或称差热图谱。

1. 差热分析原理及仪器结构

一般的差热分析装置如图Ⅳ-1-11所示，由加热系统、温度控制系统、信号放大系统、差热系统和记录系统等组成。有些型号的产品也包括气氛控制系统和压力控制系统。现将各部分简介如下。

(1) 加热系统

加热系统提供测试所需的温度条件，根据炉温可分为低温炉（＜250℃）、普通炉、超高温炉（可达 2400℃）；按结构形式可分为微型、小型、立式和卧式。系统中的加热元件及炉芯材料根据测试范围的不同而进行选择。

(2) 温度控制系统

温度控制系统用于控制测试时的加热条件，如升温速率、温度测试范围等。它一般由定值装置、调节放大器、可控硅调节器（PID-SCR）、脉冲移相器等组成，随着自动化程度的不断提高，大多数已改为微电脑控制，提高控温精度。

(3) 信号放大系统

通过直流放大器把差热电偶产生的微弱温差电动势放大、增幅、输出，使仪器能够更准确地记录测试信号。

(4) 差热系统

差热系统是整个装置的核心部分，由样品室、试样坩埚、热电偶等组成。热电偶是其中的关键性元件，既是测温工具，又是传输信号工具，可根据实验要求具体选择。

(5) 记录系统

记录系统早期采用双笔记录仪进行自动记录，目前已能使用电脑进行自动控制和记录，并可对测试结果进行分析，为实验研究提供了很大方便。

(6) 气氛控制系统和压力控制系统

该系统能够为实验研究提供气氛条件和压力条件，增大了测试范围，目前已经在一些高端仪器中采用。

图Ⅳ-1-12 为典型的 DTA 曲线。从差热图上可清晰地看到差热峰的数目、宽度、高度、方向、位置、对称性以及峰面积等。峰的个数表示物质发生物理化学变化的次数，峰面积的大小和方向代表热效应的大小和正负性，峰的位置表示物质发生变化的转化温度。在相同的测定条件下，许多物质的差热谱图具有特征性。因此，可通过与已知的差热谱图比较来鉴别样品的种类。理论上讲，可通过峰面积的测量对物质进行定量分析，但因影响差热分析的因素较多，定量难以准确。

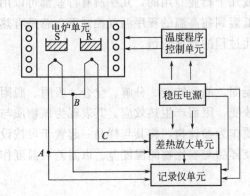

图Ⅳ-1-11 差热分析装置图

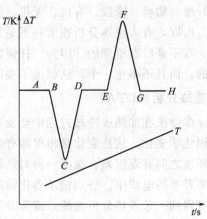

图Ⅳ-1-12 典型的差热谱图（温度-时间曲线）

2. 差热分析的应用

凡是在加热（或冷却）过程中，因物理-化学变化而产生吸热或者放热效应的物质，均可以用差热分析法加以鉴定。其主要应用范围如下。

（1）含水化合物

对于含吸附水、结晶水或者结构水的物质，在加热过程中失水时，发生吸热作用，在差热曲线上形成吸热峰。

（2）高温下有气体放出的物质

一些化学物质，如碳酸盐、硫酸盐及硫化物等，在加热过程中由于 CO_2、SO_2 等气体的放出，而产生吸热效应，在差热曲线上表现为吸热峰。不同类物质放出气体的温度不同，差热曲线的形态也不同，利用这种特征就可以对不同类物质进行区分鉴定。

（3）矿物中含有变价元素

矿物中含有变价元素，在高温下发生氧化，由低价元素变为高价元素而放出热量，在差热曲线上表现为放热峰。变价元素不同，以及在晶格结构中的情况不同，则因氧化而产生放热效应的温度也不同。如 Fe^{2+} 在 $340\sim450$℃变成 Fe^{3+}。

（4）非晶态物质的重结晶

有些非晶态物质在加热过程中伴随有重结晶的现象发生，放出热量，在差热曲线上形成放热峰。此外，如果物质在加热过程中晶格结构被破坏，变为非晶态物质后发生晶格重构，则也形成放热峰。

（5）晶型转变

有些物质在加热过程中由于晶型转变而吸收热量，在差热曲线上形成吸热峰，因而可以对金属或者合金、无机矿物等进行分析鉴定。

3. DTA 曲线特征点温度和面积的测量

（1）DTA 曲线特征点温度的确定

如图 Ⅳ-1-13 所示，DTA 曲线的起始温度可取下列任一点温度：曲线偏离基线的点为 T_a；曲线陡峭部分切线和基线延长线的交点为 T_e（外推始点）。其中 T_a 与仪器的灵敏度有关，灵敏度越高，则 a 点出现得越早，即 T_a 值越低，一般 T_a 的重复性较差；T_p 和 T_e 的重复性较好，其中 T_e 最为接近热力学的平衡温度，T_p 为曲线的峰值温度。

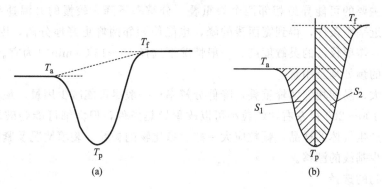

图 Ⅳ-1-13 峰面积求法

从外观上看，曲线回复到基线的温度是 T_f（终止温度）；而反应的真正终点温度是 T_h，由于整个体系的热惯性，即使反应终了，热量仍有一个散失过程，使曲线不能立即回到基线。T_h 可以通过作图的方法来确定，T_h 之后，ΔT 即以指数函数降低，因而如以 ΔT 的对数对时间作图，可得一直线。当从峰的高温侧的底沿逆向查看这张图时，则偏离直线的那点，即表示终点温度 T_h。

（2）DTA 峰面积的确定

DTA 的峰面积为反应前后基线所包围的面积，其测量方法有以下几种：①使用积分仪，可以直接读数或自动记录下差热峰的面积；②如果差热峰的对称性好，可作等腰三角形处理，用峰高乘以半峰宽（峰高 1/2 处的宽度）的方法求面积；③剪纸称重法，若记录纸厚薄均匀，可将差热峰剪下来，在分析天平上称其质量，其数值可以代表峰面积。

对于反应前后基线没有偏移的情况，只要联结基线就可求得峰面积，这是不言而喻的。对于基线有偏移的情况，下面两种方法是经常采用的。

① 分别作反应开始前和反应终止后的基线延长线，它们离开基线的点分别是 T_a 和 T_f，联结 T_a，T_p，T_f 各点，便得峰面积，这就是 ICTA（国际热分析联合会）所规定的方法，见图Ⅳ-1-13(a)。

② 由基线延长线和通过峰顶 T_p 作垂线，与 DTA 曲线的两个半侧所构成的两个近似三角形面积，面积为 S_1、S_2［图Ⅳ-1-13(b) 中以阴影表示］。在 S_1 中丢掉的部分与 S_2 中多余的部分可以得到一定程度的抵消。$S=S_1+S_2$ 即为峰面积。

4. 影响差热分析的主要因素

差热分析操作简单，但在实际工作中往往发现同一试样在不同仪器上测量或不同的人在同一仪器上测量，所得到的差热曲线结果有差异。峰的最高温度、形状、面积和峰值大小都会发生一定变化。其主要原因是热量与许多因素有关，传热情况比较复杂所造成的。虽然影响因素很多，但只要严格控制某种条件，仍可获得较好的重现性。

影响差热分析的主要因素有以下几个。

（1）气氛和压力的选择

气氛和压力可以影响样品化学反应和物理变化的平衡温度、峰形。因此，必须根据样品的性质选择适当的气氛和压力，有的样品易氧化，可以通入 N_2、Ne 等惰性气体。

（2）升温速率的影响和选择

升温速率不仅影响峰的位置，而且影响峰面积的大小。一般来说，在较快的升温速率下峰面积变大，峰变尖锐。但是快的升温速率使试样分解偏离平衡条件的程度也大，因而易使基线漂移。更主要的可能导致相邻两个峰重叠，分辨率下降。较慢的升温速率，基线漂移小，使体系接近平衡条件，得到宽而浅的峰，也能使相邻两峰更好地分离，因而分辨率高。但测定时间长，需要仪器的灵敏度高。一般情况下选择 $10\sim15℃\cdot min^{-1}$ 为宜。

（3）试样的预处理及用量

试样用量大，易使相邻两峰重叠，降低分辨率。一般尽可能减少用量，最多至毫克。样品的颗粒度在 $100\sim200$ 目左右，颗粒小可以改善导热条件，但太细可能会破坏样品的结晶度。对易分解产生气体的样品，颗粒应大一些。参比物的颗粒、装填情况及紧密程度应与试样一致，以减少基线的漂移。

（4）参比物的选择

要获得平稳的基线，参比物的选择很重要。要求参比物在加热或冷却过程中不发生任何变化，在整个升温过程中参比物的比热容、热导率、粒度尽可能与试样一致或相近。常用 $\alpha\text{-}Al_2O_3$ 或煅烧过的氧化镁或石英砂为标准物或参比物，因为这些物质在一定温度范围内（如 $1000℃$ 以下）不发生任何热效应。如分析试样为金属，也可以用金属镍粉作参比物。如果试样与参比物的热性质相差很远，则可用稀释试样的方法解决，主要是减少反应剧烈程度；如果试样加热过程中有气体产生时，可以加入稀释剂减少气体大量出现，以免使试样冲出。选择的稀释剂不能与试样有任何化学反应或催化反应，常用的稀释剂有 SiC、Al_2O_3 等。

（5）走纸速度的选择

在相同的实验条件下，同一试样如走纸速度快，峰的面积大，但峰的形状平坦，误差小；走纸速度小，峰面积小。因此，要根据不同样品选择适当的走纸速度。现在比较先进的差热分析仪多采用电脑记录，可大大提高记录的精确性。

除上述外还有许多因素，诸如样品管的材料、大小和形状、热电偶的材质以及热电偶插在试样和参比物中的位置等都是应该考虑的因素。

二、差示扫描量热法（DSC）

在差热分析测量试样的过程中，当试样产生热效应（熔化、分解、相变等）时，由于试样内的热传导，试样的实际温度已不是程序所控制的温度（如在升温时）。由于试样的吸热或放热，促使温度升高或降低，因而进行试样热量的定量测定是困难的。要获得较准确的热效应，可采用差示扫描量热法（Differential Scanning Clorimetry，简称 DSC）。

1. DSC 的基本原理

DSC 是在程序控制温度下，测量试样和参比物的功率差与温度关系的一种技术。

经典 DTA 常用一金属块作为试样保持器以确保试样和参比物处于相同的加热条件下。而 DSC 的主要特点是试样和参比物分别各有独立的加热元件和测温元件，并由两个系统进行监控。其中一个用于控制升温速率，另一个用于补偿试样和惰性参比物之间的温差。图Ⅳ-1-14 显示了 DTA 和 DSC 加热部分的不同；图Ⅳ-1-15 为常见 DSC 的原理示意图。

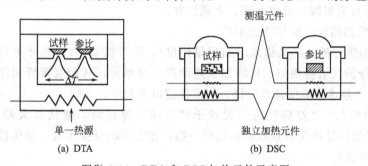

图Ⅳ-1-14 DTA 和 DSC 加热元件示意图

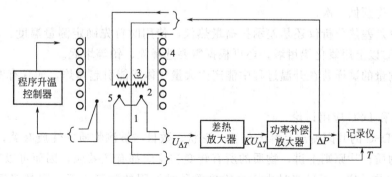

图Ⅳ-1-15 功率补偿式 DSC 原理图

1—温差热电偶；2—补偿电热丝；3—坩埚；4—电炉；5—控温热电偶

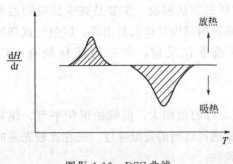

图IV-1-16 DSC 曲线

试样在加热过程中由于热效应与参比物之间出现温差 ΔT 时，通过差热放大电路和差动热量补偿放大器，使流入补偿电热丝的电流发生变化：当试样吸热时，补偿放大器使试样一边的电流立即增大；反之，当试样放热时，则使参比物一边的电流增大，直到两边热量平衡，温差 ΔT 消失为止。换句话说，试样在热反应时发生的热量变化，由于及时输入电功率 P 而得到补偿，所以实际记录的是试样和参比物两者电热补偿的热功率 H 之差随时间 t 的变化关系。如果升温速率恒定，记录的也就是热功率之差随温度 T 的变化，$\mathrm{d}H/\mathrm{d}t\text{-}T$ 关系如图IV-1-16 所示。其峰面积 S 正比于热焓的变化 ΔH_m：

$$\Delta H_\mathrm{m} = KS \tag{IV-1-4}$$

式中，K 为与温度无关的仪器常数。

如果事先用已知相变热的试样标定仪器常数，再根据待测试样的峰面积，就可得到 ΔH 的值。仪器常数的标定，可利用测定锡、铅、铟等纯金属的熔化，从其熔化热的文献值即可得到仪器常数。

因此，用差示扫描量热法可以直接测量热量。这是与差热分析的一个重要区别。此外，DSC 与 DTA 相比，另一个突出的优点是 DTA 在试样发生热效应时，试样的实际温度已不是程序升温时所控制的温度（如在升温时试样由于放热而一度加速升温）。而 DSC 由于试样的热量变化随时可得到补偿，试样与参比物的温度始终相等，避免了参比物与试样之间的热传递，故仪器的反应灵敏、分辨率高、重现性好。

2. DSC 的仪器结构及操作注意事项

CDR 型差动热分析仪（又称差示扫描量热仪），既可做 DTA，也可做 DSC。其结构与 CRY 系列差热分析仪结构相似，只增加了差动热补偿单元，其余装置皆相同。其仪器的操作也与 CRY 系列差热分析仪基本一样，但需注意以下几点。

(1) 将"差动"、"差热"的开关置于"差动"位置时，微伏放大器量程开关置于 $\pm 100\mu\mathrm{V}$ 处（不论热量补偿的量程选择在哪一挡，在差动测量操作时，微伏放大器的量程开关都放在 $100\mu\mathrm{V}$ 挡）。

(2) 将热补偿放大单元量程开关放在适当位置，如果无法估计确切的量程，则可放在量程较大位置，先预做一次。

(3) 不论是差热分析仪还是差示扫描量热仪，使用时首先确定测量温度，500℃ 以下用铝坩埚；500℃ 以上用氧化铝坩埚，还可根据需要选择镍、铂等坩埚。

(4) 被测量的试样若在升温过程中能产生大量气体或能引起爆炸，或具有腐蚀性的，都不能用。

3. DTA 和 DSC 应用讨论

DTA 和 DSC 的共同特点是峰的位置、形状、数目与被测物质的性质有关，故可以定性地用来鉴定物质；从原则上讲，物质的所有转变和反应都有热效应，因而可以采用 DTA 和 DSC 检测这些热效应，不过有时由于灵敏度等种种原因的限制，不一定都能观测得出；而峰面积的大小与反应热焓有关，即 $\Delta H = KS$。对 DTA 曲线，K 是与温度、仪器和操作条件有关的比例常数。而对 DSC 曲线，K 是与温度无关的比例常数。这说明在定量分析中 DSC 优于 DTA。为了提高灵敏度，DSC 所用的试样容器与电热丝紧密接触。但由于制造技术上的问题，目前 DSC 仪测定温度只能达到 750℃ 左右，温度再高，就只能用 DTA 仪了。DTA 一般可用到 1600℃ 的高温，最高可达到 2400℃。

三、热重分析法

1. TG 的基本原理与仪器

热重分析法（Thermogravimetric Analysis，TG）是在程序控制温度下，测量物质质量与温度关系的一种技术。许多物质在加热过程中常伴随质量的变化，这种变化过程有助于研究晶体性质的变化，如熔化、蒸发、升华和吸附等物质的物理现象；也有助于研究物质的脱水、解离、氧化、还原等物质的化学现象。热重分析通常可分为两类：动态（升温）和静态（恒温）。静态法是等压质量变化的测定，是指物质的挥发性产物在恒定分压下，物质平衡与温度 T 的函数关系，以失重为纵坐标、温度 T 为横坐标作等压质量变化曲线图。等温质量变化的测定是指物质在恒温下，物质质量变化与时间的依赖关系，以质量变化为纵坐标，以时间为横坐标，获得等温质量变化曲线图。动态法是在程序升温的情况下，测量物质质量的变化对时间的函数关系。

进行热重分析的基本仪器为热天平。热天平一般包括天平、炉子、程序控温系统、记录系统等部分。有的热天平还配有通入气氛或真空装置。典型的热天平示意图见图Ⅳ-1-17。

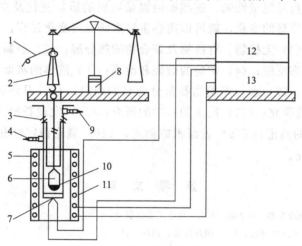

图Ⅳ-1-17　热天平原理图

1—机械减码；2—吊挂系统；3—密封管；4—出气口；5—加热丝；

6—试样盘；7—热电偶；8—光学读数；9—进气口；10—试样；

11—管状电阻炉；12—温度读数表头；13—温控加热单元

热重法试验得到的曲线称为热重曲线（TG 曲线），如图Ⅳ-1-18（a）所示。TG 曲线以质量作纵坐标，从上向下表示质量减少；以温度（或时间）作横坐标，自左至右表示温度（或时间）增加。

从热重法可派生出微商热重法（DTG），它是 TG 曲线对温度（或时间）的一阶导数。以物质的质量变化速率（dm/dt）对温度 T（或时间 t）作图，即得 DTG 曲线，如图Ⅳ-1-18（b）所示。DTG 曲线上的峰代替 TG 曲线上的阶梯，峰面积正比于试样质量。DTG 曲线可以微分 TG 曲线得到，也可以用适当的仪器直接测得，DTG 曲线比 TG 曲线优越性

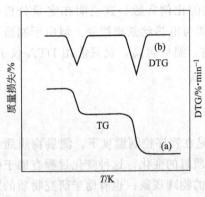

图Ⅳ-1-18　热重曲线图

大，它提高了 TG 曲线的分辨力。

2. 影响热重分析的因素

热重分析的实验结果受到许多因素的影响，基本可分两类：一是仪器因素，包括升温速率、炉内气氛、炉子的几何形状、坩埚的材料等。二是样品因素，包括样品的质量、粒度、装样的紧密程度、样品的导热性等。

在 TG 的测定中，升温速率增大会使样品分解温度明显升高。如升温太快，试样来不及达到平衡，会使反应各阶段分不开。合适的升温速率为 $5\sim10\ ℃\cdot min^{-1}$。

样品在升温过程中，往往会有吸热或放热现象，这样使温度偏离线性程序升温，从而改变了 TG 曲线位置。样品量越大，这种影响越大。对于受热产生气体的样品，样品量越大，气体越不易扩散。再则，样品量大时，样品内温度梯度也大，将影响 TG 曲线位置。总之实验时应根据天平的灵敏度，尽量减小样品量。样品的粒度不能太大，否则将影响热量的传递；粒度也不能太小，否则开始分解的温度和分解完毕的温度都会降低。

3. 热重分析法的应用

热重法的重要特点是定量性强，能准确地测量物质的质量变化及变化的速率，可以说，只要物质受热时发生质量的变化，就可以用热重法来研究其变化过程。目前，热重法已在下述诸方面得到应用：（1）无机物、有机物及聚合物的热分解；（2）金属在高温下受各种气体的腐蚀过程；（3）固态反应；（4）矿物的煅烧和冶炼；（5）液体的蒸馏和汽化；（6）煤、石油和木材的热解过程；（7）水、挥发物及灰分含量的测定；（8）升华过程；（9）脱水和吸湿；（10）爆炸材料的研究；（11）反应动力学的研究；（12）发现新化合物；（13）吸附和解吸；（14）催化活度的测定；（15）表面积的测定；（16）氧化稳定性和还原稳定性的研究；（17）反应机制的研究。

参 考 文 献

[1] 山东大学等编. 物理化学实验. 第 2 版. 北京：化学工业出版社，2007.
[2] 1968 年国际实用温标（1975 年修订版）. 国外计量，1976（6）.
[3] 陈镜泓，李传儒. 热分析及其应用. 北京：科学出版社，1985.
[4] 戴乐山，凌善康. 温度计量. 北京：中国标准出版社，1984.
[5] 刘振海主编. 热分析导论. 北京：化学工业出版社，1991.
[6] 黄伯龄编著. 矿物差热分析鉴定手册. 北京：科学出版社，1987.

第二章　压力测量技术及仪器

压力是用来描述系统状态的一个重要参数。许多物理、化学性质，例如蒸气压、沸点、凝固点、空气的组成等，都与压力有关。在化学热力学和化学动力学研究中，压力也是一个很重要的因素，例如气相化学反应方向、平衡常数的计算等。因此，正确掌握测量压力的技术和方法，具有重要的意义。

一、压力的概述

压力是指均匀垂直作用于单位面积上的力，也称为压力强度（简称压强），物理量符号为 p。在国际单位制（SI）中，压力的单位是帕斯卡（可简称为帕），单位符号为 Pa。1Pa 是表示作用于 $1m^2$ 面积上的力为 1N 时的压力。

历史上，压力使用过许多单位，例如，标准大气压（atm）、工程大气压（$kg \cdot cm^{-2}$）、巴（bar）、达因/厘米^2（$dyn \cdot cm^{-2}$）等，有些在某些领域还在使用。标准大气压定义为：在地球纬度 45°的海平面上，温度为 0℃时，大气的压力。它等于在此条件下，760mm 高的汞柱垂直作用于底面积上的压力，此时重力加速度为 $9.80665m \cdot s^{-2}$，汞的密度为 $13.5951g \cdot cm^{-3}$。1mm 汞柱的压力表示为 1mmHg，曾作为压力的单位，称为托（Torr）。各种压力单位之间的换算关系见附录 4。

除了所用单位不同之外，压力还可用绝对压力、表压和真空度来表示。图Ⅳ-2-1 说明了三者的关系。

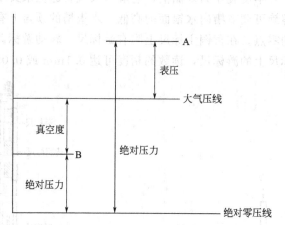

图Ⅳ-2-1　绝对压力、表压和真空度的关系

当测量系统的压力高于大气压时：

$$绝对压力 = 大气压 + 表压$$

或

$$表压 = 绝对压力 - 大气压$$

在测量系统的压力低于大气压时：

$$绝对压力 = 大气压 - 真空度$$

或

$$真空度 = 大气压 - 绝对压力$$

上述式子等号两端都必须采用相同的压力单位。

二、压力的测量及仪器

压力的测量通常可分为高压（钢瓶）、常压和负压（真空系统），压力范围不同时，精确度要求不同，测量的仪器和方法就不一样。

1. 液柱式压力计

液柱式压力计是物理化学实验中用得最多的压力计。它构造简单、使用方便，能测量微小压力差，测量准确度比较高，且制作容易、价格低廉，但是测量范围不大，示值与工作液体的密度有关。它的结构不牢固，耐压程度较差。

下面简单介绍一下 U 形压力计。液柱式 U 形压力计由两端开口的垂直 U 形玻璃管及垂直放置的刻度标尺所构成，管内下部盛有适量工作液体作为指示液。图Ⅳ-2-2 中 U 形管的两支管分别连接于两个测压口。因为气体的密度远小于工作液的密度，气体的压力可以忽略，因此，由液面差 Δh 及工作液的密度 ρ、重力加速度 g 可以得到下式：

$$p_1 = p_2 + \rho g \Delta h \qquad\qquad (\text{Ⅳ-2-1})$$

U 形压力计可用来测量：

(1) 两气体系统的压力差；

(2) 气体的表压（p_1 为测量气压，p_2 为大气压）；

(3) 气体的绝对压力（令 p_2 为真空，p_1 所示即为绝对压力）；

(4) 气体的真空度（p_1 通大气，p_2 为负压，可测其真空度）。

2. 福廷式气压计

福廷（Fortin）式气压计是单管真空汞压力计，它的结构如图Ⅳ-2-3 所示。福廷式气压计的结构是一根长 90cm、上端封闭的玻璃管，管的下端倒插入汞槽内。玻璃管中汞面上部是真空，汞槽底部用一羚羊皮袋作为汞储槽，它既与大气相通但汞又不会漏出。在底部有一个调节螺旋，转动此螺旋可调节槽内水银面的高低。水银槽的顶盖上有一倒置的象牙针，其针尖是黄铜标尺刻度的零点。在黄铜主标尺上附有游标尺，转动游标调节螺旋，可使游标尺上下游动。利用黄铜标尺上的游标尺，读数的精度可达 0.1mm 或 0.05mm。

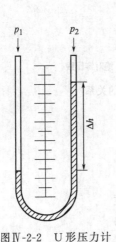

图Ⅳ-2-2　U 形压力计

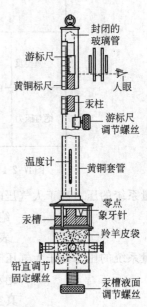

图Ⅳ-2-3　福廷式气压计结构示意图

福廷式气压计是一种真空压力计，其原理如图IV-2-4所示：它以汞柱所产生的静压力来平衡大气压力 p，由汞柱的高度可以量度出大气压力的大小。实验室通常用毫米汞柱（mmHg）作为大气压力的单位。

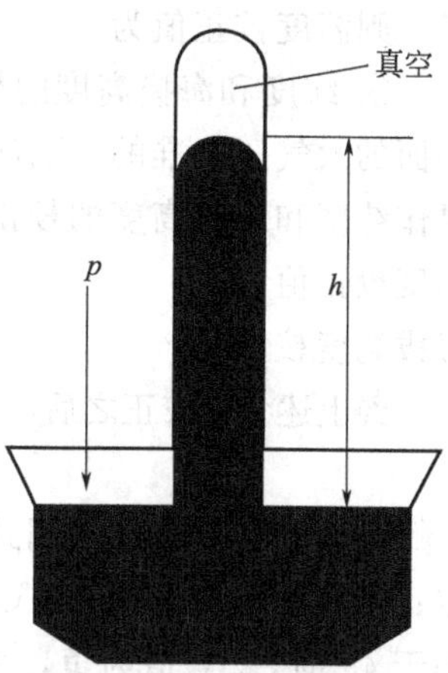

图IV-2-4　气压计原理示意图

（1）福廷式气压计的使用方法

① 垂直调节　福廷式气压计必须垂直放置。在常压下，若与垂直方向相差 1°，则汞柱高度的读数误差大约为 0.015%。因此，在气压计下端，设计了一个固定环。在调节时，先拧松气压计底部圆环上的三个螺钉，观察平水盘上的气泡，调节气压计垂直悬挂，再旋紧这三个螺钉，使其固定。

② 调节汞槽内的汞面高度　慢慢旋转汞槽底部的螺旋，使汞槽内的汞面慢慢升高，注意水银面与象牙针尖的空隙，直至水银面与象牙针尖刚刚接触，然后用手轻轻扣一下铜管上面，使玻璃管上部水银面凸面处于正常状态。稍等几秒钟，再确认象牙针尖与水银面是刚好接触。

③ 调节游标尺　转动游标尺调节螺旋，使游标尺底边略高于水银面。然后慢慢调节游标，使游标尺的底边与管中汞柱的凸面相切，这时观察者的视线和游标尺前后的两个底边应在同一水平面上。

④ 读取汞柱高度　游标尺的零线在主标尺上所指的刻度是大气压力的整数部分（mm或kPa），再从游标尺上找出一条恰与标尺某一刻度相重合的刻度线，此时游标尺刻度线上的数值即为大气压力的小数部分。确认读数无误后，将气压计底部螺旋向下移动，使水银面离开象牙针尖。记下气压计的温度及仪器所附卡片上气压计的仪器误差值，然后进行校正。

（2）气压计读数的校正

此水银气压计的刻度是以温度为 0℃、地球纬度 45° 的海平面高度为标准的。当不符合上述规定时，从气压计上直接读出的数值，除进行仪器误差校正外，在精密的工作中还必须进行温度、纬度及海拔高度的校正。

① 仪器误差的校正　由于汞的表面张力、汞柱上方残余气体的影响，以及压力计制作时的误差，在出厂时都已作了校正，每台仪器都有附属的误差校正卡。使用时，对气压计上读出的数据，首先应按仪器误差校正卡的校正值 Δp_K 进行校正。

② 温度的校正　由于温度的改变，水银密度也随之改变，因而会影响水银柱的高度。同时由于铜管本身的热胀冷缩，也会影响刻度的准确性。由于水银的膨胀系数较铜管的大，因此当温度高于 0℃ 时，经仪器误差校正后的气压值应减去温度校正值；当温度低于 0℃ 时，要加上温度校正值。气压计的温度校正公式如下：

$$\Delta t = p_t - p_0 \frac{(\alpha - \beta)t}{1 + \alpha t} p_t \qquad (\text{IV-2-2})$$

式中，p_t 为实验温度下气压计的读数，mmHg；t 为测量温度，℃；α 为汞的体膨胀系数；β 为黄铜的线膨胀系数；p_0 为读数校正到 0℃ 时的气压值，mmHg。

汞的 $\alpha = [181792 + 0.175t/℃ + 0.035116(t/℃)^2] \times 10^{-9} ℃^{-1}$，在 0～35℃ 之间的平均值为 $\alpha = 0.0001818 ℃^{-1}$；黄铜的 $\beta = 1.84 \times 10^{-5} ℃^{-1}$。在精确度要求不高的情况下，上式可简化为：

$$\Delta t = (-1.63 \times 10^{-4} t/℃) p_t \qquad (\text{IV-2-3})$$

则温度校正值为　　　　　　$\Delta p_t = p_t - p_0 = (1.63 \times 10^{-4} t/℃) p_t$

③ 纬度和海拔高度的校正　由于国际上使用水银压力计测定大气压时，是以纬度45°海平面的大气压为准的。而测量时各地区纬度和海拔高度不同，重力加速度值也就不同，所以要作纬度和海拔高度的校正。设测量地点的纬度为 L，海拔高度为 H，则校正值如下。

纬度校正值：　　　　　　　　$\Delta_L = -2.66 \times 10^{-3} p_t \cos 2L$　　　　　　　（Ⅳ-2-4）

海拔高度校正值：　　　　　　$\Delta_H = -3.14 \times 10^{-7} H p_t$　　　　　　　　　（Ⅳ-2-5）

经上述各项校正之后，仪器测定的大气压数值换算为0℃、纬度45°海平面的大气压力 p_0 为：

$$p_0 = p_t + \Delta_K + \Delta_t + \Delta_L + \Delta_H \qquad (Ⅳ\text{-}2\text{-}6)$$

要注意的是，在使用式（Ⅳ-2-6）时，须注意各校正项的正负。Δ_K 的正负由说明书中给定；若实验时室温大于0℃，Δ_t 值为负，若室温小于0℃，则 Δ_t 值为正；实验地点的纬度小于45°时，Δ_L 值为负，大于45°时，则 Δ_L 为正；一般测量地点均在海拔高度之上，所以 Δ_H 值为负。

3. 数字式气压计

数字式气压计是近年来随着电子技术和压力传感器的发展而产生的新型气压计。由于其质量轻、体积小、使用方便和数据直观，及无汞污染而将逐渐替代上述传统的气压计。

数字式气压计的工作原理是利用精密压力传感器，将压力信号转换成电信号，由于该电信号较微弱，还需经过低漂移、高精度的集成运算放大器放大后，再由 A/D 转换器转换成数字信号，最后由数字显示器输出。其分辨率可达到 0.01kPa，甚至更高。

数字式气压计使用极其方便，只需打开电源预热 15min 即可读数。但须注意，应将仪器放置在空气流动较小、不受强磁场干扰的地方。

三、真空技术

真空是泛指压力低于 101325Pa（1atm）的气态空间。真空状态下气体的稀薄程度，常以压力值表示，习惯上称为真空度。不同的真空状态，意味着该空间具有不同的分子密度。在国际单位制（SI）中，真空度的单位与压力的单位相同，均为帕斯卡（Pa）。

在物理化学实验中，通常按真空度的获得和测量方法的不同，将真空区域划分为以下几种。

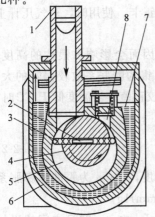

图Ⅳ-2-5　旋片式真空泵

1—进气嘴；2—旋片弹簧；3—旋片；
4—转子；5—泵体；6—油箱；
7—真空泵油；8—排气嘴

粗真空（$10^5 \sim 10^2$ Pa）：分子相互碰撞为主，分子自由程 $\lambda \ll d$（容器尺寸）；

低真空（$10^2 \sim 10^{-1}$ Pa）单位时间内分子相互碰撞的次数、分子与器壁碰撞的次数近似，$\lambda \approx d$；

高真空（$10^{-1} \sim 10^{-6}$ Pa）：分子与器壁碰撞为主，$\lambda \gg d$；

超高真空（$10^{-6} \sim 10^{-10}$ Pa）分子与器壁碰撞次数亦减少，形成一个单分子层的时间已达分钟或小时；

极高真空（$\leqslant 10^{-10}$ Pa）：分子数目极为稀少，以致统计涨落现象较严重，与经典的统计理论产生偏离。

1. 真空的获得

为了获得真空，就必须设法将气体分子从容器中抽出。凡是能从容器中抽出气体，使气体压力降低的装置，均可称为真空泵。主要有水冲泵、机械泵、扩散泵、分子泵、钛泵、低温泵等。

实验室常用的真空泵为旋片式真空泵，如图 Ⅳ-2-5 所示。一般只能产生 $1.333 \sim 0.1333 \mathrm{Pa}$ 的真空，其极限真空为 $0.1333 \sim 1.333 \times 10^{-2} \mathrm{Pa}$。它主要由泵体和偏心转子组成，经过精密加工的偏心转子下面安装有带弹簧的滑片，由电动机带动，偏心转子紧贴泵腔壁旋转。滑片靠弹簧的压力也紧贴泵腔壁。滑片在泵腔中连续运转，使泵腔被滑片分成的两个不同的容积，使其呈周期性的扩大和缩小。气体从进气嘴进入，被压缩后经过排气阀排出泵体外。如此循环往复，将系统内的压力减小。

旋片式机械泵的整个机件浸在真空油中，这种油的蒸气压很低，既可起润滑作用，又可起封闭微小的漏气和冷却机件的作用。

在使用机械泵时应注意以下几点。

① 机械泵不能直接抽含可凝性气体的蒸气、挥发性液体等。因为这些气体进入泵后会破坏泵油的品质，降低了油在泵内的密封和润滑作用，甚至会导致泵的机件生锈，因而必须在可凝气体进泵前先通过纯化装置。例如，利用无水氯化钙、五氧化二磷、分子筛等吸收水分；用活性炭或硅胶吸收其他蒸气等。

② 机械泵不能用来抽含腐蚀性成分的气体，如含氯化氢、氯气、二氧化氮等的气体。因为这类气体能迅速侵蚀泵中精密加工的机件表面，使泵漏气，不能达到所要求的真空度。遇到这种情况时，应当使气体在进泵前先通过装有氢氧化钠固体的吸收瓶，以除去有害气体。

③ 机械泵由电动机带动。使用时应注意马达的电压。若是三相电动机带动的泵，第一次使用时特别要注意三相马达旋转方向是否正确。正常运转时不应有摩擦、金属碰击等异声。运转时电动机温度不能超过 $50 \sim 60 \mathrm{℃}$。

机械泵的进气口前应安装一个三通活塞。停止抽气时应使机械泵与抽空系统隔开而与大气相通，然后再关闭电源。这样既可保持系统的真空度，又避免泵油倒吸。

扩散泵是利用工作物质高速从喷口处喷出，在喷口处形成低压，对周围气体产生抽吸作用而将气体带走，其极限真空度可达 $10^{-7} \mathrm{Pa}$。分子泵是一种纯机械的高速旋转的真空泵，一般可获得小于 $10^{-8} \mathrm{Pa}$ 的无油真空。钛泵的抽气机理通常认为是化学吸附和物理吸附的综合，一般以化学吸附为主，极限真空度在 $10^{-8} \mathrm{Pa}$。低温泵是能达到极限真空的泵，其原理是靠深冷的表面抽气，它可获 $10^{-9} \sim 10^{-10} \mathrm{Pa}$ 的超高真空或极高真空。

2. 真空的测量

真空的测量实际上就是测量低压下气体的压力，常用的测压仪器有 U 形水银压力计、麦氏真空规、热偶真空规、电离真空规和数字式低真空压力测试仪等。

粗真空的测量一般用 U 形水银压力计，对于较高真空度的系统使用真空规。真空规有绝对真空规和相对真空规两种。麦氏真空规称为绝对真空规，即真空度可以用测量到的物理量直接计算而得。而其他如热偶真空规、电离真空规等均称为相对真空规，测得的物理量只能经绝对真空规校正后才能指示相应的真空度。

目前实验室中测量粗真空的水银压力计已被数字式低真空测压仪取代，该仪器是运用压阻式压力传感器原理测定实验系统与大气压之间压差，消除了汞的污染，对环境保护和人类健康有极大的好处。该仪器的测压接口在仪器后的面板上。使用时，先将仪器按要求连接在实验系统上（注意实验系统不能漏气），再打开电源预热 10min；然后选择测量单位，调节旋钮，使数字显示为零；最后开动真空泵，仪器上显示的数字即为实验系统与大气压之间的压差值。

四、气体钢瓶及其使用

1. 气体钢瓶的颜色标记

我国气体钢瓶的颜色标记见表Ⅳ-2-1。

表Ⅳ-2-1　我国气体钢瓶的颜色标记

气体类别	瓶身颜色	瓶身标字颜色	瓶身字样
氮气	黑	黄	氮
氧气	天蓝	黑	氧
氢气	深蓝	红	氢
压缩空气	黑	白	压缩空气
二氧化碳	黑	黄	二氧化碳
氨	棕	白	氨
液氨	黄	黑	氨
氯	草绿	白	氯
乙炔	白	红	乙炔
氟氯烷	铝白	黑	氟氯烷
石油气体	灰	红	石油气
粗氩气体	黑	白	粗氩
纯氩气体	灰	绿	纯氩

2. 气体钢瓶的使用

① 在钢瓶上装上配套的减压阀。检查减压阀是否关紧，方法是逆时针旋转调压手柄至螺杆松动为止。

② 将导气管连接充气系统。

③ 打开钢瓶总阀门，此时高压表显示出瓶内储气总压力。

④ 慢慢地顺时针转动调压手柄，至低压表显示出实验所需压力为止，稳定 1min。

⑤ 完成充气后，关闭减压阀门，取下导气管。

⑥ 停止使用时，先关闭总阀门，再打开减压阀门，待减压阀中余气逸尽后，然后关闭减压阀。

3. 使用注意事项

① 钢瓶应存放在阴凉、干燥、远离热源的地方。可燃性气瓶应与氧气瓶分开存放。

② 搬运钢瓶要小心轻放，钢瓶帽要盖上。

③ 使用时应装减压阀和压力表。可燃性气瓶（如 H_2、C_2H_2）气门螺丝为反丝；不燃性或助燃性气瓶（如 N_2、O_2）为正丝。各种压力表一般不可混用。

④ 不能让油或易燃有机物沾染在气瓶上（特别是气瓶出口和压力表上）。

⑤ 开启总阀门时，不要将头或身体正对总阀门，防止万一阀门或压力表冲出伤人。

⑥ 不可把气瓶内气体用尽，以防重新充气时发生危险。

⑦ 使用中的气瓶每三年应检测一次，装腐蚀性气体的钢瓶每两年检测一次，不合格的气瓶不可继续使用。

⑧ 氢气瓶应放在远离实验室的专用小屋内，用紫铜管引入实验室，并安装防止回火的

装置。

4.氧气减压阀的工作原理

氧气减压阀的外观及工作原理见图Ⅳ-2-6和图Ⅳ-2-7。

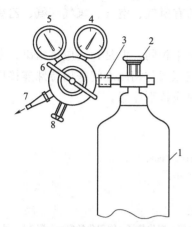

图Ⅳ-2-6　安装在气体钢瓶上的
氧气减压阀示意图

1—钢瓶；2—钢瓶开关；3—钢瓶与减压
表连接螺母；4—高压表；5—低压表；
6—低压表压力调节螺杆；
7—出口；8—安全阀

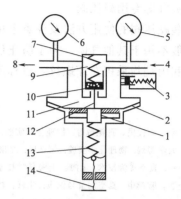

图Ⅳ-2-7　氧气减压阀工作原理示意图

1—弹簧垫块；2—传动薄膜；3—安全阀；4—进口
（接气体钢瓶）；5—高压表；6—低压表；
7—压缩弹簧；8—出口（接使用系统）；
9—高压气室；10—活门；11—低压
气室；12—顶杆；13—主弹簧；
14—低压表压力调节螺杆

氧气减压阀的高压腔与钢瓶连接，低压腔为气体出口，并通往使用系统。高压表的示值为钢瓶内储存气体的压力。低压表的出口压力可由调节螺杆控制。

使用时先打开钢瓶总开关，然后顺时针转动低压表压力调节螺杆，使其压缩主弹簧及传动薄膜、弹簧垫块和顶杆，而将活门打开。这样进口处的高压气体由高压室经节流减压后进入低压室，并经出口通往工作系统。转动调节螺杆，改变活门开启的高度，从而调节高压气体的通过量，并达到所需的压力值。

减压阀都装有安全阀。它是保护减压阀并使之安全使用的装置，也是减压阀出现故障的信号装置。若由于活门垫、活门损坏或由于其他原因，导致出口压力自行上升并超过一定许可值时，安全阀会自动打开排气。

5.氧气减压阀的使用方法

① 按使用要求的不同，氧气减压阀有许多规格。最高进口压力大多约为 $150 \times 10^5 Pa$，最低进口压力不小于出口压力的 2.5 倍。出口压力规格较多，一般约为 $1 \times 10^5 Pa$，最高出口压力约为 $40 \times 10^5 Pa$。

② 安装减压阀时应确定其连接规格是否与钢瓶和使用系统的接头相一致。减压阀与钢瓶采用半球面连接，靠旋紧螺母使二者完全吻合。因此，在使用时应保持两个半球面的光洁，以确保良好的气密效果。安装前可用高压气体吹除灰尘。必要时也可用聚四氟乙烯等材料作垫圈。

③ 氧气减压阀应严禁接触油脂，以免发生火灾。

④ 停止工作时，应将减压阀中余气放净，然后拧松调节螺杆，以免弹性元件长久受压变形。

⑤ 减压阀应避免撞击振动，不可与腐蚀性物质相接触。

6. 其他气体减压阀

有些气体，如氮气、空气、氩气等永久性气体，可以采用氧气减压阀。但有一些气体，如氨等腐蚀性气体，则需要专用减压阀。市面上常见的有氮气、空气、氢气、氨、乙炔、丙烷、水蒸气等专用减压阀。

这些减压阀的使用方法及注意事项与氧气减压阀基本相同。但是，还应该指出，专用减压阀一般不用于其他气体。为了防止误用，有些专用减压阀与钢瓶之间采用特殊连接口。例如氢气和丙烷均采用左牙螺纹，也称反向螺纹，安装时应特别注意。

<h2>参 考 文 献</h2>

［1］ 何广平，南俊民，孙艳辉等. 物理化学实验. 北京：化学工业出版社，2008.

［2］ 山东大学等编. 物理化学实验. 第2版. 北京：化学工业出版社，2007.

［3］ 华中一. 真空实验技术. 上海：上海科学技术出版社，1986.

［4］ 孙企达，陈建中. 真空测量与仪表. 北京：机械工业出版社，1986.

［5］ D P Shoemaker，C W Garland，J I Steinfeld，J W Nibler 著. 俞鼎琼，廖代伟译. 物理化学实验. 第4版. 北京：化学工业出版社，1990.

第三章　电化学测量技术及仪器

电化学测量在物理化学实验中占有重要地位，常用它来测量电解质溶液的许多物理化学性质（如电导、离子迁移数、电离度等）、氧化还原体系反应的有关热力学函数（如标准电极电势、反应热、熵变和自由能的改变等）和电极过程动力学参数（如交换电流密度、阴极和阳极传递系数）等。

电化学测量技术内容非常丰富，除了传统的电化学研究方法外，目前利用光、电、声、磁、辐射等实验技术来研究电极表面，逐渐形成一个非传统的电化学研究方法的新领域。作为基础物理化学实验课程中的电化学部分，现主要介绍传统的电化学测量与研究方法。

第一节　电导测量及仪器

一、电导测量原理

测量电解质溶液的电导率时，目前广泛使用 DDS-11A 型电导率仪，它的测量范围广，操作简便。下面以上海雷磁新泾仪器有限公司生产的 DDS-11A 型电导率仪为例，简述电导仪的测量原理。

电导率仪的工作原理如图Ⅳ-3-1所示。把振荡器产生的一个交流电压源 U，送到电导池 R_x 与量程电阻（分压电阻）R_m 的串联回路里，电导池里的溶液电导越大，R_x 越小，R_m 获得电压 U_m 也就越大。将 U_m 送至交流放大器放大，再经过讯号整流，以获得推动表头的直流讯号输出，表头直接读出电导率。由图Ⅳ-3-1可知

$$U_m = \frac{UR_m}{R_m + R_x} = \frac{UR_m}{R_m + K_{cell}/\kappa} \qquad (Ⅳ\text{-}3\text{-}1)$$

式中，K_{cell} 为电导池常数，当 U、R_m 和 K_{cell} 均为常数时，电导率 κ 的变化必将引起 U_m 作相应的变化，所以测量 U_m 的大小，也就测得溶液电导率的数值。

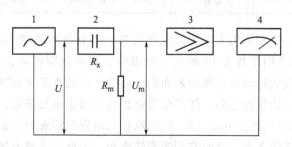

图Ⅳ-3-1　电导率仪测量原理图

1—振荡器；2—电导池；3—放大器；4—指示器

二、DDS-11A 型电导率仪使用方法

DDS-11A 型电导率仪的面板如图Ⅳ-3-2所示。仪器的测量范围为（$0 \sim 10^5\,\mu S \cdot cm^{-1}$），量程分成 12 挡，各挡量程间采用的波段开关手动切换，见表Ⅳ-3-1。

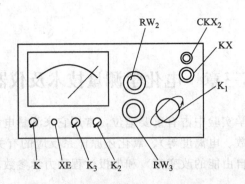

图 IV-3-2　DDS-11A 型电导率仪的面板图

K—电源开关；K_1—量程选择开关；K_2—校正/测量开关；K_3—高周/低周开关；

XE—电源指示灯；KX—电极插口；RW_2—电极常数补偿调节器；

RW_3—校正调节器；CKX_2—10mV 输出接口

表 IV-3-1　DDS-11A 型电导率仪的测量范围

量程	测量范围/$\mu S \cdot cm^{-1}$	测量频率	配套电极	测量结果/$\mu S \cdot cm^{-1}$
1	$0 \sim 0.1$	低周	DJS-0.1 型光亮电极	显示值×量程倍率×电极常数
2	$0 \sim 0.3$	低周	DJS-0.1 型光亮电极	显示值×量程倍率×电极常数
3	$0 \sim 1$	低周	DJS-1 型光亮电极	显示值×量程倍率×电极常数
4	$0 \sim 3$	低周	DJS-1 型光亮电极	显示值×量程倍率×电极常数
5	$0 \sim 10$	低周	DJS-1 型光亮电极	显示值×量程倍率×电极常数
6	$0 \sim 30$	低周	DJS-1 型铂黑电极	显示值×量程倍率×电极常数
7	$0 \sim 10^2$	低周	DJS-1 型铂黑电极	显示值×量程倍率×电极常数
8	$0 \sim 3 \times 10^2$	低周	DJS-1 型铂黑电极	显示值×量程倍率×电极常数
9	$0 \sim 10^3$	高周	DJS-1 型铂黑电极	显示值×量程倍率×电极常数
10	$0 \sim 3 \times 10^3$	高周	DJS-1 型铂黑电极	显示值×量程倍率×电极常数
11	$0 \sim 10^4$	高周	DJS-1 型铂黑电极	显示值×量程倍率×电极常数
12	$0 \sim 10^5$	高周	DJS-10 型铂黑电极	显示值×量程倍率×电极常数

　　测量高电导率时，一般采用大常数的电导电极，当电导率≥$10000\mu S \cdot cm^{-1}$时，采用常数 10 的电导电极。当选用常数为 10 的电导电极时，测量范围扩展为 $1 \times 10^5 \mu S \cdot cm^{-1}$。因为镀了铂黑的电极能极大地增加电极的表面积，而使相应的电流密度减少，同时又因为铂黑的催化作用，也降低了活化超电势，使用铂黑电极可以减少电极极化。因此，铂黑电极用于测量较大的电导率（$10 \sim 10^5 \mu S \cdot cm^{-1}$）。但在测量低电导率溶液时，铂黑对电解质有强烈的吸附作用，出现不稳定的现象，这时宜用光亮铂电极。因此，光亮电极用于测量较小电导率（$0 \sim 10\mu S \cdot cm^{-1}$）的溶液。仪器使用步骤如下。

　　① 未开电源开关前，观察电表指针是否指零。如指针不在零点，调整电表上的螺丝，使表针指零。

　　② 将校正、测量开关 K_2 置于"校正"位置。

　　③ 插上电源线，开启电源开关，预热仪器数分钟（待仪器指针完全稳定为止），调节校

正调节器 RW_3，使仪器的指针在满度位置（指针在 1.0 处）。

④ 电极常数的校准　将校正、测量开关 K_2 置于"校正"位置，调节"常数"调节旋钮，使"常数"调节旋钮指示在所使用电极的常数标示值。电导电极的常数通常有 0.1、1.0、10 三种类型，每种类型电导电极准确的常数值，制造厂均标明在每支电极上。常数调节方法如下。

a. 电极常数为 1.0 的类型：如电极常数的标称值为 0.95，调节"常数"旋钮在 0.95 位置（测量值＝显示值×1）。

b. 电极常数为 10 的类型：如电极常数的标称值为 10.7，调节"常数"旋钮在 1.07 位置（"常数"值的 1/10）（测量值＝显示值×10）。

c. 电极常数为 0.1 的类型：如电极常数的标称值为 0.11，调节"常数"旋钮在 1.1 位置（"常数"值的×10）（测量值＝显示值×0.1）。

⑤ 正确选择电极的常数　仪器可配常数为 0.1、0.01、1.0、10 四种不同类型的电导电极。用户可根据测量的需要范围，参照表Ⅳ-3-2 选择相应常数的电导电极。

表Ⅳ-3-2　电导率测量范围与对应使用的电极常数推荐表

电导率测量范围/$\mu S \cdot cm^{-1}$	推荐使用电极常数/cm^{-1}	电导率测量范围/$\mu S \cdot cm^{-1}$	推荐使用电极常数/cm^{-1}
0~1	0.01、0.1	1000~10000	1.0（铂黑）、10
1~100	0.1、1.0	10000~1×10^5	10
100~1000	1.0（铂黑）		

注：对常数为 1.0、10 类型的电导电极有"光亮"和"铂黑"两种形式，光亮电极的测量范围不宜过大，一般控制在 0~100$\mu S \cdot cm^{-1}$ 为宜。

⑥ 把电导电极插头插入仪器的 KX 插口，将电极浸入被测溶液中。电极插头绝对防止受潮，以免造成不必要的测量误差。三芯电极插头与插座上的定位梢对准后，按下插头顶部使插头插入插座。如欲拔出插头，则捏住电极插头的外壳向上拔。

⑦ 当使用量程 1~7 测量电导率低于 100$\mu S \cdot cm^{-1}$ 溶液时，高周、低周开关 K_3 置于"低周"位置。当使用量程 8~12 测量电导率高于 100~$10^5 \mu S \cdot cm^{-1}$ 范围溶液电导率时，高周、低周开关 K_3 置于"高周"位置。再次对仪器进行校准。调节校正调节器 RW_3 使电表的指针指示在满度。

⑧ 将量程选择开关 K_1 置于所需要的测量范围挡，如预先不知道被测溶液电导率值的大小，应先将量程选择开关 K_1 置于最大量程挡，即 10^4 挡，然后逐挡下降，以防指针打弯。

⑨ 将校正/测量开关 K_2 置于"测量"位置，此时把电表指针指示值乘以"量程选择开关" K_1 的满量程值即为被测溶液的电导率值。例如，量程选择 K_1 置于×10^2 量程挡，电极常数选用 $K=1$，电表指针指示值为 0.9，则被测溶液的电导率值为 $0.9×100=90(\mu S \cdot cm^{-1})$。

例如，K_1 置于 $(0~1)×10^{-1}$ 量程挡，电极常数选用 $K=0.1$，电表指针指示值为 0.6，则被测溶液的电导率值为 $0.6×0.1=0.06(\mu S \cdot cm^{-1})$，其余类推。

⑩ 如果要了解在测量过程中电导率仪的变化情况，把 10mV 输出接入自动记录仪即可。

⑪ "量程选择开关" K_1 置于黑点各挡时，读取电表的上标尺（黑色）刻度线数值；"量程选择开关" K_1 置于红点各挡时，读取电表的下标尺（红色）刻度线数值。

三、注意事项

① 电极插头绝对防止受潮，以免造成不必要的测量误差。

② 高纯水应迅速测量，否则空气中二氧化碳溶入水中变为碳酸根离子，使电导率迅速增加。

③ 盛待测液的容器如烧杯必须清洁，没有离子玷污。电极使用前，用待测液淋洗 2~3 次后再进行测定。

④ 测定一系列浓度待测液的电导率，应注意按浓度由小到大的顺序测定。

⑤ 每次测量后，电导电极要用蒸馏水冲洗，并用滤纸吸干。电极要轻拿轻放，切勿触碰铂黑，以免铂黑脱离，引起电导池常数的改变。

第二节　原电池电动势测量及仪器

当原电池中有电流通过时，电池中就有电极反应存在，溶液的浓度随之发生变化；同时，电池本身也存在内阻。此时测得的是电池的端电压，而不是电池的电动势。因此，原电池的电动势不能直接用伏特计来测量。在测定原电池电动势装置中，设计一个方向相反而数值与待测电动势几乎相等的外加电势降来对消待测电动势，这种测定电动势方法称为对消法（又称补偿法）。因为此法能保证测量时在电流趋于零的可逆条件下进行。下面具体以 UJ-25 型电势差计和 SDC-Ⅱ型数字电势差计为例，分别说明其原理及使用方法。同时介绍电池电动势测定实验中用到的其他仪器。

一、UJ-25 型电势差计

UJ-25 型直流电势差计属于高阻电势差计，它适用于测量内阻较大的电池电动势，以及较大电阻上的电压降等。由于工作电流小，线路电阻大，故在测量过程中工作电流变化很小，因此需要高灵敏度的检流计。它的主要特点是测量时几乎不损耗被测对象的能量，测量结果稳定、可靠，而且有很高的准确度。

1. 测量原理

电势差计是按照对消法测量原理而设计的一种平衡式电学测量装置，能直接给出待测电池的电动势值（以伏特表示）。图Ⅳ-3-3 是对消法测量电动势原理示意图。

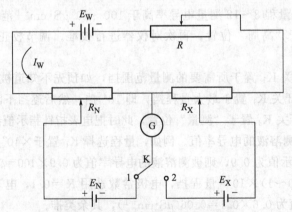

图Ⅳ-3-3　对消法测量原理示意图

E_W—工作电源；E_N—标准电池；E_X—待测电池；R—调节电阻；
R_X—待测电池电动势补偿电阻；K—转换电键；
R_N—标准电池电动势补偿电阻；G—检流计

先将换向开关 K 扳向"1"位置，调节 R_N 使通过 G 的电流趋于零。其作用使 R_N 产生的电位降与标准电池的电动势 E_N 相对消，即大小相等而方向相反。此时工作电流 I_W 为某一定值，即 $I_W=E_N/R_N$。

将换向开关 K 扳向 "2" 位置，在保证校准后的工作电流 I_W 不变，即固定 R 的条件下，调节电阻 R_X，使得通过 G 的电流趋于零。此时 R_X 产生的电势降与待测电池的电动势 E_X 相对消，即 $E_X=I_WR_X$，则 $E_X=(E_N/R_N)R_X$。

所以当标准电池电动势 E_N 和标准电池电动势补偿电阻 R_N 两数值确定时，只要测出待测电池电动势补偿电阻 R_X 的数值，就能测出待测电池电动势 E_X。

2. 使用方法

UJ-25 型电势差计面板如图Ⅳ-3-4 所示。电势差计使用时都配用灵敏检流计和标准电池以及工作电源。UJ-25 型电势差计测电动势的范围其上限为 600V，下限为 0.000001V，但当测量高于 1.911110V 以上电压时，就必须配用分压箱来提高上限。操作方法参见 UJ-25 型电势差计使用说明书。

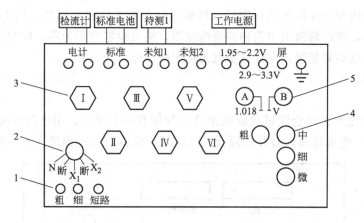

图Ⅳ-3-4 UJ-25 型电势差计面板图

1—电计按钮（共 3 个）；2—转换开关；3—电势测量旋钮（共 6 个）；
4—工作电流调节旋钮（共 4 个）；5—标准电池温度补偿旋钮

二、SDC-Ⅱ数字电势差综合测试仪

1. 测量原理

SDC-Ⅱ数字电势差综合测试仪是采用误差对消法（又称误差补偿法）测量原理设计的一种电压测量仪器，如图Ⅳ-3-5。它综合了标准电压和测量电路于一体，测量准确，操作方便。测量电路的输入端采用高输入阻抗器件（阻抗≥$10^{14}\Omega$），故流入的电流 I=被测电动势/输入阻抗（几乎为零），不会影响待测电动势的大小。

本电势差计由 CPU 控制，将标准电压产生电路、补偿电路和测量电路紧密结合，内标 1V 产生电路由精密电阻及元器件产生标准 1V 电压。

当测量开关置于内标时，拨动精密电阻箱电阻，通过恒流电路产生电势，经模数转换电路送入 CPU，由 CPU 显示电势，使得电势显示为 1V。这时，精密电阻箱产生的电压信号与内标 1V 电压送至测量电路，由测量电路测量出误差信号，经模数转换电路送入 CPU，由检零显示误差值，由采零按钮控制，并记忆误差值，以便测量待测电动势时进行误差补偿，消除电路误差。

当测量开关置于外标时，由外标标准电池提供标准电压，拨动精密电阻箱和补偿电位器产生电势显示和检零显示。

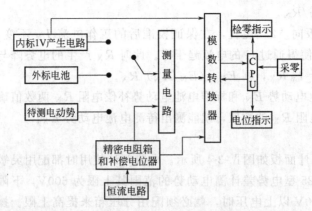

图Ⅳ-3-5 SDC-Ⅱ数字电势差综合测试仪工作原理图

测量电路经内标或外标电池标定后，将测量开关置于待测电动势，CPU 对采集到的信号进行误差补偿，拨动精密电阻箱和补偿电位器，使得检零指示为零。此时，说明电阻箱产生的电压与被测电动势相等，电势显示值为待测电动势。

2. 使用方法

（1）开机

SDC-Ⅱ数字电势差综合测试仪面板示意图如图Ⅳ-3-6 所示。用电源线将仪表后面板的电源插座与 220V 电源连接，打开电源开关（ON），预热 15min 再进入下一步操作。

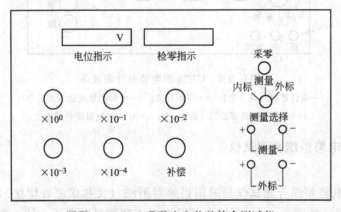

图Ⅳ-3-6 SDC-Ⅱ数字电势差综合测试仪

（2）以内标为基准进行测量

① 将"测量选择"旋钮置于"内标"。

② 将"10"位旋钮置于"1"，"补偿"旋钮逆时针旋到底，其他旋钮均置于"0"，此时，"电位指标"显示"1.00000" V，若显示小于"1.00000" V，可调节补偿电位器以达到显示"1.00000" V，若显示大于"1.00000" V，应适当减少"$10^0 \sim 10^{-4}$"旋钮，使显示小于"1.00000" V，再调节补偿电位器以达到"1.00000" V。

③ 待"检零指示"显示数值稳定后，按一下"采零"键，此时，"检零指示"显示为"0000"。

④ 将"测量选择"置于"测量"。

⑤ 用测试线将被测电动势按"＋"、"－"极性与"测量插孔"连接。

⑥ 调节"$10^0 \sim 10^{-4}$"五个旋钮，使"检零指示"显示数值为负且绝对值最小。

⑦ 调节"补偿旋钮"，使"检零指示"显示为"0000"，此时，"电位显示"数值即为被测电动势的值。

（3）以外标为基准进行测量

① 将已知电动势的标准电池按"＋"、"－"极性与"外标插孔"连接。

② 将"测量选择"旋钮置于"外标"。

③ 调节"$10^0 \sim 10^{-4}$"五个旋钮和"补偿"旋钮，使"电位指示"显示的数值与外标电池数值相同。

④ 待"检零指示"数值稳定后，按一下"采零"键，此时"检零指示"显示为"0000"。

⑤ 拔出"外标插孔"的测试线，再用测试线将被测电动势按"＋"、"－"极性接入"测量插孔"。

⑥ 将"测量选择"置于"测量"。

⑦ 调节"$10^0 \sim 10^{-4}$"五个旋钮，使"检零指示"显示数值为负且绝对值最小。

⑧ 调节"补偿旋钮"，使"检零指示"为"0000"，此时，"电位显示"数值即为被测电动势的值。

（4）关机　首先关闭电源开关（OFF），然后拔下电源线。

3. 注意事项

（1）测量过程中，若"检零指示"显示溢出符号"OUL"，说明"电位指示"显示的数值与被测电动势值相差太大。

（2）电阻箱 10^{-4} 挡值若稍有误差，可调节"补偿"电位器达到对应值。

（3）本仪器测量电路的输入端采用高输入阻抗器件（阻抗 $\geqslant 10^{14}\Omega$），故流入的电流 $I =$ 被测电动势/输入阻抗（几乎为零），不会影响待测电动势的大小。若想精密测量电动势，将测量选择开关置于"内标"或"外标"，让待测电动势电路与仪器断开，拨动面板旋钮。测量时，再将选择开关置于"测量"即可。

三、盐桥

1. 盐桥的作用

当原电池存在两种电解质界面，或电解质相同而浓度不同的界面时，因离子迁移率的不同，产生不可逆扩散，在界面上会存在液体接界电势，它的大小一般小于 0.03V，它干扰电池电动势的测定。电化学实验中常用盐桥减小液体接界电势。因为盐桥溶液是采用正、负离子迁移数都接近于 0.5 的饱和盐溶液，比如饱和氯化钾溶液等，这样当饱和盐溶液与另一种较稀溶液相接界时，主要是盐桥溶液向稀溶液扩散，从而减小了液接电势。图Ⅳ-3-7 为盐桥的几种形式。

2. 盐桥制备与使用事项

常用盐桥的制备方法：将盛有 3g 琼脂和 100mL 蒸馏水的烧瓶放在水浴上加热（切忌直接加热），直到完全溶解。然后，加入 30g KCl，充分搅拌。KCl 完全溶解后，用滴管或虹吸管将此溶液装入已制作好的 U 形玻璃管（注意：U 形管中不可夹有气泡）中，静置，待琼脂冷却凝成冻胶后，制备即完成。多余的琼脂-KCl 溶液用磨口瓶塞盖好，用时可重新在水浴上加热。将此盐桥浸于饱和 KCl 溶液中，保存待用。

所用 KCl 纯度要高、琼脂的质量要好，以避免沾污溶液，应选择凝固时呈洁白色的琼脂。高浓度的酸、碱都会与琼脂作用，从而破坏盐桥，污染溶液。若遇到这种情况，不能采用琼脂盐桥。

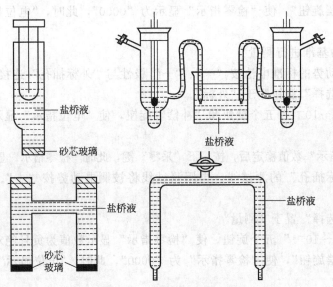

图Ⅳ-3-7　盐桥的几种形式

　　盐桥内除用 KCl 外，也可用其他正、负离子的迁移数相接近的盐类，如 KNO_3、NH_4NO_3 等。具体选择时应防止盐桥中离子与原电池溶液中的物质发生反应，如原电池溶液中含有能与 Cl^- 作用而产生沉淀的 Ag^+、Hg^{2+} 或含有能与 K^+ 作用的 ClO^-，则不可使用 KCl 盐桥，应选用 KNO_3 或 NH_4NO_3 盐桥。

四、标准电池

1. 标准电池的结构与工作原理

标准电池是电化学实验中基本校验仪器之一，其构造如图Ⅳ-3-8 所示。

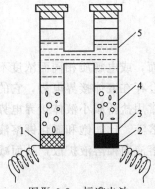

图Ⅳ-3-8　标准电池

1—含 Cd12.5％的镉汞齐；2—汞；3—硫酸亚汞的糊状物；4—硫酸镉晶体；5—硫酸镉饱和溶液

　　电池由 H 形管构成，负极为含镉 12.5％的镉汞齐，正极为汞和硫酸亚汞的糊状物，两极之间盛以硫酸镉的饱和溶液，管的顶端加以密封。电池反应如下。

负极：
$$Cd(汞齐) \longrightarrow Cd^{2+} + 2e^-$$

正极：
$$Hg_2SO_4(s) + 2e^- \longrightarrow 2Hg(l) + SO_4^{2-}$$

电池反应：
$$Cd(汞齐) + Hg_2SO_4(s) + \frac{8}{3}H_2O \Longrightarrow 2Hg(l) + CdSO_4 \cdot \frac{8}{3}H_2O$$

　　标准电池的电动势很稳定，重现性好。20℃时 $E_{20} = 1.0186V$，其他温度下 E_t 可按式

（Ⅳ-3-2）算得。

$$E_t = E_{20} - [39.94(t-20) + 0.929(t-20)^2 - 0.0090(t-20)^3 + 0.00006(t-20)^4] \times 10^{-6}$$

$$（Ⅳ-3-2）$$

2. 使用标准电池时的注意事项

① 使用温度 4～40℃。

② 正负极不能接错。

③ 不能振荡，不能倒置，移动时要平稳。

④ 不能用万用表直接测量标准电池。

⑤ 标准电池只是校验器，不能作为电源使用，测量时间必须短暂，间歇按键，以免电流过大，损坏电池。

⑥ 电池若未加套直接暴露于日光，会使硫酸亚汞变质，电动势下降。

⑦ 按规定时间，需要对标准电池进行计量校正。

五、常用的参比电极

参比电极的选择必须注意以下几点。

① 参比电极的电极反应必须是可逆的。

② 参比电极必须具有良好的稳定性和重现性。

③ 参比电极若是金属-难溶盐或难溶氧化物电极即第二类电极，难溶盐或难溶氧化物在电解质溶液中溶解度必须很小。

④ 参比电极的选择依电解质溶液体系而定。如氯化物体系选甘汞或氯化银电极；硫酸溶液选硫酸亚汞电极；碱性溶液选氧化汞电极等。

1. 甘汞电极

甘汞电极是实验室中最常用的参比电极。具有装置简单、可逆性高、制作方便、电势稳定等优点。其构造形状很多，参见图Ⅳ-3-9。但不管哪一种形状，在玻璃容器的底部皆装入少量的汞，然后装汞和甘汞的糊状物，再注入氯化钾溶液，将作为导体的铂丝插入，即构成甘汞电极。

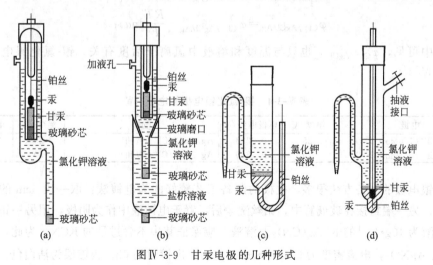

图Ⅳ-3-9　甘汞电极的几种形式

甘汞电极表达式如下：

$$Hg-Hg_2Cl_2(s)|KCl(a)$$

电极反应为：

$$Hg_2Cl_2(s) + 2e^- \longrightarrow 2Hg(l) + 2Cl^-(a_{Cl^-})$$

$$\varphi_{Cl^-/Hg_2Cl_2/Hg} = \varphi^{\ominus}_{Cl^-/Hg_2Cl_2/Hg} - \frac{RT}{F}\ln a_{Cl^-} \qquad (\text{IV-3-3})$$

可见甘汞电极的电势随氯离子活度的不同而改变。不同氯化钾溶液浓度的$\varphi_{甘汞}$与温度的关系见表IV-3-3。

表 IV-3-3　不同氯化钾溶液浓度的$\varphi_{甘汞}$与温度的关系

氯化钾溶液浓度/mol·L^{-1}	$\varphi_{甘汞}$/V
饱和	$0.2412 - 7.6 \times 10^{-4}(t-25)$
1.0	$0.2801 - 2.4 \times 10^{-4}(t-25)$
0.1	$0.3337 - 7.0 \times 10^{-5}(t-25)$

各文献上列出的甘汞电极的电势数据，常不相一致，这是因为液体接界电势的变化对甘汞电极电势有影响，由于所用盐桥的介质不同，而影响甘汞电极电势的数据。

使用甘汞电极时应注意以下几点。

① 由于甘汞电极在高温时不稳定，故甘汞电极一般只适用于70℃以下的测量。

② 甘汞电极不宜用在强酸、强碱性溶液中，因为此时的液体接界电势较大，而且甘汞可能被氧化。

③ 如果被测溶液中不含氯离子，应避免直接插入甘汞电极，这时应使用双液接甘汞电极。

④ 应注意甘汞电极的清洁，不得使灰尘或局外离子进入该电极内部。可采用液位差原理，调整盐桥溶液液面高于待测溶液液面，使盐桥溶液向电解液单向流动，可以减少被测电极溶液离子流向盐桥溶液中。

⑤ 当甘汞电极内 KCl 溶液太少时，应及时补充。

2. 银-氯化银电极

银-氯化银电极是实验室中另一种常用的参比电极，属于金属-微溶盐电极。其电极反应及电极电势表示如下：

$$AgCl(s) + e^- \longrightarrow Ag(s) + Cl^-(a_{Cl^-})$$

$$\varphi_{Cl^-/AgCl/Ag} = \varphi^{\ominus}_{Cl^-/AgCl/Ag} - \frac{RT}{F}\ln a_{Cl^-} \qquad (\text{IV-3-4})$$

从式中可见，$\varphi_{Cl^-/AgCl/Ag}$也只与温度和溶液中氯离子活度有关。银-氯化银电极的电极电势见表IV-3-4。

表 IV-3-4　银-氯化银电极的电极电势

电极	温度/℃	电极电势/V	电极	温度/℃	电极电势/V
Ag/AgCl/Cl$^-$（1.0mol·L^{-1}）	25	0.2223	Ag/AgCl/Cl$^-$（饱和）	25	0.1981
Ag/AgCl/Cl$^-$（0.1mol·L^{-1}）	25	0.2880	Ag/AgCl/Cl$^-$（饱和）	60	0.1657

氯化银电极的制备方法很多，电极的制备工艺较好的为电镀法：取一段 5cm 的铂丝作为金属基体，另一端封接在玻璃管中，铂丝洗净后，置于电镀液中作为阴极，用另一铂丝作为阳极。电镀液为 10g·L^{-1} 的 K[Ag(CN)$_2$] 溶液。应保证其中不含过量的 KCN，为此，在电解液中加 0.5g AgNO$_3$，电流密度为 0.4mA·cm^{-2} 左右，电镀时间 6h。银镀层为洁白色。将镀好的银电极置于 NH$_3$·H$_2$O 溶液中 1h，用水洗净后，存放在蒸馏水中。最后在0.1mol·L^{-1} HCl 溶液中用同样的电流密度阳极氧化约 30min。清洗后，浸入含有饱和 AgCl 和一定浓度的 KCl 溶液中老化1~2天备用。

第三节 电极过程动力学测量及仪器

研究电极过程动力学的主要目的在于弄清影响电极反应速率的基本因素，从而有可能有效地按照人们的愿望去影响电极反应的进行方向与速率。电极过程动力学实验主要是测量电极反应的动力学参数和确定电极反应历程。电极过程动力学的实验方法很多，如循环伏安法、恒电流极化曲线法、线形电位扫描法、暂态法、交流阻抗法、滴汞电极和旋转圆盘（环盘）电极法等。由于计算机和电子技术以及应用软件的高速发展，上述较复杂的电极过程动力学实验方法现在可用一台仪器来完成。如国产的 CHI760C 电化学工作站等。电极过程动力学实验的测量装置图如图Ⅳ-3-10 所示。

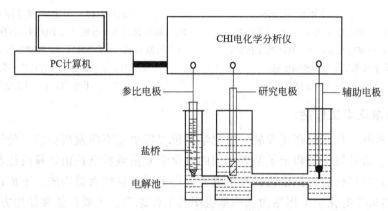

图Ⅳ-3-10 电化学测量装置示意图

一、三电极体系

电化学测量所用电解池通常含有三个电极：工作电极（又称研究电极）、参比电极和辅助电极（又称对电极）。辅助电极面积通常要比研究电极大，以降低研究电极上的极化。参比电极应是一个电极电势已知、稳定性与重现性良好的可逆电极。为减少电极电势测试过程中的溶液电位降，通常在两者之间以鲁金毛细管相连。鲁金毛细管应尽量但也不能无限制靠近研究电极表面，以防对研究电极表面的电力线分布造成屏蔽效应。

二、恒电位仪的工作原理

经典的恒电位电路如图Ⅳ-3-11 所示。它是用大功率蓄电池（E_a）并联低阻值滑线电阻（R_a）作为极化电源，测量时要用手动或机电调节装置来调节滑线电阻，使给定电位维持不变。此时工作电极 W 和辅助电极 C 间的电位恒定，测量工作电极 W 和参比电极 r 组成的原电池电动势的数值 E，即可知工作电极 W 的电位值，工作电极 W 和辅助电极 C 间的电流数值可从电流表 I 中读出。

三、恒电流仪工作原理

恒电流控制方法和仪器有多种多样，而且恒电位仪通过适当的接法就可作为恒电流仪使用。经典的恒电流电路如图Ⅳ-3-12 所示。它是利用一组高电压直流电源（E_b）串联一高阻值可变电阻（R_b）构成，由于电解池内阻的变化相对于这一高阻值电阻来说是微不足道的，即通过电解池的电流主要由这一高电阻控制，因此，当此串联电阻调定后，电流即可维持不变。工作电极 W 和辅助电极 C 间的电流大小可从电流表 I 中读出，此时工作电极 W 的电位值，可通过测量工作电极 W 和参比电极 r 组成的原电池电动势的数值 E 得出。

211

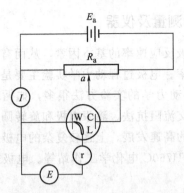

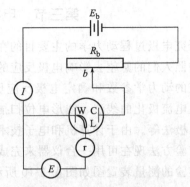

图Ⅳ-3-11　恒电位测量原理图

E_a—低压直流稳压电源（几伏）；R_a—低电阻
（几欧姆）；I—精密电流表；E—高阻抗毫伏计；
L—鲁金毛细管；C—辅助电极；
W—工作电极；r—参比电极

图Ⅳ-3-12　恒电流测量原理图

E_b—高压直流稳压电源（几十伏到一百伏）；R_b—高电阻
（几万欧姆到10万欧姆）；I—精密电流表；E—高阻抗
毫伏计；L—鲁金毛细管；C—辅助电极；
W—工作电极；r—参比电极

四、CHI 系列电化学工作站

随着数字和电子技术的高速发展，电化学测量仪器也在不断发展更新。传统的由模拟电路的恒电位仪、信号发生器和记录装置组成的电化学测量装置已被由计算机控制的电化学测量装置所替代，但其核心的恒电位仪和恒电流仪仍采用运算放大器构成。下面以上海辰华仪器公司的 CHI760C 电化学工作站为例简单说明其工作原理、主要性能和使用方法。

1. 工作原理

电化学测量仪器通常由恒电位仪、信号发生器、记录装置以及电解池系统组成。电解池则常含有三个电极：工作电极、参比电极和辅助电极。该工作站由计算机控制进行测量。计算机的数字量可通过数模转化器（DAC）而转化成能用于控制恒电位仪或恒电流仪的模拟量，而恒电位仪或恒电流仪输出的电流、电压及电量等模拟量则可通过模数转化器转换成可由计算机识别的数字量。通过计算机可进行各种操作，如产生各种电压波形、进行电流和电压的采样、控制电解池的通和断、灵敏度的选择、滤波器的设置、IR 降补偿的正反馈量、电解池的通氮除氧、搅拌、静汞电极的敲击和旋转电极控制等。由于计算机可同步产生扰动信号和采集数据，使得测量变得十分容易。计算机同时还可用于用户界面、文件管理、数据分析、处理、显示、数字模拟和拟合等。计算机控制的 CHI 系列电化学工作站十分灵活，实验控制参数的动态范围宽广，并将多种测量技术集成于单个仪器中。不同实验技术间的切换亦十分方便。

2. 主要性能

（1）功能

CHI760C 系列的电化学工作站的具体功能参见表Ⅳ-3-5。从表中可见该仪器几乎集成了常规的电化学测量技术。

（2）参数指标

电位范围 10V；电位上升时间＜$2\mu s$；槽压±12V；电流范围 250mA；参比电极输入阻抗 $1\times10^{-12}\Omega$；电流灵敏度 $1\times10^{-12}\sim0.1A\cdot V^{-1}$；电流测量分辨率＜$1\times10^{-9}A$；电位更新速率 5MHz；CV 最小电位增量 0.1mV；CV 和 LSV 扫描速率（$1\mu V\sim5\times10^3 V$）/s；CA 和 CC 脉冲宽度 0.1ms～1ks；DPV 和 NPV 脉冲宽度 0.1ms～10s；CA 和 CC 阶跃次数 320；SWV 频率 1Hz～100kHz；ACV 频率 1Hz～10kHz；SHACV 频率 1Hz～1kHz；IMP

频率 0.1μHz～100kHz；最大数据长度 128000 点；自动和手动欧姆降补偿；自动和手动设置低通滤波器。

表Ⅳ-3-5　CHI760C 系列的电化学工作站功能一览表

循环伏安法(CV)	线性电位扫描法(LSV)	交流阻抗测量(IMP)
阶梯波伏安法(SCV)	塔菲尔曲线(TAFEL)	交流阻抗-时间测量(IMPT)
计时电流法(CA)	计时电量法(CC)	交流阻抗-电位测量(IMPE)
差分脉冲伏安法(DPV)	常规脉冲伏安法(NPV)	计时电位法(CP)
差分常规脉冲伏安法(DNPV)	方波伏安法(SWV)	电流扫描计时电位法(CPCR)
交流伏安法(ACV)	二次谐波交流伏安法(SHACV)	电位溶出分析(PSA)
电流-时间曲线(I-t)	差分脉冲电流检测(DPA)	开路电位-时间曲线(OCPT)
差分脉冲电流检测(DDPA)	三脉冲电流检测(TPA)	恒电流仪(ES)
控制电位电解库仑法(BE)	流体力学调制伏安法(HMV)	旋转圆盘电极转速控制(0～10V)
扫描-阶跃混合方法(SSF)	多电位阶跃法(STEP)	任意反应机理 CV 模拟器

3. 软件特点和操作方法

仪器由外部计算机控制，且在视窗操作系统下工作。用户界面遵循视窗软件设计的基本规则。控制命令参数所用术语均为化学工作者熟悉和常用的。最常见的一些命令在工具栏上均有相应的快捷键，便于执行。仪器的软件还提供方便的文件管理、几种技术的组合、数据处理和分析、实验结果和图形显示等功能。

如果配以其他一些仪器，该仪器还可以用于旋转环盘电极的测量、电化学石英晶体微天平的测量和微电极的测量等技术。该仪器的使用操作步骤如下。

① 将检测池的工作电极、参比电极和辅助电极与电化学工作站联线准确连接。

② 打开计算机，再开启电化学工作站主机电源。通电预热 10min 后方可进行各种电化学测量。双击桌面上软件图标，出现软件界面后，使之运行最大化。

③ 进行硬件检测：执行"Setup"菜单栏中的"Hardware Test"命令，硬件检测正常后可以进行实验。

④ 设置所使用的电化学技术测试方法：点击"Setup"菜单栏和"Technique…"进行选择。

⑤ 设置该实验技术的参数：点击"Setup"菜单栏和"Parameters"，参数设置好后点击"OK"确定。

⑥ 软件部分参数设置完毕后，准备进行样品测试工作。实验过程中，若发现电流溢出，可停止实验，在参数设定命令中调整仪器灵敏度，数值越小越灵敏。

⑦ 数据测量工作完成后，执行"Graphics"菜单中的"Present Data Plot"命令进行数据显示。

⑧ 还可使用软件部分的数据处理功能，包括电流峰电位、峰高和峰面积（电量）的自动测量，半微分、半积分和导数处理，平滑和滤波等。通过半微分处理，可将伏安波的半峰形转化成峰形，改善了峰形和峰分辨率。

⑨ 所有实验完成后，先拆除电解池装置，关闭测量软件操作界面，关电化学工作站主机电源，再关闭计算机。

4. 注意事项

① 使用前，请详细阅读使用说明书。

② 开、关机步骤请严格按照顺序进行，仪器不宜时开时关。

③ 在使用过程中，请保持电极连接线干燥。

④ 如果实验过程中发现电流溢出（Overflow，经常表现为电流突然成为一水平直线或得到警告），可停止实验，在参数设定命令中重设灵敏度（Sensitivity）。数值越小越灵敏（1.0e－006 要比 1.0e－005 灵敏）。如果溢出，应将灵敏度调低（数值调大）。

⑤ 扫描速度为 $0.05\text{V} \cdot \text{s}^{-1}$ 时，对 50Hz 干扰有较好的抑制，噪声大大减小。如果在 $0.1\text{V} \cdot \text{s}^{-1}$ 或更高的扫速得到较大的噪声，不妨试试 $0.05\text{V} \cdot \text{s}^{-1}$ 的扫描速度。

五、旋转圆盘电极的应用

旋转圆盘电极是测定体系电化学参数的基本实验方法之一。它具有能建立一个均一的、稳定的表面扩散状态的特点。因此它可以应用于测定溶液中离子扩散过程的参数，也可以应用于研究固体电极的电化学反应动力学参数。

旋转圆盘电极中心是一根金属棒（如铜棒），棒的下端是研究电极的圆形光亮表面（即圆盘，如铂）。外面是绝缘体（通常用聚四氟乙烯或环氧树脂）。旋转圆盘电极测量装置与一般极化曲线测量装置类似，只增加一个控制电极转速且连续可调速的装置。其中最重要的是圆盘电极和控制转速装置的设计，尤其是高速（有的可达 $10000\text{r} \cdot \text{min}^{-1}$）的旋转电极。

旋转圆盘电极是轴向对称的，当电极以一定速度旋转时，电极下方液体将沿中心轴上升，上升液体被旋转的电极表面抛向圆盘周边。理论可以证明圆盘电极上各点的扩散层厚度是相同的，而电流密度也是均匀的。计算表明，旋转圆盘电极上的扩散电流密度 i_d 与转速有以下关系：

$$i_d = -0.62nFAD^{2/3}\nu^{-1/6}\omega^{1/2}(c_b - c_s) \qquad (\text{IV-3-5})$$

而极限扩散电流密度 i_d' 与转速的关系为：

$$i_d' = -0.62nFAD^{2/3}\nu^{-1/6}\omega^{1/2}c_b \qquad (\text{IV-3-6})$$

上两式中，n 为电极反应的电子得失数；F 为法拉第常数；D 为离子的扩散系数；ν 为溶液动力黏度系数；ω 为圆盘电极旋转角速度；c_b 为溶液浓度；c_s 为电极表面清液的浓度。

旋转圆盘电极可应用于以下几方面。

① 测量离子的扩散系数 D　在已知 c_b 和 ν 的情况下，测定极限扩散电流密度与对应的旋转角速度数据，然后将 i_d' 对 $\omega^{1/2}$ 作图，可得一直线，从直线斜率值可求得扩散系数 D。

② 求电极反应的电子得失数 n　如果 D 已知，ν 和 ω 也已知，测定 i_d' 与对应的 c_b，以 i_d' 对 c_b 作图，也可得一直线，由直线斜率可求得电子得失数 n。

③ 同理，利用式（IV-3-6）的关系，还可以测定溶液浓度 c_b。测定时可以采用标准曲线法，也可以在已知 D、ν 的情况下，以 i_d' 对 $\omega^{1/2}$ 图，求出 c_b。

④ 据旋转圆盘电极上获得的恒电流极化曲线测量数据，还可以求得电极反应的其他动力学参数。

第四节　溶液 pH 测量及仪器

一、仪器工作原理

酸度计是用来测定溶液 pH 值的最常用仪器之一，其优点是使用方便、测量迅速。主要由参比电极、指示电极和测量系统三部分组成。参比电极常用的是饱和甘汞电极，指示电极则通常是一支对 H^+ 具有特殊选择性的玻璃电极。组成的电池可表示如下：

玻璃电极｜待测溶液‖饱和甘汞电极

在 298K 时，电极电势为：

$$E = \varphi_{甘汞} - \varphi_{玻} = 0.2412 - \left(\varphi_{玻}^{\ominus} - \frac{RT}{F} 2.303 pH \right)$$

$$= 0.2412 - (\varphi_{玻}^{\ominus} - 0.05916 pH) \tag{Ⅳ-3-7}$$

移项整理得：

$$pH = \frac{E - 0.2412 + \varphi_{玻}^{\ominus}}{0.05916} \tag{Ⅳ-3-8}$$

式中，$\varphi_{玻}^{\ominus}$ 对某给定的玻璃电极是常数，所以只要测得电池的电动势，即可求出溶液的 pH 值。鉴于由玻璃电极组成的电池内阻很高，在常温时达几百兆欧，因此不能用普通的电势差计来测量电池的电动势。

酸度计的基本工作原理是利用 pH 电极和甘汞电极对被测溶液中不同的酸度产生的直流电位，通过前置 pH 放大器输入到 A/D 转换器中，以达到显示 pH 值数字的目的。同样，在配上适当的离子选择电极作电位滴定分析时，以达到显示终点电位的目的。

酸度计的测量范围为：pH＝0～14 或 0～±1400mV。

二、使用方法

酸度计型号较多，下面以 pHS-3C 为例，说明其使用方法，其他型号仪器可参阅有关说明书。

1. pH 值的测定

① 将玻璃电极和饱和甘汞电极分别接入仪器的电极插口内，应注意必须使玻璃电极底部比甘汞电极陶瓷芯端稍高些，以防碰坏玻璃电极。

② 接通电源，预热 10min。

③ 仪器的标定。拔出测量电极插座处的短路插头，经转换器接上玻璃电极，参比电极插头插入参比电极，按下"pH"键，调节"零点"电位器，使仪器读数在±0 之间。插入电极，斜率调节旋钮顺时针旋到底（即调到 100% 位置）。将温度补偿旋钮调节到待测溶液温度值。在烧杯内放入已知 pH 值的缓冲溶液（如 pH＝6.86），将两电极浸入溶液中，待溶液搅拌均匀后，调节"定位"旋钮使仪器读数与该缓冲溶液的 pH 值相一致。

④ 用蒸馏水清洗电极，再用 pH＝4.00（或 pH＝9.18）的标准缓冲溶液重复校定，调节斜率旋钮到 pH＝4.00（或 pH＝9.18），直到不用再调节定位或斜率两调节旋钮为止，仪器已完成标定。经标定的仪器定位调节旋钮及斜率调节旋钮不应再有变动。标定的缓冲溶液第一次应用 pH＝6.86 的溶液，第二次应接近被测溶液的值，如被测溶液为酸性时，缓冲溶液应选 pH＝4.00；如被测溶液为碱性时，则选 pH＝9.18 的缓冲溶液。

⑤ 测量。将两电极用蒸馏水洗净头部，用滤纸吸干，然后浸入被测溶液中，将溶液搅拌均匀后，测定该溶液的 pH 值。

2. mV 值的测定

① 拔出离子选择电极插头，按下"mV"键，调节"零点"电位器，使仪器读数在±0 之间。

② 接入离子选择电极，将两电极浸入溶液中，待溶液搅拌均匀后，即可读出该离子选

择电极的电极电位（mV值）。

注：mV测量时，温度补偿调节器和斜率调节器均不起作用。

参 考 文 献

[1]　Blurton K F, Riddford A C. Shapes of practical rotation-disk electrodes. J Electroanal Chem, 1965, 10：457.

[2]　列维奇著. 物理化学流体动力学. 戴干策, 陈敏恒译. 上海：上海科学技术出版社, 1965.

[3]　Every R L, Bank W P. Electrochem Technol, 1966, 4：503.

[4]　Bates R G. Determination of pH. 2nd ed. New York：Wiley-Interscience, 1973.

[5]　Covington A K. Ion-Selective Electrode Methodology：Vol Ⅰ. Boca Raton, Fla：CRC Press, 1979.

[6]　周伟航主编. 电化学测量. 上海：上海科学技术出版社, 1985.

[7]　刘永辉编著. 电化学测试技术. 北京：北京航空学院出版社, 1987.

[8]　李荻主编. 电化学原理. 修订版. 北京：北京航空航天大学出版社, 2002.

[9]　杨辉, 卢文庆编著. 应用电化学. 北京：科学出版社, 2002.

[10]　复旦大学等编. 庄继华等修订. 物理化学实验. 第3版. 北京：高等教育出版社, 2004.

[11]　Bard A J, Faulkner L R 编著. 电化学原理方法和应用. 第2版. 邵元华等译. 北京：化学工业出版社, 2005.

[12]　孙尔康, 张剑荣主编. 物理化学实验. 南京：南京大学出版社, 2009.

第四章　光学测量技术及仪器

光与物质相互作用可以产生折射、反射、散射、透射、吸收、旋光以及受激辐射等各种光学现象，分析研究这些光学现象，可以得到物质中原子、分子及晶体结构等方面的大量信息。所以，在物质的定性定量分析、结构测定及光化学反应过程等方面，都离不开光学测量。物理化学实验中常见的光学测量仪器有阿贝折光仪、旋光仪、分光光度计。以下分类介绍物理化学实验中常用的光学测量技术及光学测量仪器的使用方法。

一、阿贝折光仪

折射是重要的几何光学现象，而折射率是物质的重要物理常数之一，许多纯物质都具有一定的折射率，如果其中含有其他成分，则折射率将发生变化，出现偏差，所含其他成分越多，偏差越大。这种偏差有确定规律，因此通过折射率的测定，可以测定物质的浓度。

1. 阿贝折光仪的构造原理

阿贝折光仪的外形图如图Ⅳ-4-1所示。当一束单色光从介质Ⅰ进入介质Ⅱ时，光线在通过界面时其传播方向发生了改变，这一现象称为光的折射，如图Ⅳ-4-2所示。

光的折射现象满足光的折射定律：

$$\frac{\sin\alpha}{\sin\beta}=\frac{n_{\text{Ⅱ}}}{n_{\text{Ⅰ}}} \tag{Ⅳ-4-1}$$

式中，α为光入射角；β为光折射角；$n_{\text{Ⅰ}}$、$n_{\text{Ⅱ}}$为交界面两侧两种介质的折射率。根据式（Ⅳ-4-1）可知，当一束光从一种折射率小的介质Ⅰ射入折射率大的介质Ⅱ时（$n_{\text{Ⅰ}}<n_{\text{Ⅱ}}$），入射角一定大于折射角（$\alpha>\beta$）。当入射角增大时，折射角也增大，设当入射角$\alpha=90°$时，折射角为$\beta_0$，此折射角称为临界角。因此，当在两种介质的界面上以不

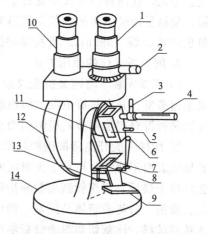

图Ⅳ-4-1　阿贝折光仪构造及外形图
1—测量目镜；2—消散手柄；3—恒温水入口；4—温度计；5—测量棱镜；6—铰链；7—辅助棱镜；8—加液槽；9—反射镜；10—读数目镜；11—转轴；12—刻度盘罩；13—闭合旋钮；14—底座

同角度射入光线时（入射角α为$0°\sim90°$），光线经过折射率大的介质后，其折射角$\beta\leqslant\beta_0$。其结果是大于临界角的部分无光通过，成为暗区；小于临界角的部分有光通过，成为亮区。临界角成为明暗区域分界线的位置，如图Ⅳ-4-2所示。

根据式（Ⅳ-4-1）可得：

$$n_{\text{Ⅰ}}=n_{\text{Ⅱ}}\frac{\sin\beta_0}{\sin\alpha}=n_{\text{Ⅱ}}\sin\beta_0 \tag{Ⅳ-4-2}$$

可见当固定一种介质Ⅱ时，临界折射角β_0的大小与被测物质的折射率$n_{\text{Ⅰ}}$呈简单的函数关系，

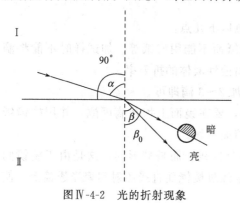

图Ⅳ-4-2　光的折射现象

阿贝折光仪就是根据这个原理设计的。

阿贝折光仪光学系统是由两个折射率为 1.75 的玻璃直角棱镜构成，上部为测量棱镜，是光学平面镜，下部为辅助棱镜，其斜面是粗糙的毛玻璃。测量棱镜与辅助棱镜之间约有 0.1～0.15mm 厚度空隙，用于装待测液体，并使液体展开成一薄层。当从反射镜反射来的入射光进入辅助棱镜至粗糙表面时，产生漫反射，漫反射光以各种角度透过待测液体，并从各个方向进入测量棱镜而发生折射。其折射角都落在临界角 β_0 之内，由于棱镜的折射率大于待测液体的折射率，因此入射角从 0°～90°的光线都通过测量棱镜发生折射。具有临界角 β_0 的光线从测量棱镜出来反射到目镜上，此时若将目镜十字线调节到适当位置，则会看到目镜上呈半明半暗状态。折射光都应落在临界角 β_0 内，成为亮区，其他部分为暗区，构成了明暗分界线。

在设计制造折光仪时，从折光仪的标尺上可直接读出待测液体的折射率。在实际测量中，使用的入射光并不是单色光，而是使用由多种单色光组成的普通白光。因为不同波长的光的折射率不同而产生色散，在目镜中观察到的是一条彩色的光带，并没有清晰的明暗分界线。为此，在阿贝折光仪中安置了一套消色散棱镜（有时称补偿棱镜）。通过调节消色散棱镜，使测量棱镜出来的色散光线消失，明暗分界线清晰，此时测得的液体的折射率相当于用单色钠光 D 线（589nm）所测得的折射率 n_D。

2. 阿贝折光仪的使用方法

① 仪器安装　将阿贝折光仪放置在光亮处，但应避免阳光直接照射，以免待测液体受热迅速蒸发。开启超级恒温槽将恒温水泵入棱镜夹套内，待温度恒定后检查棱镜上温度计的读数是否符合要求调节超级恒温槽直到符合实验测量的温度要求。

② 加样　旋开测量棱镜和辅助棱镜的闭合旋钮，使辅助棱镜的磨砂斜面处于水平状态，若棱镜表面不清洁，可滴加少量丙酮，用擦镜纸顺单一方向轻擦镜面（不可来回擦）。待镜面洗净干燥后，用滴管滴加数滴待测样于辅助棱镜的粗糙镜面上，迅速合上辅助棱镜，旋紧闭合旋钮。若待测液体易挥发，动作要迅速；或先将两棱镜闭合，然后用滴管从加液孔中注入待测试样，注意切勿将滴管折断在加液孔内。

③ 调光　转动镜筒使之垂直，调节反射镜使入射光进入棱镜，同时调节目镜的焦距，使目镜中十字线清晰明亮。调节消色散补偿器使目镜中彩色光带消失。再调节读数螺旋，使明暗分界线恰好与十字线交叉处重合。

④ 读数　从读数目镜中读出刻度盘上的折射率数值。常用的阿贝折光仪可读至小数点后第四位，为了使读数准确，应将待测试样重复测量三次，每次相差不能超过 0.0002，然后取平均值。

3. 注意事项

阿贝折光仪属精密光学仪器设备，测量时应注意以下几点。

① 使用时要注意保护棱镜，清洗时只能用擦镜纸而不能用滤纸等。加试样时不能将滴管口触及镜面。不得使用阿贝折光仪测量酸、碱等腐蚀性液体的折射率。

② 每次测定时，试样不可加得太多，一般只需加 2～3 滴即可。

③ 保持仪器清洁，保护刻度盘。每次实验完毕，要在镜面上加几滴丙酮，并用擦镜纸擦干，并在两棱镜镜面之间放置两层擦镜纸，以免镜面损坏。

④ 读数时，有时在目镜中观察不到清晰的明暗分界线，而是畸形的，这是由于棱镜间未充满液体；若出现弧形光环，则可能是由于光线未经过棱镜而直接照射到聚光透镜上。使用时要避免上述情况发生。

⑤ 阿贝折光仪测量范围为 1.3～1.7。超出该范围，阿贝折光仪不能测定，也看不到明暗分界线。

4. 阿贝折光仪的校正和保养

阿贝折光仪的刻度盘标尺零点有时会发生移动，须加以校正。校正的方法一般是用已知折射率的标准液体，常用纯水作为标准液体。通过仪器测定纯水的折射率，读取数值，如同该条件下纯水的标准折射率不符，调整刻度盘上的数值，直至相符为止。也可用仪器出厂时配备的折光玻璃来校正，具体方法详见阿贝折光仪说明书。

阿贝折光仪每次使用完毕后，要注意保养。应清洁仪器，如有油污，可用脱脂棉蘸少许汽油轻擦后再用乙醚擦干净；如果光学零件表面有灰尘，可用高级麂皮或脱脂棉轻擦后，再用洗耳球吹去。用毕后将仪器放入有干燥剂的箱内，放置于干燥、空气流通的室内，防止仪器受潮。搬动仪器时应避免强烈振动和撞击，避免光学零件损伤而影响精度。

二、旋光仪

1. 旋光现象、旋光度与旋光物质

（1）自然光与偏振光

光波的电场和磁场在垂直于光传播方向的所有方向上振动，这种光称为自然光，或称非偏振光；而只在一个方向上有振动的光称为平面偏振光。

（2）旋光现象、旋光物质与旋光度

当一束平面偏振光通过某些物质时，其振动方向会发生改变，此时光的振动面会旋转一定的角度，这种振动面旋转现象称为物质的旋光现象；能引起偏振光振动面旋转的物质称为旋光物质；旋光物质使偏振光振动面旋转的角度称为旋光度。尼柯尔（Nicol）棱镜就是利用旋光物质的旋光性而设计的。

2. 旋光仪的构造原理

旋光仪的主要元件是两块尼柯尔棱镜。尼柯尔棱镜是由两块方解石直角棱镜沿斜面用加拿大树脂黏合而成，如图Ⅳ-4-3所示。

平面偏振光的产生过程：当一束单色光照射到尼柯尔棱镜时，分解为两束相互垂直的平面偏振光，一束折射率为 1.658 的寻常光，一束折射率为 1.486 的非寻常光，这两束光线到达加拿大树脂黏合面时，折射率大的寻常光（加拿大树脂的折射率为 1.550）被全反射到底面上的黑色吸收涂层吸收，而折射率小的非寻常光则通过

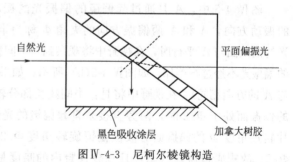

图Ⅳ-4-3　尼柯尔棱镜构造

棱镜，这样就获得了一束单一的平面偏振光。用于产生平面偏振光的棱镜称为起偏镜。若让起偏镜产生的偏振光照射到另一个透射面与起偏镜透射面平行的尼柯尔棱镜，则这束平面偏振光也能通过第二个棱镜；若第二个棱镜的透射面与起偏镜的透射面相互垂直，则由起偏镜出来的平面偏振光完全不能通过第二个棱镜；若第二个棱镜的透射面与起偏镜的透射面之间的夹角 θ 在 0°～90°，则光线部分通过第二个棱镜，称第二个棱镜为检偏镜。通过旋转调节检偏镜，能使透过的光线强度在最强和零之间变化。若在起偏镜与检偏镜之间放有旋光性待测物质，则由于该物质的旋光作用，使来自起偏镜的光的偏振面改变了某特定角度，只有检

偏镜也旋转同样角度,才能补偿旋光物质改变的角度,使透过的光的强度与原来相同。以上就是旋光仪的设计制造原理。如图Ⅳ-4-4所示。

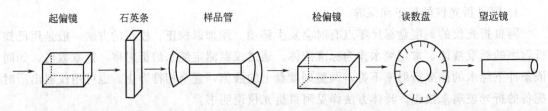

起偏镜　　　　石英条　　　　样品管　　　　　检偏镜　　　　　读数盘　　　　望远镜

图Ⅳ-4-4　旋光仪构造原理示意图

测量中,用肉眼通过检偏镜就能判断偏振光通过旋光物质前后的强度是否相同很困难,产生的误差较大。为此设计了一种在视野中分出三分视界的装置。其原理是:在起偏镜后放置一块狭长的石英片,由起偏镜透过来的偏振光通过该石英片时,由于石英片本身的旋光性,使偏振旋转了一个角度 Φ,通过镜前观察,光的振动方向如图Ⅳ-4-5所示。

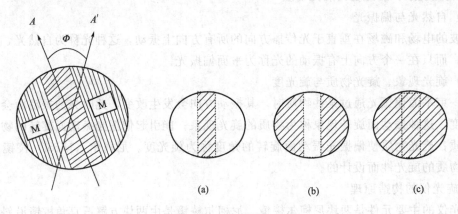

图Ⅳ-4-5　三分视野示意图

图Ⅳ-4-5中,A 是通过起偏镜的偏振光的振动方向;A' 是通过石英片旋转一个角度后的振动方向,A 和 A' 两偏振方向的夹角 Φ 称为半暗角($\Phi=2°\sim3°$),如果旋转检偏镜使透射光的偏振面与 A' 平行时,在视野中将观察到:中间狭长部分较明亮,而两旁较暗,这是因为两旁的偏振光不经过石英片,如图Ⅳ-4-5(b)所示;如果检偏镜的偏振面与起偏镜的偏振面平行(即与 A 的方向相同),在视野中将是:中间狭长部分较暗而两旁较亮,见图Ⅳ-4-5(a);当检偏镜的偏振面处于 $\Phi/2$ 时,两旁直接来自起偏镜的光偏振面被检偏镜旋转了 $\Phi/2$,而中间被石英片转过角度 Φ 的偏振面对被检偏镜旋转角度 $\Phi/2$,这样中间和两边的光偏振面都被旋转了 $\Phi/2$,故视野呈微暗状态,且三分视野内的暗度是相同的,见图Ⅳ-4-5(c),测量时将这一位置作为仪器的读数点。在每次测定时,调节检偏镜使三分视界的暗度相同,然后读数就是待测物质的旋光度。

3. 影响旋光度的因素

(1) 温度的影响

一方面,温度升高,旋光管长度会因为膨胀而增加,从而导致待测液体的密度降低。另一方面,温度变化还会使待测物质分子间发生缔合或解离等化学物理过程,使旋光度发生改变。通常温度对旋光度的影响,可用下式表示:

$$[\alpha]_D^t = [\alpha]_D^{20} + Z(t-20) \qquad (\text{Ⅳ-4-3})$$

式中，t 为测定时的温度，℃；Z 为温度系数。不同物质的温度系数不同，一般在 $0.01 \sim 0.04℃^{-1}$。为此在实验测定时必须恒温，旋光管上装有恒温夹套，与超级恒温槽连接，保证测量时温度恒定。

（2）溶剂的影响

物质的旋光度不仅与光线透过物质的厚度、测量时所用光的波长及温度有关，而且，如果被测物质是溶液状态，影响旋光度的因素还包括物质的浓度、溶剂的特性等。因此旋光物质的旋光度，在不同的条件下，测定结果通常是不一样的。因此一般用比旋光度作为量度物质旋光能力的标准，其定义式为：

$$[\alpha]_D^t = \frac{10\alpha}{lc} \qquad (\text{Ⅳ-4-4})$$

式中，D 表示光源，通常为钠光 D 线（589nm）；t 为测量温度；α 为旋光度；l 为待测液层厚度，cm；c 为待测物质的浓度 [以每毫升溶液中含有样品的质量表示，即 $g \cdot cm^{-3}$]。例如，$[\alpha]_D^{20}$ 是表示以钠光灯 D 线作为光源，温度为 20℃ 时，在一根 10cm 长的样品管中，每毫升溶液中含有 1g 旋光物质所产生的旋光度。在测量比旋光度 $[\alpha]_D^t$ 值时，应说明使用什么溶剂，如不说明一般指水为溶剂。

（3）浓度和旋光管长度对比旋光度的影响

在通常的测量实验条件下，旋光物质的旋光度与浓度成正比，因此将比旋光度作为常数。而旋光度和溶液浓度之间并不是严格地呈线性关系，因此严格来讲比旋光度也并非常数，在精密的测定中比旋光度和浓度间的关系需要特殊标定。

旋光度与旋光管的长度成正比。通常旋光管有 10cm、20cm、22cm 等几种规格。经常使用的有 10cm 长度规格的。对旋光能力较弱或者较稀的溶液，为提高准确度，降低读数的相对误差，也常常使用 20cm 或 22cm 长度的旋光管。

4. 旋光仪的使用方法

① 预热及仪器调节　首先，开启旋光仪电源，打开钠光灯光源，稍等几分钟，待光源稳定后，从目镜中观察视野，如不清晰，可调节目镜焦距。

② 零点校正　选用合适的样品管并洗净，充满蒸馏水（应无气泡），放入旋光仪的样品管槽中，调节检偏镜的角度使三分视野消失，读出刻度表盘上的刻度值并将此角度作为旋光仪的零点。

③ 旋光度测量　零点校正后，将样品管中蒸馏水换为待测溶液，按同样方法测定，此时刻度盘上的读数值与零点时读数值之差即为该样品的旋光度。

5. 使用注意事项

旋光仪在测量前，需通电预热几分钟，但钠光灯使用时间不宜过长。

旋光仪属精密光学仪器设备，测量时，仪器金属部分切忌沾污酸碱，避免腐蚀，每次实验结束，旋光管应用蒸馏水洗净后存放。光学镜片部分不能与硬物接触，避免损坏镜片。不能随便拆卸仪器，以免影响精度。

三、分光光度计

1. 吸收光谱原理

物质中分子内部的运动可分为电子运动、分子内原子间（化学键）振动以及分子自身转动，因此相应地具有电子能级、振动能级和转动能级。

在光的照射下，物质中的分子将吸收能量引起能级跃迁，即从基态能级跃迁到激发态能级。以上三种能级跃迁所需能量是不同的，需用不同波长的电磁波去激发。电子能级跃迁所需的能量较大，一般在 $1\sim20eV$，吸收光谱主要处于紫外及可见光区（$200\sim800nm$），这种光谱称为紫外可见吸收光谱。如果用红外线（能量为 $1\sim0.025eV$）照射分子，此能量不足以引起电子能级的跃迁，但能引起物质中分子的振动能级和转动能级的跃迁，得到红外光谱。若以能量更低的远红外线（$0.025\sim0.003eV$）照射分子，只能引起分子转动能级的跃迁，这种光谱称为远红外光谱。

（1）定性分析基础

由于物质结构不同对上述各能级跃迁所需能量都不一样，因此对光的吸收也就不一样，各种物质都有各自的特征吸收谱带，因而就可以利用这些特征吸收谱带对不同物质进行鉴定分析，这是光度法进行定性分析的基础。

（2）定量分析基础

根据朗伯-比耳定律，当入射光波长、溶质、溶剂以及溶液的温度一定时，溶液的光密度和溶液层厚度及溶液的浓度成正比，若液层的厚度一定，则溶液的光密度只与溶液的浓度有关：

$$T=\frac{I}{I_0} \qquad D=-\lg T=\lg\frac{1}{T}=\varepsilon cl \qquad (\text{IV}\text{-}4\text{-}5)$$

式中，c 为溶液浓度；D 为某一单色波长下的光密度（又称吸光度，A）；I_0 为入射光强度；I 为透射光强度；T 为透光率；ε 为摩尔吸光系数；l 为液层厚度。

当待测物质的厚度 l 一定时，吸光度与被测物质的浓度成正比，这是用光度法进行物质定量分析的依据。

2. 分光光度计的构造原理

将一束复合光通过分光系统，将其分成一系列波长的单色光，任意选取某一波长的光，根据被测物质对光的吸收强弱进行物质的测定分析，这种方法称为分光光度法，分光光度法所使用的仪器称为分光光度计。根据波段的不同又分为紫外可见分光光度计、红外分光光度计等。以下讨论紫外可见分光光度计。

物理化学实验使用的紫外可见分光光度计虽然种类和型号较多，但其基本结构都相同，由以下五部分组成。

① 光源：钨灯、卤钨灯、氢弧灯、氘灯、汞灯、氙灯、激光光源；

② 单色器：滤光片、棱镜、光栅、全息栅；

③ 样品吸收池；

④ 检测系统：光电池、光电管、光电倍增管；

⑤ 信号指示系统：检流计、微安表、数字电压表、示波器、微处理机。

即光源→单色器→样品吸收池→检测系统→信号指示系统等。

在基本构件中，单色器是仪器关键部件。其作用是将来自光源的混合光分解为单色光，并提供所需波长的光。单色器是由入口与出口狭缝、色散元件、准直镜或干涉仪等组成，其中色散元件是关键性元件，主要有棱镜和光栅两类。

3. 721型分光光度计

可见分光光度计或紫外可见分光光度计品种很多，常见的有：72型分光光度计，波长范围为 $420\sim700nm$，由磁饱和稳压器、光源、单色器和测光系统、微电计组成。721型和

722型分光光度计是72型分光光度计的改进型，适用波长范围为368～800nm；主要用作物质定量分析。721型和722型与72型的主要区别在于：①所有部件组装为一体，仪器更紧凑，使用更方便快捷；②适用波长范围更宽；③721型和722型分光光度计装备了电子放大单元，使读数更精确。752型分光光度计为紫外光栅分光光度计，光源有氢灯（可用于紫外区）和钨灯供选择，测定波长范围扩展到紫外区200～800nm。以下以721型分光光度计为例，介绍分光光度计的构造及操作方法。

（1）721型分光光度计结构

721型分光光度计内部构造示意图见图Ⅳ-4-6。

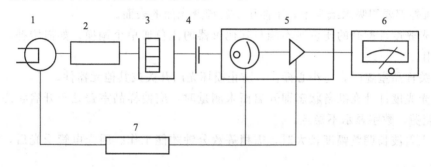

图Ⅳ-4-6　721型分光光度计内部结构示意图
1—光源；2—单色光器；3—比色皿槽；4—光量调节器；
5—光电管暗盒部件；6—微安表；7—稳压电源

（2）使用方法

721型分光光度计的外部面板如图Ⅳ-4-7所示。

① 721分光光度计应安放在干燥的房间，放置在坚固平稳的工作台上。

② 检查微安表指针是否在"0"刻度线，若不在"0"位，需打开面盖，调节电表的校正螺丝（此项工作应在老师指导下完成）。

③ 接通电源，开启分光光度计电源开关。打开比色皿暗箱盖，选择需要的单色光波长。将灵敏度旋钮调到"1"挡（放大倍数最小）。调节零位调节旋钮，使微安表指针回到"0"刻线。将盛有蒸馏水的比色皿放在比色皿架的第一格上，推或者拉比色皿座拉杆，使其置于光路上。合上暗箱盖，使光电管受光，旋转光量（100）旋钮，使微安表指针到满刻度附近，仪器预热20min。

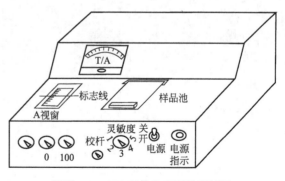

图Ⅳ-4-7　721型分光光度计面板图

④ 如果用光量旋钮不能使微安表指针达到满刻度，则需调节放大器灵敏度。放大器灵敏度有5挡且逐步增加，"1"挡最低。当用光量旋钮不能使微安表指针达到满刻度时，可将灵敏度提高一挡，重新校正"0"和"100"。注意应当尽量采用灵敏度的较低挡。

⑤ 预热后，按步骤③连续几次调整"0"和"100"，仪器即可用于测量工作。

⑥ 测量中，如果大幅度改变测试波长时，在调整"0"和"100"后须稍等片刻。当指针稳定后，重新调整"0"和"100"，方可测量。

⑦ 当仪器停止工作时，必须切断电源，开关放在"关"。用塑料罩罩住整个仪器，并在罩内放置若干硅胶干燥剂。

⑧ 测量完毕，应用蒸馏水洗净比色皿，并用擦镜纸擦干。要特别注意保护比色皿的透光面，使其不受磨损。

⑨ 仪器工作数月或搬移后，要检查波长精确度，以确保仪器测量的精确度。检查、调节方法参阅仪器说明书。

（3）注意事项

① 若测定波长在360nm以上，可用玻璃比色皿；波长在360nm以下时，要用石英比色皿。比色皿外部要用吸水纸吸干，不能用手触摸透光面的表面。

② 分光光度计配套的比色皿不能与其他仪器的比色皿单个调换。如需增补，应经校正后方可使用。

③ 开关样品室盖时，应小心操作，防止损坏光门开关或其他元器件。

④ 分光光度计处在准备状态即开启而未测量时，应使样品室盖处于开启状态，否则会使光电管疲劳，数字显示不稳定。

⑤ 当入射波长调整幅度较大时，需稍等数分钟才能工作。因光电管受光后，需有一段时间响应。

⑥ 仪器要保持干燥、清洁。

参 考 文 献

[1] 山东大学等编. 物理化学实验. 第2版. 北京：化学工业出版社，2007.
[2] 复旦大学等编. 物理化学实验. 第3版. 北京：高等教育出版社，2004.

第五部分 附 录

附录1 国际单位制的基本量和单位

基本量			基本单位		
中文名称	英文名称	国际符号	中文名称	英文名称	国际符号
长度	length	l(或 L)	米	metre	m
质量	mass	m	千克(公斤)	kilogram	kg
时间	time	t	秒	second	s
电流	electric current	I	安[培]	ampere	A
热力学温度	thermodynamic temperature	T	开[尔文]	kelvin	K
物质的量	amount of substance	n	摩[尔]	mole	mol
发光强度	luminous intensity	I(或 I_v)	坎[德拉]	candela	cd

附录2 国际单位制中具有专门名称的导出单位

量 的 名 称	SI 导出单位			
	单位名称	单位符号	用 SI 单位表示	用 SI 基本单位表示
频率	赫[兹]	Hz	—	$\mathrm{s^{-1}}$
力	牛[顿]	N	—	$\mathrm{m \cdot kg \cdot s^{-2}}$
压力,压强,应力	帕[斯卡]	Pa	$\mathrm{N \cdot m^{-2}}$	$\mathrm{m^{-1} \cdot kg \cdot s^{-2}}$
能[量],功,热[量]	焦[耳]	J	$\mathrm{N \cdot m}$	$\mathrm{m^2 \cdot kg \cdot s^{-2}}$
功率,辐[射能]通量	瓦[特]	W	$\mathrm{J \cdot s^{-1}}$	$\mathrm{m^2 \cdot kg \cdot s^{-3}}$
电荷[量]	库[仑]	C	—	$\mathrm{s \cdot A}$
电压,电动势,电位(电势)	伏[特]	V	$\mathrm{W \cdot A^{-1}}$	$\mathrm{m^2 \cdot kg \cdot s^{-3} \cdot A^{-1}}$
电容	法[拉]	F	$\mathrm{C \cdot V^{-1}}$	$\mathrm{m^{-2} \cdot kg^{-1} \cdot s^4 \cdot A^2}$
电阻	欧[姆]	Ω	$\mathrm{V \cdot A^{-1}}$	$\mathrm{m^2 \cdot kg \cdot s^{-3} \cdot A^{-2}}$
电导	西[门子]	S	$\mathrm{A \cdot V^{-1}}$	$\mathrm{m^{-2} \cdot kg^{-1} \cdot s^3 \cdot A^2}$
磁通[量]	韦[伯]	Wb	$\mathrm{V \cdot s}$	$\mathrm{m^2 \cdot kg \cdot s^{-2} \cdot A^{-1}}$
磁通[量]密度,磁感应强度	特[斯拉]	T	$\mathrm{Wb \cdot m^{-2}}$	$\mathrm{kg \cdot s^{-2} \cdot A^{-1}}$
电感	亨[利]	H	$\mathrm{Wb \cdot A^{-1}}$	$\mathrm{m^2 \cdot kg \cdot s^{-2} \cdot A^{-2}}$
摄氏温度	摄氏度	℃	—	K
光通量	流[明]	lm	—	$\mathrm{cd \cdot sr}$
[光]照度	勒[克斯]	lx	$\mathrm{lm \cdot m^{-2}}$	$\mathrm{m^{-2} \cdot cd \cdot sr}$
[放射性]活度	贝可[勒尔]	Bq	—	$\mathrm{s^{-1}}$
吸收剂量	戈[瑞]	Gy	$\mathrm{J \cdot kg^{-1}}$	$\mathrm{m^2 \cdot s^{-2}}$
剂量当量	希[沃特]	Sv	$\mathrm{J \cdot kg^{-1}}$	$\mathrm{m^2 \cdot s^{-2}}$

注:1. 圆括号中的名称,是它前面的名称的同义词。

2. 无方括号的量的名称与单位名称均为全称。方括号中的字,在不致引起混淆、误解的情况下,可以省略。去掉方括号中的字即其名称的简称。

附录3　力单位换算

单　　位	牛顿(N)	千克力(kg·f)	达因(dyn)
1千克力	9.80665	1	980665
1牛顿	1	0.101972	1×10^5
1达因	1×10^5	1.01972	1

附录4　压力单位换算

单　　位	帕斯卡(Pa)	千克力·米$^{-2}$ (kgf·m^{-2})	巴(bar)	毫米汞柱 (mmHg)	标准大气压 (atm)
1标准大气压	1.01325×10^5	1.0326×10^4	1.01325	760	1
1毫米汞柱	133.322	13.5951	1.33322×10^{-3}	1	1.31579×10^{-3}
1巴	1×10^5	1.01972×10^4	1	750.062	0.986923
1帕斯卡	1	0.101972	1×10^{-5}	7.50062×10^{-3}	9.86923×10^{-6}
1千克力·米$^{-2}$	9.80665	1	9.80665×10^{-5}	7.35559×10^{-2}	9.67841×10^{-5}

附录5　能量单位换算

单　　位	焦耳(J)	千克力·米 (kgf·m)	千瓦·小时 (kW·h)	升·大气压 (L·atm)	卡[1] (cal)
1卡	4.1868	0.426935	1.16300×10^{-6}	4.13205×10^{-2}	1
1焦耳	1	0.10192	0.277778×10^{-6}	9.86923×10^{-3}	0.238846
1千克力·米	9.80665	1	2.72407×10^{-6}	9.67841×10^{-2}	2.34226
1千瓦·小时	3.6×10^6	3.67098×10^5	1	3.55293×10^4	0.859846×10^6
1升·大气压	101.325	10.3323	2.81459×10^{-5}	1	24.2011
1尔格	1×10^{-7}	1.01972×10^{-8}	2.77778×10^{-14}	9.86923×10^{-10}	2.38846×10^{-8}

[1] 卡(cal)是指国际蒸气表卡(calrr)。

附录6　基本常数

常　数	符号	数　　值	常　数	符号	数　　值
阿伏加德罗常数	$N_A(L)$	$6.0221367(36) \times 10^{23} \text{mol}^{-1}$	真空中的光速	$c_0(c)$	$2.99792458(12) \times 10^8 \text{m·s}^{-1}$
摩尔气体常数	R	$8.314510(70) \text{J·mol}^{-1} \text{·K}^{-1}$	基本(元)电荷	e	$1.60217733(49) \times 10^{-19} \text{C}$
原子质量单位	u	$1.6605655 \times 10^{-27} \text{kg}$	普朗克常数	h	$6.6260755(40) \times 10^{-34} \text{J·s}$
法拉第常数	F	$9.6485309(29) \times 10^4 \text{C·mol}^{-1}$	玻耳兹曼常数	k_B	$1.380658(12) \times 10^{23} \text{J·K}^{-1}$
真空磁导率	μ_0	$1.2566371 \times 10^{-7} \text{H·m}^{-1}$	电子静止质量	m_e	$9.1093897(54) \times 10^{-31} \text{kg}$
真空介电常数	ε_0	$8.85418782(7) \times 10^{-12} \text{F·m}^{-1}$	质子静止质量	m_p	$1.6726231(10) \times 10^{-27} \text{kg}$
玻尔半径	d_0	$5.29177249(24) \times 10^{-11} \text{m}$	中子静止质量	m_n	$1.6749286(10) \times 10^{-27} \text{kg}$
玻尔磁子	μ_B	$9.2740154(31) \times 10^{-24} \text{J·T}^{-1}$	电子质荷比	e/m_e	$1.7588047 \times 10^{11} \text{C·kg}$
核磁子	μ_N	$5.0507866(17) \times 10^{-27} \text{J·T}^{-1}$	重力加速度	g	9.80665m·s^{-2}

附录7 水的饱和蒸气压

温度 t/℃	蒸气压 p/Pa	温度 t/℃	蒸气压 p/Pa	温度 t/℃	蒸气压 p/Pa
0	610.5	14	1598.1	28	3779.5
1	656.7	15	1704.9	29	4005.2
2	705.8	16	1817.7	30	4242.8
3	757.9	17	1937.2	31	4492.3
4	813.4	18	2063.4	32	4754.7
5	872.3	19	2196.7	33	5030.1
6	935.0	20	2337.8	34	5319.3
7	1001.6	21	2486.5	35	5622.9
8	1072.6	22	2643.4	40	7375.9
9	1147.8	23	2808.8	45	9583.2
10	1227.8	24	2983.3	50	12334
11	1312.4	25	3167.2	60	19916
12	1402.3	26	3360.9	80	47343
13	1497.3	27	3564.9	100	101325

附录8 一些物质的饱和蒸气压与温度的关系

物 质	t/℃	适用温度范围/℃	a	b	c
甲醇(CH_4O)	64.65(1)	$-10\sim+80$	8.8017	38324	
甲醇(CH_4O)	64.65(2)	$-20\sim+140$	7.87863	1473.11	230.0
乙醇(C_2H_6O)	78.37(2)		8.04494	1554.3	222.65
丙酮(C_3H_6O)	56.5(2)		7.0244	1161.0	200.22
乙醚($C_4H_{10}O$)	34.6(2)		6.78574	994.19	220.0
正己烷(C_6H_{14})	80.74(1)	$-10\sim+90$	7.724	31679	
正己烷(C_6H_{14})	68.32(3)	$-25\sim+92$	6.87773	1171.530	224.366
环己烷(C_6H_{12})	80.74(3)	$6.56\sim105$	6.84498	1203.526	222.863
三氯甲烷($CHCl_3$)	61.3(2)	$-30\sim+150$	6.90328	1163.03	227.4
四氯化碳(CCl_4)	76.6(1)	$-19\sim+20$	8.004	33914	
乙酸乙酯($C_4H_8O_2$)	77.06(2)	$-22\sim+150$	7.09808	1238.71	217.0
苯(液,C_6H_6)	80.10(1)	$0\sim+42$	7.9622	34	
苯(C_6H_6)	80.10(3)	$5.53\sim104$	6.89745	1206.350	220.237
甲苯(C_7H_8)	110.63(1)	$-92\sim+15$	8.330	39198	
甲苯(C_7H_8)	110.63(3)	$6\sim136$	6.95334	1343.943	219.377
醋酸($C_2H_4O_2$)	118.2(2)	$0\sim+36$	7.80307	1651.2	225
溴(Br_2)	59.5(2)		6.83278	113.0	228.0
苯甲酸($C_7H_6O_2$)	(1)	$60\sim110$	9.033	63820	
萘($C_{10}H_8$)	(1)	$0\sim+80$	11.450	71401	
铅(Pb)	(1)	$525\sim1325$	7.827	188500	
锡(Sn)	(1)	$1950\sim2270$	9.643	328000	

注：表中所列物质的蒸气压可用以下方程计算。

$$\lg\frac{p}{mmHg}=a-0.05223b/T \tag{1}$$

或

$$\lg\frac{p}{mmHg}=a-b/(c+t) \tag{2}$$

式中，p 为蒸气压；t 和 T 分别为摄氏温度和热力学温度；常数 a，b 以及 c 见表。

附录9 水的折射率（钠光）

$t/℃$	折射率 n_D^t	$t/℃$	折射率 n_D^t	$t/℃$	折射率 n_D^t
0	1.33395	19	1.33308	26	1.33243
5	1.33388	20	1.33300	27	1.33231
10	1.33368	21	1.33292	28	1.33219
15	1.33337	22	1.33283	29	1.33206
16	1.33330	23	1.33274	30	1.33192
17	1.33323	24	1.33264		
18	1.33316	25	1.33254		

附录10 几种常用有机试剂的折射率

物 质	$t/℃$		物 质	$t/℃$	
	15	20		15	20
苯	1.50439	1.50110	四氯化碳	1.46305	1.49044
甲苯	1.4998	1.4968	丙酮	1.38175	1.3591
硝基苯	1.5547	1.5524	2-丁酮		1.3791
氯苯	1.52748	1.52460	环己烷	1.42900	
乙醇	1.36330	1.36143	乙酸乙酯		1.372
正丁醇		1.39909	二硫化碳	1.62935	1.62946
氯仿	1.44858	1.44550	醋酸	1.3776	1.3717

附录11 某些有机化合物的燃烧热

（101325Pa，25℃）

物 质	$-\Delta H_m^{\ominus}$ /kJ·mol^{-1}	物 质	$-\Delta H_m^{\ominus}$ /kJ·mol^{-1}
CH_3OH(l,甲醇)	726.51	$(CH_3)_2CO$(l,丙酮)	1790.4
C_2H_5OH(l,乙醇)	1366.8	$(C_2H_5)_2O$(l,乙醚)	2751.1
C_3H_7OH(l,正丙醇)	2019.8	$HCOOCH_3$(l,甲酸甲酯)	979.5
C_4H_9OH(l,正丁醇)	2675.8	$C_6H_5COOCH_3$(l,苯甲酸甲酯)	3957.6
CH_4(g,甲烷)	890.31	$HCOOH$(l,甲酸)	254.6
C_2H_6(g,乙烷)	1559.8	CH_3COOH(l,乙酸)	874.54
C_3H_8(g,丙烷)	2219.9	C_2H_5COOH(l,丙酸)	1527.3
C_3H_6(g,环丙烷)	2091.5	$CH_2CHCOOH$(l,丙烯酸)	1368.2
C_4H_8(l,环丁烷)	2720.5	C_3H_7COOH(l,正丁酸)	2183.5
C_5H_{10}(l,环戊烷)	3290.9	C_6H_5COOH(s,苯甲酸)	3226.9
C_6H_{12}(l,环己烷)	3919.9	$(CH_3CO)_2O$(l,乙酸酐)	1806.2
C_6H_{14}(l,正己烷)	4163.1	C_6H_5OH(s,苯酚)	3053.5
C_5H_{12}(g,正戊烷)	3536.1	CH_3NH_2(l,甲胺)	1060.6
C_2H_2(g,乙炔)	1299.6	$C_2H_5NH_2$(l,乙胺)	1713.3
C_2H_4(g,乙烯)	1411.0	C_6H_6(l,苯)	3267.5
$HCHO$(g,甲醛)	570.78	$C_{10}H_8$(s,萘)	5153.9
CH_3CHO(l,乙醛)	1166.4	$C_{12}H_{22}O_{11}$(s,蔗糖)	5640.9
C_2H_5CHO(l,丙醛)	1816.3	$(NH_2)_2CO$(s,尿素)	631.66
C_6H_5CHO(l,苯甲醛)	3527.9	C_5H_5N(l,吡啶)	2782.4

附录 12　不同温度下 KCl 的溶解热

$t/℃$	ΔH_m	$t/℃$	ΔH_m
0	22.008	18	18.602
1	21.786	19	18.443
2	21.556	20	18.297
3	21.351	21	18.146
4	21.142	22	17.995
5	20.941	23	17.849
6	20.740	24	17.702
7	20.543	25	17.556
8	20.338	26	17.414
9	20.163	27	17.272
10	19.979	28	17.138
11	19.794	29	17.004
12	19.623	30	16.874
13	19.447	31	16.740
14	19.276	32	16.615
15	19.100	33	16.493
16	18.933	34	16.372
17	18.765	35	16.259

注：1mol KCl 溶于 200mol 水中的积分溶解热 $\Delta H_m/kJ \cdot mol^{-1}$。

附录 13　摩尔凝固点降低常数

溶　剂	凝固点 $t/℃$	$K_f/K \cdot mol^{-1} \cdot kg$	溶　剂	凝固点 $t/℃$	$K_f/K \cdot mol^{-1} \cdot kg$
水	0.0	1.853	苯	5.533	5.12
醋酸	16.66	3.90	苯酚	40.90	7.40
环己烷	6.54	20.0	萘	80.290	6.94
溴仿	8.05	14.4	樟脑	178.75	37.7

附录14 不同温度下水的密度

$t/℃$	$\rho/\text{kg·m}^{-3}$	$t/℃$	$\rho/\text{kg·m}^{-3}$	$t/℃$	$\rho/\text{kg·m}^{-3}$
0	999.8395	35	994.0319	70	977.7696
1	999.8985	36	993.6842	71	977.1962
2	999.9399	37	993.3287	72	976.6173
3	999.9642	38	992.9653	73	976.0332
4	999.9720	39	992.5943	74	975.4437
5	999.9638	40	992.2158	75	974.8990
6	999.9402	41	991.8298	76	974.2490
7	999.9015	42	991.4364	77	973.6439
8	999.8482	43	991.0358	78	973.0336
9	999.7808	44	990.6280	79	972.4183
10	999.6996	45	990.2132	80	971.7978
11	999.6051	46	989.7914	81	971.1723
12	999.4974	47	989.3628	82	970.5417
13	999.3771	48	988.9273	83	969.9062
14	999.2444	49	988.4851	84	969.2657
15	999.0996	50	988.0363	85	968.6203
16	998.9430	51	987.5809	86	967.9700
17	998.7749	52	987.1190	87	967.3148
18	998.5956	53	986.6508	88	966.6547
19	998.4052	54	986.1761	89	965.9898
20	998.2041	55	985.6952	90	965.3201
21	998.9925	56	985.2081	91	964.6457
22	997.7705	57	984.7149	92	963.9664
23	997.5385	58	984.2156	93	963.2825
24	997.2965	59	983.7102	94	962.5938
25	997.0449	60	983.1989	95	961.9004
26	996.7837	61	982.6817	96	961.2023
27	996.5132	62	982.1586	97	960.4996
28	996.2335	63	981.6297	98	959.7923
29	995.9445	64	981.0951	99	959.0803
30	995.6473	65	980.5548	100	958.3637
31	995.3410	66	980.0089		
32	995.0262	67	979.4573		
33	994.2030	68	978.9003		
34	994.3715	69	978.3377		

注：也可用以下方程计算。

$$\rho/\text{kg·m}^{-3} = (999.83952 + 16.945176t/℃ - 7.9870401 \times 10^{-3}t/℃ - 46.170461 \times 10^{-6}t/℃ + 105.56302 \times 10^{-9}t/℃ - 280.5425 \times 10^{-12}t/℃)/(1 + 16.879850 \times 10^{-3}t/℃)$$

附录15　25℃时在水溶液中一些电极的标准电极电势

（标准态压力 $p^{\ominus}=100\text{kPa}$）

电　　极	电极反应	$\varphi^{\ominus}/\text{V}$
第一类电极		
$Li^+\|Li$	$Li^++e^-\rightleftharpoons Li$	-3.045
$K^+\|K$	$K^++e^-\rightleftharpoons K$	-2.924
$Ba^{2+}\|Ba$	$Ba^{2+}+2e^-\rightleftharpoons Ba$	-2.90
$Ca^{2+}\|Ca$	$Ca^{2+}+2e^-\rightleftharpoons Ca$	-2.76
$Na^+\|Na$	$Na^++e^-\rightleftharpoons Na$	-2.7111
$Mg^{2+}\|Mg$	$Mg^{2+}+2e^-\rightleftharpoons Mg$	-2.375
$OH^-,H_2O\|H_2(g)\|Pt$	$2H_2O+2e^-\rightleftharpoons H_2(g)+2OH^-$	-0.8277
$Zn^{2+}\|Zn$	$Zn^{2+}+2e^-\rightleftharpoons Zn$	-0.7630
$Cr^{3+}\|Cr$	$Cr^{3+}+3e^-\rightleftharpoons Cr$	-0.74
$Cd^{2+}\|Cd$	$Cd^{2+}+2e^-\rightleftharpoons Cd$	-0.4028
$Co^{2+}\|Co$	$Co^{2+}+2e^-\rightleftharpoons Co$	-0.28
$Ni^{2+}\|Ni$	$Ni^{2+}+2e^-\rightleftharpoons Ni$	-0.23
$Sn^{2+}\|Sn$	$Sn^{2+}+2e^-\rightleftharpoons Sn$	-0.1366
$Pb^{2+}\|Pb$	$Pb^{2+}+2e^-\rightleftharpoons Pb$	-0.1265
$Fe^{3+}\|Fe$	$Fe^{3+}+3e^-\rightleftharpoons Fe$	-0.036
$H^+\|H_2(g)\|Pt$	$2H^++2e^-\rightleftharpoons H_2(g)$	0.0000
$Cu^{2+}\|Cu$	$Cu^{2+}+2e^-\rightleftharpoons Cu$	$+0.3400$
$OH^-,H_2O\|O_2(g)\|Pt$	$O_2+2H_2O+4e^-\rightleftharpoons 4OH^-$	$+0.401$
$Cu^+\|Cu$	$Cu^++e^-\rightleftharpoons Cu$	$+0.522$
$I^-\|I_2(s)\|Pt$	$I_2(s)+2e^-\rightleftharpoons 2I^-$	$+0.535$
$Hg_2^{2+}\|Hg$	$Hg_2^{2+}+2e^-\rightleftharpoons 2Hg$	$+0.7959$
$Ag^+\|Ag$	$Ag^++e^-\rightleftharpoons Ag$	$+0.7994$
$Hg^{2+}\|Hg$	$Hg^{2+}+2e^-\rightleftharpoons Hg$	$+0.851$
$Br^-\|Br_2(l)\|Pt$	$Br_2(l)+2e^-\rightleftharpoons 2Br^-$	$+1.065$
$H^+,H_2O\|O_2(g)Pt$	$O_2(g)+4H^++4e^-\rightleftharpoons 2H_2O$	$+1.229$
$Cl^-\|Cl_2(g)\|Pt$	$Cl_2(g)+2e^-\rightleftharpoons 2Cl^-$	$+1.3580$
$Au^+\|Au$	$Au^++e^-\rightleftharpoons Au$	$+1.68$
$F^-\|F_2(g)\|Pt$	$F_2(g)+2e^-\rightleftharpoons 2F^-$	$+2.87$
第二类电极		
$SO_4^{2-}\|PbSO_4(s)\|Pb$	$PbSO_4(s)+2e^-\rightleftharpoons Pb+SO_4^{2-}$	-0.356
$I^-\|AgI(s)\|Ag$	$AgI(s)+e^-\rightleftharpoons Ag+I^-$	-0.1521
$Br^-\|AgBr(s)\|Ag$	$AgBr(s)+e^-\rightleftharpoons Ag+Br^-$	$+0.0711$
$Cl^-\|AgCl(s)\|Ag$	$AgCl(s)+e^-\rightleftharpoons Ag+Cl^-$	$+0.2221$
氧化还原电极		
$Cr^{3+},Cr^{2+}\|Pt$	$Cr^{3+}+e^-\rightleftharpoons Cr^{2+}$	-0.41
$Sn^{4+},Sn^{2+}\|Pt$	$Sn^{4+}+2e^-\rightleftharpoons Sn^{2+}$	$+0.15$
$Cu^{2+},Cu^+\|Pt$	$Cu^{2+}+e^-\rightleftharpoons Cu^+$	$+0.158$
$H^+,醌,氢醌\|Pt$	$C_6H_4O_2+2H^++2e^-\rightleftharpoons C_6H_4(OH)_2$	$+0.6993$
$Fe^{3+},Fe^{2+}\|Pt$	$Fe^{3+}+e^-\rightleftharpoons Fe^{2+}$	$+0.770$
$Ti^{3+},Ti^+\|Pt$	$Ti^{3+}+2e^-\rightleftharpoons Ti^+$	$+1.247$
$Ce^{4+},Ce^{3+}\|Pt$	$Ce^{4+}+e^-\rightleftharpoons Ce^{3+}$	$+1.61$
$Co^{3+},Co^{2+}\|Pt$	$Co^{3+}+e^-\rightleftharpoons Co^{2+}$	$+1.808$

附录 16 几种阳离子的迁移数

电解质	浓度					
	0.01mol·L⁻¹	0.1mol·L⁻¹		1mol·L⁻¹		0.2mol·L⁻¹
	18℃	18℃	25℃	18℃	25℃	25℃
$AgNO_3$	0.471	0.471	0.465	0.465	0.465	0.512
KNO_3		0.502	0.5703		0.508	0.4894
KCl	0.496	0.495	0.4907		0.490	
HNO_3		0.855				
HCl	0.833	0.835	0.8314		0.825	0.8334
$\frac{1}{2}CuSO_4$	0.375	0.375		0.330		
$\frac{1}{2}H_2SO_4$	0.824	0.824				
$\frac{1}{2}Na_2SO_4$			0.3824		0.385	0.3824
$NaCl$			0.3854		0.392	0.3821
$LiCl$			0.3168		0.329	

附录 17 一些强电解质的离子平均活度系数 $\gamma_\pm$（25℃）

电解质	浓度/mol·L⁻¹									
	0.001	0.002	0.005	0.01	0.02	0.05	0.1	0.2	0.5	1.0
$AgNO_3$			0.92	0.90	0.86	0.79	0.731	0.654	0.534	0.428
HCl	0.966	0.952	0.928	0.904	0.875	0.830	0.796	0.767	0.758	0.809
HBr	0.966	0.932	0.929	0.906	0.879	0.838	0.805	0.782	0.790	0.871
HNO_3	0.965	0.951	0.927	0.902	0.871	0.823	0.785	0.748	0.751	0.720
H_2SO_4	0.830	0.757	0.639	0.544	0.453	0.340	0.265	0.209	0.154	0.130
KOH			0.92	0.90	0.86	0.824	0.798	0.760	0.732	0.756
$NaOH$				0.90	0.86	0.818	0.766	0.727	0.690	0.678
KCl	0.965	0.952	0.927	0.901		0.815	0.769	0.719	0.651	0.606
KBr	0.965	0.952	0.927	0.903	0.872	0.822	0.771	0.721	0.657	0.617
HI	0.965	0.951	0.927	0.905	0.88	0.84	0.776	0.731	0.675	0.646
$NaCl$	0.965	0.952	0.927	0.902	0.871	0.819	0.778	0.734	0.682	0.658
$NaNO_3$	0.966	0.953	0.93	0.90	0.87	0.82	0.758	0.702	0.615	0.548
Na_2SO_4	0.887	0.847	0.778	0.714	0.641	0.536	0.453	0.371	0.270	0.204
NH_4Cl	0.961	0.944	0.911	0.88	0.84	0.790	0.774	0.718	0.649	0.603
$MgSO_4$			0.40	0.32	0.22	(0.150)	0.170	0.068	0.049	
$CuSO_4$	0.74		0.53	0.41	0.31	0.21	(0.150)	0.104	0.062	0.042
$CdSO_4$	0.73	0.64	0.50	0.40	0.31	0.21	(0.150)	0.103	0.062	0.042
$ZnSO_4$	0.700	0.508	0.477	0.387	0.298	0.202	0.150	0.104	0.063	0.044
$ZnCl_2$	0.88	0.84	0.789	0.731	0.667	0.578	0.515	0.459	0.429	0.337
$Pb(NO_3)_2$	0.885	0.843	0.763	0.687	0.600	0.464	0.405	0.316	0.210	0.145
$BaCl_2$	0.88		0.77	0.723		0.559	0.492	0.438	0.390	0.392
$Al_2(SO_4)_3$						(0.035)	0.023	0.014	0.017	

附录 18　KCl 溶液的电导率[①]

$t/℃$	$c/\text{mol·L}^{-1}$[②]				$t/℃$	$c/\text{mol·L}^{-1}$[②]			
	1.000	0.1000	0.0200	0.0100		1.000	0.1000	0.0200	0.0100
0	0.06541	0.00715	0.001521	0.000776	23	0.10789	0.1239	0.002659	0.001359
5	0.07414	0.00822	0.001752	0.000896	24	0.10984	0.01264	0.002712	0.001386
10	0.08319	0.00933	0.001994	0.001020	25	0.11180	0.01288	0.002765	0.001413
15	0.09252	0.01048	0.002243	0.001147	26	0.11377	0.01313	0.002819	0.001441
16	0.09441	0.01072	0.002294	0.001173	27	0.11574	0.01337	0.002873	0.001468
17	0.09631	0.01095	0.002345	0.001199	28		0.01362	0.002927	0.001496
18	0.09822	0.01119	0.002397	0.001225	29		0.01387	0.002981	0.001524
19	0.10014	0.01143	0.001449	0.001251	30		0.01412	0.003036	0.001552
20	0.10207	0.01167	0.002501	0.001278	35		0.01539	0.003312	
21	0.10400	0.01191	0.002553	0.001305	36		0.01564	0.003368	
22	0.10594	0.01215	0.002606	0.001332					

① 表中 κ 的单位为 $S·cm^{-1}$。

② 在空气中称取 74.56gKCl，溶于 18℃水中，稀释到 1L，其浓度为 1.000mol·L^{-1}（密度 1.0449g·mL^{-1}），再稀释得其他浓度溶液。

附录 19　一些电解质水溶液的摩尔电导率 Λ_m[①]

化合物 \ $c/\text{mol·L}^{-1}$	无限稀	0.0005	0.001	0.005	0.01	0.02	0.05	0.1
$AgNO_3$	133.29	131.29	130.45	127.14	124.70	121.35	115.18	109.09
$\frac{1}{2}BaCl_2$	139.91	135.89	134.27	127.96	123.88	119.03	111.42	105.14
HCl	425.95	422.53	421.15	415.59	411.80	407.04	398.89	391.13
KCl	149.79	147.74	146.88	143.48	141.20	138.27	133.30	128.90
$KClO_4$	139.97	138.69	137.80	134.09	131.39	127.86	121.56	115.14
$\frac{1}{4}K_4Fe(CN)_6$	184	—	167.16	146.02	134.76	122.76	107.65	97.82
KOH	217.5	—	234	230	228		219	213
$\frac{1}{2}MgCl_2$	129.34	125.55	124.15	118.25	114.49	109.99	103.03	97.05
NH_4Cl	149.6	—	146.7	134.4	141.21	138.25	133.22	128.69
NaCl	126.39	124.44	123.68	120.59	118.45	115.70	111.01	106.69
$NaOOCCH_3$	91.0	89.2	88.5	85.68	83.72	81.20	76.88	72.69
NaOH	247.7	245.5	244.6	240.7	237.9	—	—	—

① 表中 Λ_m 单位为 $S·cm^2·mol^{-1}$，25℃。

附录 20　水溶液中离子的极限摩尔电导率 Λ_m^∞[①]

离子 \ $t/℃$	0	18	25	50
H^+	225	315	349.8	464
K^+	40.7	63.9	73.5	114
Na^+	26.5	42.8	50.1	82
NH_4^+	40.2	63.9	73.5	115
Ag^+	33.1	53.5	61.9	101

离子 ＼ t/℃	0	18	25	50
$\frac{1}{2}Ba^{2+}$	34.0	54.6	63.6	104
$\frac{1}{2}Ca^{2+}$	31.2	50.7	59.8	96.2
OH^-	105	171	198.3	284
Cl^-	41.0	66.0	76.3	116
NO_3^-	40.0	62.3	71.5	104
CH_3COO^-	20.0	32.5	40.9	67
$\frac{1}{2}SO_4^-$	41	68.4	80.0	125
$\frac{1}{4}[Fe(CN)_6]^{4-}$	58	95	110.5	173

① 表中 Λ_m^∞ 单位为 $S \cdot cm^2 \cdot mol^{-1}$。

附录 21　水的黏度

t/℃	$\eta \times 10^3 / Pa \cdot s$	t/℃	$\eta \times 10^3 / Pa \cdot s$	t/℃	$\eta \times 10^3 / Pa \cdot s$	t/℃	$\eta \times 10^3 / Pa \cdot s$
0	1.787	26	0.8705	52	0.5290	78	0.3638
1	1.728	27	0.8513	53	0.5204	79	0.3592
2	1.671	28	0.8327	54	0.5121	80	0.3547
3	1.618	29	0.8184	55	0.5040	81	0.3503
4	1.567	30	0.7975	56	0.4961	82	0.3460
5	1.519	31	0.7808	57	0.4884	83	0.3418
6	1.472	32	0.7647	58	0.4809	84	0.3377
7	1.428	33	0.7491	59	0.4736	85	0.3337
8	1.386	34	0.7340	60	0.4665	86	0.3297
9	1.346	35	0.7194	61	0.4596	87	0.3259
10	1.307	36	0.7052	62	0.4528	88	0.3221
11	1.271	37	0.6915	63	0.4462	89	0.3184
12	1.235	38	0.6783	64	0.4398	90	0.3147
13	1.202	39	0.6654	65	0.4335	91	0.3111
14	1.169	40	0.6529	66	0.4273	92	0.3076
15	1.139	41	0.6408	67	0.4213	93	0.3042
16	1.109	42	0.6291	68	0.4155	94	0.3008
17	1.081	43	0.6178	69	0.4098	95	0.2975
18	1.053	44	0.6067	70	0.4042	96	0.2942
19	1.027	45	0.5960	71	0.3987	97	0.2911
20	1.002	46	0.5856	72	0.3934	98	0.2879
21	0.9779	47	0.5755	73	0.3882	99	0.2848
22	0.9548	48	0.5656	74	0.3831	100	0.2818
23	0.9325	49	0.5561	75	0.3781		
24	0.9111	50	0.5468	76	0.3732		
25	0.8904	51	0.5378	77	0.3684		

附录 22　一些液体的黏度

物　质	$t/℃$	$\eta \times 10^3/Pa \cdot s$	物　质	$t/℃$	$\eta \times 10^3/Pa \cdot s$
甲醇	0	0.82	丙酮	0	0.399
	15	0.623		15	0.337
	20	0.597		25	0.316
	25	0.547		30	0.295
	30	0.510		41	0.280
	40	0.456	醋酸	15	1.31
	50	0.403		18	1.30
乙醇	0	1.733		25.2	1.155
	10	1.466		30	1.04
	20	1.200		41	1.00
	30	1.003		59	0.70
	40	0.834		70	0.60
	50	0.702		100	0.43
	60	0.592	苯	0	0.912
	70	0.504		10	0.758
甲苯	0	0.772		20	0.652
	17	0.61		30	0.564
	20	0.590		40	0.503
	30	0.526		50	0.442
	40	0.471		60	0.932
	70	0.354		70	0.358
乙苯	17	0.691		80	0.329

附录 23　水和空气界面上的表面张力

温度 $t/℃$	表面张力 $\sigma/10^{-3} N \cdot m^{-1}$	温度 $t/℃$	表面张力 $\sigma/10^{-3} N \cdot m^{-1}$	温度 $t/℃$	表面张力 $\sigma/10^{-3} N \cdot m^{-1}$
0	75.64	19	72.90	30	71.18
5	74.92	20	72.75	35	70.38
10	74.22	21	72.59	40	69.56
11	74.07	22	72.44	45	68.74
12	73.93	23	72.28	50	67.91
13	73.78	24	72.13	55	67.05
14	73.64	25	71.97	60	66.18
15	73.49	26	71.82	70	64.42
16	73.34	27	71.66	80	62.61
17	73.19	28	71.50	90	60.75
18	73.05	29	71.35	100	58.85

附录 24 乙醇在水中的表面张力

单位：N·m^{-1}

乙醇体积分数/% t/℃	5.00	10.00	24.00	34.00	48.00	60.00	72.00	80.00	96.00
20				0.03324	0.03010	0.02756	0.02628	0.02491	0.02304
40	0.05492	0.04825	0.03550	0.03158	0.02893	0.02618	0.02491	0.02343	0.02138
50	0.05335	0.04677	0.03432	0.03070	0.02824	0.02550	0.02412	0.02256	0.02040

注：摘自 Rober & C Weast，CRC Handbook of Chem and Phys，63th，F-35（1982～1983）。

附录 25 某些有机物在水中的表面张力

溶质	t/℃	项 目							
醋酸	30	溶质的质量分数/%	1.00	2.475	5.001	10.01	30.09	49.96	69.91
		σ/N·m^{-1}	0.06800	0.06440	0.06010	0.05460	0.04360	0.03840	0.03430
丙酮	25	溶质的质量分数/%	5.00	10.00	20.00	50.00	75.00	95.00	100.00
		σ/N·m^{-1}	0.05550	0.04890	0.04110	0.03040	0.02680	0.02420	0.02300
正丁醇	30	溶质的质量分数/%	0.04	0.41	9.53	80.44	86.05	94.20	97.40
		σ/N·m^{-1}	0.06933	0.06038	0.02697	0.02369	0.02347	0.02329	0.02225
正丁酸	25	溶质的质量分数/%	0.14	0.31	1.05	8.60	25.00	79.00	100.00
		σ/N·m^{-1}	0.06900	0.06500	0.05600	0.03300	0.02800	0.02700	0.02600
甲酸	30	溶质的质量分数/%	1.00	5.00	10.00	25.00	50.00	75.00	100.00
		σ/N·m^{-1}	0.07007	0.06620	0.06278	0.05629	0.04950	0.04340	0.03651
甘油	18	溶质的质量分数/%	5.00	10.00	20.00	30.00	50.00	85.00	100.00
		σ/N·m^{-1}	0.07290	0.07290	0.07240	0.07200	0.07000	0.06600	0.06300
正丙醇	25	溶质的质量分数/%	0.1	0.5	1.0	50.00	60.0	80.00	90.0
		σ/N·m^{-1}	0.06710	0.05618	0.04930	0.02434	0.02415	0.02366	0.02341
丙酸	25	溶质的质量分数/%	1.91	5.84	9.80	21.70	49.80	73.90	100.0
		σ/N·m^{-1}	0.06000	0.04900	0.04400	0.03600	0.03200	0.03000	0.02600

附录 26 气相中分子的偶极矩

化 合 物	偶极矩[①] p/10^{-30}C·m	化 合 物	偶极矩[①] p/10^{-30}C·m
水(H_2O)	6.17	甲酸甲酯($C_2H_4O_2$)	5.90
氨(NH_3)	4.90	甲酸乙酯($C_3H_6O_2$)	6.44
甲醇(CH_4O)	5.67	乙酸甲酯($C_3H_6O_2$)	5.74
乙醇(C_2H_6O)	5.64	乙酸乙酯($C_4H_8O_2$)	5.94
乙醛(C_2H_4O)	8.97	二氧化硫(SO_2)	5.34
乙酸($C_2H_4O_2$)	5.80	氯苯(C_6H_5Cl)	5.64
三氯甲烷($CHCl_3$)	3.37	溴苯(C_6H_5Br)	5.67
四氯化碳(CCl_4)	0	硝基苯($C_6H_5NO_2$)	14.1

① 偶极矩原符号 μ，现改为 p。

附录 27　常用酸溶液的相对密度与百分浓度的关系

表 Ⅴ-27-1　盐酸溶液

百分浓度/%	相对密度 d_4^{20}	百分浓度/%	相对密度 d_4^{20}
1	1.0032	22	1.1083
2	1.0082	24	1.1187
4	1.0181	26	1.1290
6	1.0279	28	1.1392
8	1.0376	30	1.1492
10	1.0474	32	1.1593
12	1.0574	34	1.1691
14	1.0675	36	1.1789
16	1.0776	38	1.1885
18	1.0878	40	1.1980
20	1.0980		

表 Ⅴ-27-2　硫酸溶液

百分浓度/%	相对密度 d_4^{20}	百分浓度/%	相对密度 d_4^{20}
1	1.0051	65	1.5533
2	1.0118	70	1.6105
3	1.0184	75	1.6692
4	1.0250	80	1.7272
5	1.0317	85	1.7786
10	1.0661	90	1.8144
15	1.1020	91	1.8195
20	1.1394	92	1.8240
25	1.1783	93	1.8279
30	1.2185	94	1.8312
35	1.2579	95	1.8337
40	1.3028	96	1.8355
45	1.3476	97	1.8364
50	1.3951	98	1.8361
55	1.4453	99	1.8342
60	1.4983	100	1.8305

表Ⅴ-27-3 硝酸溶液

百分浓度/%	相对密度 d_4^{20}	百分浓度/%	相对密度 d_4^{20}
1	1.0036	65	1.3913
2	1.0091	70	1.4134
3	1.0146	75	1.4337
4	1.0201	80	1.4521
5	1.0256	85	1.4686
10	1.0543	90	1.4826
15	1.0842	91	1.4850
20	1.1150	92	1.4873
25	1.1469	93	1.4892
30	1.1800	94	1.4912
35	1.2140	95	1.4932
40	1.2463	96	1.4952
45	1.2783	97	1.4974
50	1.3100	98	1.5008
55	1.3393	99	1.5056
60	1.3667	100	1.5129

表Ⅴ-27-4 醋酸溶液

百分浓度/%	相对密度 d_4^{20}	百分浓度/%	相对密度 d_4^{20}
1	0.9996	65	1.0666
2	1.0012	70	1.0685
3	1.0025	75	1.0696
4	1.0040	80	1.0700
5	1.0055	85	1.0689
10	1.0125	90	1.0661
15	1.0195	91	1.0652
20	1.0263	92	1.0643
25	1.0326	93	1.0632
30	1.0384	94	1.0619
35	1.0438	95	1.0605
40	1.0488	96	1.0588
45	1.0534	97	1.0570
50	1.0575	98	1.0549
55	1.0611	99	1.0524
60	1.0642	100	1.0498

表 V-27-5 磷酸溶液

百分浓度/%	相对密度 d_4^{20}	百分浓度/%	相对密度 d_4^{20}
2	1.0092	60	1.426
4	1.0200	65	1.475
6	1.0309	70	1.526
8	1.0420	75	1.579
10	1.0532	80	1.633
20	1.1134	85	1.689
30	1.1805	90	1.746
35	1.216	82	1.770
40	1.254	94	1.794
45	1.293	96	1.819
50	1.335	98	1.844
55	1.379	100	1.870